城市轨道交通

绿色智慧车站
建设技术应用手册

中国交通运输协会新技术促进分会　组编

机械工业出版社
CHINA MACHINE PRESS

本书是在国家推行交通强国战略与发展智慧城轨的背景下，由行业协会组织业内一线建设单位、设计单位、施工单位、运营管理单位、设备设施厂家等单位的专业总工程师和技术人员联合编写而成。本书内容主要包括城市轨道交通车站的规划设计、暖通空调系统、节能供配电系统、绿色智慧照明、给水排水系统、分布式光伏电站建设、绿色建造技术、绿色装饰装修、智慧车站建设以及示范项目案例等，以期为城市轨道交通绿色智慧车站的落地和实践，提供具体的标准、借鉴和参考。

本书内容详实，技术性强，实用性高，可为城市轨道交通项目建设的相关管理人员、技术人员提供参考、引用和学习，也可为相关高校的师生提供指导和借鉴。

图书在版编目（CIP）数据

城市轨道交通绿色智慧车站建设技术应用手册/中国交通运输协会新技术促进分会组编 . —北京：机械工业出版社，2022.6

ISBN 978-7-111-70626-7

Ⅰ.①城… Ⅱ.①中… Ⅲ.①城市铁路－铁路车站－建筑设计－手册
Ⅳ.①TU248.1-62

中国版本图书馆 CIP 数据核字（2022）第 069302 号

机械工业出版社（北京市百万庄大街 22 号　邮政编码 100037）
策划编辑：薛俊高　责任编辑：薛俊高
责任校对：刘时光　封面设计：张　静
责任印制：李　昂
北京联兴盛业印刷股份有限公司印刷
2022 年 5 月第 1 版第 1 次印刷
184mm×260mm · 18 印张 · 480 千字
标准书号：ISBN 978-7-111-70626-7
定价：128.00 元

电话服务　　　　　　　网络服务
客服电话：010-88361066　机　工　官　网：www.cmpbook.com
　　　　　010-88379833　机　工　官　博：weibo.com/cmp1952
　　　　　010-68326294　金　书　网：www.golden-book.com
封底无防伪标均为盗版　机工教育服务网：www.cmpedu.com

本书编委会

主任委员
周丰峻

副主任委员
(按姓氏笔画排名)

于 丁 马 栋 刘 岭 李 剑 罗章波
贺斯进 詹 磊 窦彦磊 蔡兵华

主要编写委员
(按章节编序排名)

蒋时波 倪 冉 陈华松 严妙心 熊文杰 篮 杰 胡忠炜 王 远
杨周周 王 特 徐 涛 秦 岭 周 伟 周文捷 龙 潭 张子峰
高 建 龚 波 汪宇文 马旭东 陆卫龙 包大发 李永刚 王 蕾
王泽坤 董 宇 丁玉乔 宋南涛 王呼佳 李忠超 曹兰兰 范春波
王东方 刘 冲 方 晖 景 浩 李守杰 赵建麟 潘逸翔 王 冲
武春明 潘 蔚 刘为俊 王圣炜 熊栋宇 刘结平 张 波 石 磊
陈 慧 武文全 张建新 张 恪

参编委员
(按章节编序排名)

李元阳 曹远涛 邱云幸 刘 烨 王 静 张智玉 金勇华 胡江涛
庄耀定 郑文平 李多山 孙东明 张双全 刘建强 许文建 葛 颖
沈文洲 王 磊 王育江 谢世平 燕 冰 吕 阳 郭 栋 张 平
朱玉聪 谢 鹏 陈建明 蔡小郭 姬 光 刘燕虹 廖焕霖 田晓光
熊 健 梁 园 宋小莉 刘小树 林雪冰 张贵弟 张春林 赵博伦

审核专家
(按章节编序排名)

陈惠嫦 唐亚琳 耿 宁 车轮飞 林昶隆 何建枝 刘伊江 朱宏海
刘 刚 牟振英 杨晋文 王武现 张书广 马凌颖 姚燕明 尹晓宏
张义鑫 苏 劼 靳永福 丁 智 乔国刚 田 纲 张竹清 安彦坤

编写单位

(排名不分先后)

中国交通运输协会新技术促进分会	广州快速交通建设有限公司
中交协联交通科学研究院（北京）有限公司	北京和利时系统工程有限公司
广州地铁设计研究院股份有限公司	北京市市政建设集团有限责任公司
中铁第四勘察设计院集团有限公司	北京市市政工程设计研究总院有限公司
中铁电气化勘测设计研究院有限公司	北京国铁路网信息咨询中心
中铁十六局集团有限公司	上海市政工程设计研究总院（集团）有限公司
中铁二院工程集团有限责任公司	武汉市市政建设集团有限公司隧道工程公司
中铁第五勘察设计院集团有限公司	上海现代建筑装饰环境设计研究院有限公司
中铁咨询设计集团有限公司	欧普照明股份有限公司
上海地铁新能源有限公司	广东美的暖通设备有限公司
宁波市轨道交通集团有限公司	洪恩流体科技有限公司
无锡地铁建设有限责任公司	株洲中车时代电气股份有限公司
厦门轨道建设发展集团有限公司	北京中创建科信息技术有限公司
北京城建设计发展集团股份有限公司	浙大城市学院
北京全路通信信号研究设计院集团有限公司	

参编单位

(排名不分先后)

上海良信电器股份有限公司	江苏苏博特新材料股份有限公司
海南金盘智能科技股份有限公司	广东乐华智能卫浴有限公司
贵州泰永长征技术股份有限公司	东莞环球经典新型材料有限公司
北京东方雨虹防水技术股份有限公司	江苏长青艾德利装饰材料有限公司
沈阳斯沃电器有限公司	苏州优缘建材有限公司
上海正尔智能科技股份有限公司	江苏协诚科技发展有限公司
杭州之江开关股份有限公司	赛莱默（中国）有限公司
青岛云路先进材料技术股份有限公司	天津中联格林科技发展有限公司
广东坚朗五金制品股份有限公司	浙江长城净化工程技术有限公司
北京声迅电子股份有限公司	广州水大陆环保科技有限公司
北京冠华天视数码科技有限公司	杭州中瑞瑞泰克复合材料有限公司
博微太赫兹信息科技有限公司	福建泉州南星大理石有限公司
济南博观智能科技有限公司	合肥联信电源有限公司
康泰塑胶科技集团有限公司	浙江东南网架股份有限公司

序

近年来，我国城市轨道交通建设取得了巨大成就。据交通运输部发布的消息，截至 2021 年末，我国城市轨道交通运营里程达 8708km，车站 5216 座，较上年增长约 15%。根据交通运输部"十四五"规划，"十四五"期间将新增城市轨道交通 3000km，新增城际铁路和市域（郊）铁路 3000km。其中，车站作为轨道交通重点工程，其投资和能耗占比巨大，尤其是地下车站，其单位面积能耗是普通公建项目的 2~3 倍，推动轨道交通车站绿色与智慧化建设已势在必行。

为了贯彻中共中央 国务院印发的《交通强国建设纲要》与《国家综合立体交通网规划纲要》指导思想，积极落实国家"碳达峰、碳中和"战略决策部署，践行《中国城市轨道交通智慧城轨发展纲要》目标，全面打造绿色交通、智慧城轨建设，由中国交通运输协会指导，中国交通运输协会新技术促进分会牵头组织业内一线建设单位、设计单位、施工单位、运营管理单位、设备设施厂家等单位的专业总工程师及技术人员，联合编写了《城市轨道交通绿色智慧车站建设技术应用手册》一书。

本书旨在倡导推行城市轨道交通车站绿色设计、绿色建造、智慧运维，并推广应用绿色建材、节能技术、智能智慧化技术、新能源利用等，以促进城市轨道交通绿色智慧车站示范项目的创建与落地，更为推动智慧城轨发展提供智力和技术支持。

本书内容详实，技术性强，实用性高，可为城市轨道交通项目建设的相关管理人员、技术人员提供参考、引用和学习，也可为相关高校师生提供指导和借鉴。因编写时间较紧，加之编者水平有限，书中不妥及疏漏之处在所难免，还望读者批评指正。

中国工程院院士

2022 年 3 月

目　　录

第1章

城市轨道交通绿色车站规划设计

1.1 城市轨道交通车站的选址规划

1.1.1 规划选址应与上位规划相协调

1. 应符合城市轨道交通线网规划及近期建设规划

选址应与线网规划及近期建设规划相协调，重点满足轨道交通专项规划的换乘等要求，重点考虑铁路及公路客运枢纽的衔接需求，同时预留续建工程的连接条件、建设条件，包括续建车站的布置条件，续建车站前后区间线路的建设条件。

2. 应与城市发展相协调，符合车站选址所在区域的城乡规划相关要求

选址需满足城市总体规划，城市控制规划，修订的详细规划，满足所在城市《规划管理条例》的要求，避免选址在禁建区，尽量不设置在限建区，需避开生态红线、基本农田等。

3. 应满足历史文化遗产保护的要求

选址应考虑对历史城区、历史文化街区、历史文化名镇、历史文化名村、历史风貌区、文物古迹、名木古树、历史建筑、传统风貌建筑、工业遗产等的保护，并尽量避之，实现建设活动可持续发展的需求。

4. 选址应尽量靠近城市的居住及就业中心，合理覆盖出行需求

选址应尽量靠近乘客出行需求的中心区域，增加覆盖减少出行时间，从源头减少社会的综合交通成本，实现绿色出行（图1-1）。

1.1.2 规划方案的选择应符合周边建设条件

1. 线路敷设方案应与上位规划及城市建设条件相适应

在满足上位规划的前提下，对于穿越城市建成区，高强度规划发展区域，尤其是居住、商业、商住等密集区的线路规划方案建议采用地下敷设方案为主，以减少噪声污染，提高城市品质；对于远郊线路，跨越较大范围非建设用地的线路，建议选择地面或高架敷设。

2. 车站选址的站间距应合理适中，兼顾建设成本与出行覆盖效果

地铁设站间距应结合城市发展、列车制式合理确定，建议城市中心区和居民稠密地区宜为

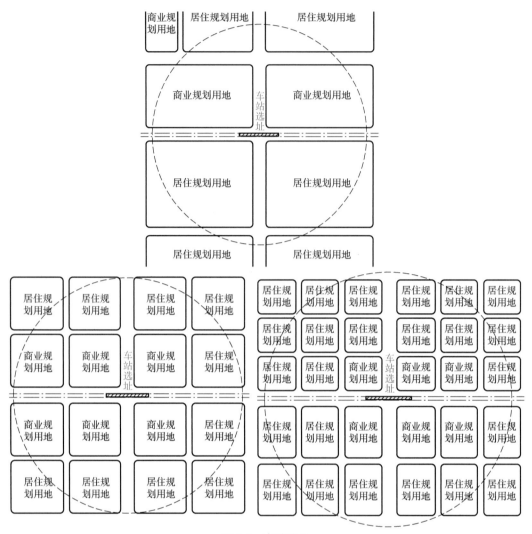

图 1-1　车站选址

1km，城市外围区宜为 2km。建议距离控制以车站之间实际覆盖服务距离为宜。市域快线及城际铁路车站应根据具体时空目标及运行速度、线路定位等因素经专题研究后确定。

1.1.3　规划选址应与规划及现状城市交通相衔接

1. 设置好与周边各类区域的步行衔接设施

对于轨道交通衔接影响区，车站选址应尽量与现有的步行衔接设施结合，就近设置，包括集散广场、步行道及地面/地下过街设施等，并对人性化的设施如无障碍通道等的衔接进行重点配合，体现便捷智慧的设计原则。

2. 合理衔接非机动车衔接设施

对于现有的非机动车道和停车设施等，应根据轨道交通站点的服务等级、周边道路交通条件、规划用地条件、客流需求等进行合理的规划设计。

3. 配套解决常规公交衔接设施

常规公交衔接设施主要包括公交停靠站、公交首末站和公交衔接线路，在轨道交通工程实施过程中经常需要临时迁移既有公交设施。因此，在其建设过程中应与站点选址充分衔接，对于新建轨道交通站点无法衔接的，建议协调各地交通管理部门进行统筹优化，以常规公交结合轨道公交设置为宜，以方便衔接。

4. 整合出租车及 K + R 衔接设施

出租车及 K + R 衔接设施应考虑车辆输送能力、换乘步行距离、设施服务水平等因素进行规划设计。

5. 因地制宜设置 P + R 衔接设施

宜结合实际需要，对设置在主城区外围的站点同步考虑 P + R 停车场，选址应根据交通接驳需求以及车站周边规划用地等综合考虑，注意主城区内的轨道交通站不宜设置 P + R 停车场。

1.2 城市轨道交通车站的绿色设计

1.2.1 合理选择站台形式

1. 岛式站台形式的选择

岛式车站空间利用率高，可以有效利用站台面积调剂客流，方便乘客使用，站厅及出入口也可灵活安排，与建筑物结合或满足不同乘客的需要。缺点是车站规模一般较大，不易压缩。岛式车站具体可以分为以下类别：

（1）地面厅 + 高架二层岛式车站　主要特点为车站功能好，车站和区间土建投资低，综合投资低；但对周边环境影响较大，社会效益较差。适用于郊区及周边环境要求不高，路侧地块内或路中有条件设置地面厅的情况。

（2）高架三层岛式车站　主要特点为车站功能好，车站和区间土建投资低，综合投资低；但对周边环境有一定影响，社会效益较差。适用于城市郊区线路且周边环境要求不高的情况。

（3）地面厅 + 地下单层岛式　这种车站有两种应用情况，第一种为线路埋深浅，工程投资小，地面厅可单独建设或与规划建筑合建，可以实现"地铁 + 物业"的模式。适用于相邻区间线路埋深浅，且穿越规划地块，地面有条件与规划地块结合设置地面厅的情况。第二种为线路实施困难，区间隧道埋深大，车站采用全暗挖法实施，地面设置分离厅的方案，这种车站形式在常规情况下应避免使用，因为分离厅两侧站厅并不连通，且这种车站常位于城市主干道下，需要同步实施过街通道作为过街功能的使用。

（4）地下二层标准岛式车站　该类型车站的主要特点如下：

1）适用于浅埋明挖或盖挖车站，能充分利用已开挖的空间，站厅（公共区）开阔，出入口开口灵活，有利于售、检票机的布置，功能分区灵活、合理。

2）站台利用率高，疏导乘客能力大。

3）相临区间埋深适中，采用盾构法或暗挖法施工，车站和区间土建投资适中，综合投资适中，社会效益好。此种形式在国内外地铁车站中采用普遍。

（5）地下二层分离岛式车站　主要特点为车站分为横向互不通视但可互相联系的两个站厅，客流组织和运营管理稍有不便，车站规模大，投资高。适用条件：相邻线路受桥桩或者其他因素限制，无法采用标准布置的情况。

（6）地下三层标准岛式车站　主要特点为相临区间埋深较深，采用盾构法或暗挖法施工，车站投资较大，综合投资较高。适用于相临线路下穿湖、河等，埋置较深，或与远期站采用节点换乘并且同期实施的情况。

（7）地下三层叠岛式车站　主要特点为线路上下平行设置，如果为换乘车站，则可以实现两线的同台换乘，如是同一条线采用叠岛，则说明车站整体实施难度较大，采用这种车站形式对周边环境影响较小，但区间实施难度大。适用于线路受条件限制，须上下平行设置以减少占地的情况。

（8）地下多层岛式车站　主要特点为线路埋深较深，采用盾构法或暗挖法施工。车站规模大，投资高。适用于相临区间过大江、大河或受地质条件限制等情况。

2. 侧式站台形式的选择

侧式车站不如岛式车站站台利用率高，对乘客换方向乘车也造成不方便，但由于站台设置在线路两侧，侧式车站的售检票区可以灵活设置，车站两侧也可以结合空间开发统一利用，就高架车站而言，其车站设置的条件优于岛式车站，但对于2层以上深埋的地下车站，由于区间前后衔接的线间距离过近，导致区间实施的难度和成本增加，应结合区间的工法和现场实际条件合理选择。

（1）地面层侧式车站　主要特点为相临区间采用高架转地面形式，线间距小，车站位于地块内，车站和区间土建投资低，综合投资低；对周边环境影响较大，社会效益较差。适用于城市郊区线路，周边环境要求不高，站后设停车场的情况。

（2）高架二层侧式车站　主要特点为相临区间采用高架形式，线间距小，车站和区间土建投资低，综合投资低；但对周边环境影响较大，社会效益较差。适用于城市郊区线路且周边环境要求不高，路两侧有条件设置站厅的情况。这是高架车站普遍采用的形式。

（3）地下单层侧式车站　主要特点为相临区间埋深浅，采用明挖施工，区间土建投资低，综合投资较低；车站断面宽，对周边环境影响较大，社会效益较差。适用于城市郊区线路，且线路埋深浅、地势开阔，区间（车站）结合规划市政道路一起实施，地面有条件进行交通疏解的情况。

（4）地下二层标准侧式车站　主要特点为车站功能较岛式车站差，线路之间间距小，相临区间采用暗挖单洞双线；车站采用暗（明）挖法施工，车站投资较大，区间投资较低，综合投资较低。适用于相临区间线路受特殊条件限制，线间距小且埋深较深，沿线区间地质条件较好，可暗挖施工的情况。

（5）地下二层异形侧式车站　主要特点为车站功能较岛式车站差，线路之间间距由小逐渐变大，相临区间一端采用暗挖单洞双线或大盾构单洞双线形式，另一端通过拉大线间距采用小盾构施工；车站采用明挖法施工，车站投资较大，综合投资较高。适用条件：相临区间线路受特殊条件限制，一端线间距小，另一端区间地质条件较差的情况。

（6）地下二层分离侧式车站　车站功能较差，客流组织及运营管理较不方便，联通道多，施工复杂，投资较高，但对周边环境特别是地面交通影响较小。适用于路面交通无法疏解，车站采用暗挖施工，路两侧有明挖（或跟地面建筑结合）条件的情况。

（7）地下三层侧式车站　主要特点为线路之间间距小、埋深较深，相临区间采用暗挖法或大盾构施工，车站投资较大，综合投资较高。适用于相临区间线路受特殊条件限制下，采用线小间距深埋形式，一端区间大盾构（单洞双线）过江、河等情况。

3. 侧-岛结合站台形式的选择

侧-岛结合式车站同时具有侧式车站和岛式车站的优点，但是有着造价高，管理复杂的缺点。

（1）地下二层侧-岛式车站　主要特点为配线设于站内，正常使用情况下为侧式形式，事故状态下，中间一侧站台只为疏清客流用，车站功能较差，客流组织较不方便，断面大，实施时对交通影响较大，但车站综合投资较低。适用于为减少车站规模或者站后停车线设置受条件限制，站内设单（双）停车线，道路断面宽，有条件交通疏解的情况。

（2）地下二层其他配线设于站内车站　主要特点为配线设于正线之间，正常使用情况下为侧式形式，客流组织较不方便，断面大，实施时对交通影响较大，但车站长度较短（相比于将配线设于站外），综合投资较低。适用于为减少车站规模或者站后停车线设置受条件限制，站内设单停（存）车线，道路断面宽，有条件进行交通疏解的情况。

（3）地下三层侧-岛式车站　主要特点为与其他线换乘，均采用一岛两侧形式，换乘客流和进出站客流完全分开，互不交叉干扰，车站功能好，客流需精心组织，否则乘客容易走错站台；车站埋深较深，断面大，实施时对交通影响较大，但车站综合投资高。适用于换乘客流大，道路断面宽，有条件进行交通疏解的情况。

1.2.2　总平面设计应遵循绿色集约的设计原则

1. 车站总平面优先推荐设置于交叉路口

城市交叉路口是分向客流较为均衡的位置，在一般规划条件下，车站设置在交叉路口能够较好地服务不同方向的客流，减少乘客的乘降时间，提高轨道交通的乘坐便利性，且轨道交通与现状地面交通形成的天然立交，能大大减少对于地面交通的干扰，提高城市的整体出行效率。但交叉路口往往存在管线及建构筑物多等不利因素，施工过程对于现状交通的影响也最为明显，应结合具体情况妥善选择（图1-2）。

2. 与现状或规划路同向下的总平面设置原则

与现状或规划路同向走行的线路，总平面设置应尽量与道路红线平行，以路中设置有效站台最为合理，该设置方案可较好地平衡道路两侧的客流进出站距离；其次，对于路中实施较为困难的情况下可考虑设置于路侧，过街出入口可结合地面建构筑物情况及低质条件合理选择，如图1-3所示。

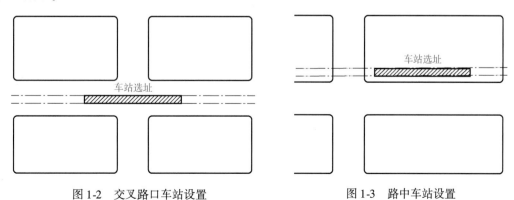

图1-2　交叉路口车站设置　　　　　图1-3　路中车站设置

3. 总平面设置于地块中情况下的设计原则

对于车站总平面设置于地块中的情况，需结合地块设计方案，统筹协调好施工工序，减少反复开挖带来的工程浪费，并合理组织客流流线，以服务周边城市客流为主，兼顾地块内建筑物的联通和衔接，应注意前后区间对其他地块的影响，利用绿化隔离带或区间绕行等方式，如图1-4所示。

4. 总平面布置于高速、江河水域情况下的设计原则

对于总平面布置在高速、江河水域等单边客流的情况，总平面设计时应使有效站台远离形成的客流阻隔物，使得覆盖更加均匀，若客流发生点如轨道交通线路、高铁站点、地面有轨电车等，总平面应尽量靠近客流发生点，如图1-5、图1-6所示。

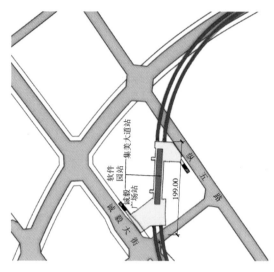

图1-4　地块中车站设置

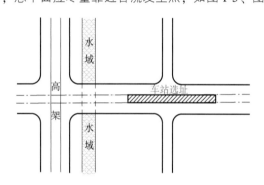

图1-5　靠近高架和水域的车站设置

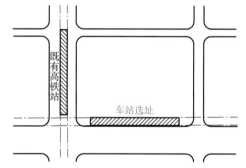

图1-6　靠近既有高铁站的车站设置

1.2.3　根据接驳交通特点合理选择换乘方案

1. 轨道交通线网内各线路的换乘设计原则

（1）优先研判建设时序关系，合理确定工程方案，一般应按近期线路浅埋，远期线路深埋的原则处理。

（2）换乘方式应以节点换乘为主、通道换乘为辅，提高换乘舒适性。对于规划无法近期稳定的站点，考虑到工程浪费的风险，应以预留灵活换乘条件为主。

（3）受站台宽度限制，换乘节点应以T形换乘为主，十字形、X字形换乘关系受限较大，尽量不予选择。

（4）L形换乘关系应尽量减少换乘线路之间的平均走行距离，采取适当扩大夹角处换乘空间、增加中部换乘通道接口等措施。

（5）对于线网较发达的城市，建议减少3条线以上线路换乘的站点，通过线网优化客流走向及出行引导，以减少局部站点形成阻塞等情况。

2. 不同制式交通线路的换乘设计

城市轨道交通与城际铁路或国铁等不同制式相关换乘的设计，在解决票务结算等智慧出行方案的前提下，尽量以付费区换乘为主，通过大空间等引导的手段，采取低速交通设施避让高速交通设施、前期工程对后期工程充分预留等原则，实现一张网、一串城的可持续发展理念。

城市轨道交通与低运量交通（如有轨电车），按交通衔接的方案就近设站原则进行处理，低速交通应以高速交通作为输入条件开展选址设计，主动衔接。

1.2.4 合理布置通道和出入口的方案

车站出入口一般平行或垂直于城市道路位于道路红线以外或城市广场周边，并与地面交通相结合。出入口宜分散均匀布置，朝向与主客流方向一致；出入口之间的距离应尽可能大，各出入口尽量远离且覆盖不重叠，以充分满足各分向客流需求。下列情况应设置过街出入口，并兼顾乘客日常过街功能。

（1）车站周边200m范围内有既有市政过街设施的，应结合车站出入口统筹进行改造，尽量满足24h过街功能，新建过街通道应不低于原有功能。

（2）车站周边无现状过街设施且道路红线大于40m的建成区，建议新建24h过街出入口。

（3）车站施工需拆迁现状过街设施的，需结合车站设置过街通道，不再复建天桥等独立过街设施。

（4）利用公共区过街的车站，不得经过付费区，仅满足运营时段过街，宜设置在非车控室端。

（5）考虑到部分站点设置24h过街存在客观工程难度，且每日地铁运营期覆盖较大，对于非运营期无法实现过街的，可结合地面市政交通进行统筹配合，协调交管部门增设夜间灯控设备等。

1.2.5 合理布置风亭、冷却塔的位置

1. 风亭、冷却塔布置原则

风亭、冷却塔应与环境景观融合设计，避免侵占市政道路用地。结合车站附属设施为运营或地块原有产权提供附加使用功能用房或设施条件。采用减少地面占地规模和环境影响的设计方案，可将冷却塔等部分车站地面附属设施设置在地下。

2. 风亭形式的选择

侧出风亭主要特征为风道附属从车站主体侧墙引出。当用地条件允许时，采用侧出风亭可有效减少车站主体规模。

顶出风亭主要特征为风道附属从车站顶板直出地面。当车站主体进入地块红线时，为减少风亭对地块的影响，集约化用地，可采用顶出风亭形式。

除顶出风亭和侧出风亭外，风亭地面部分也可与周边物业合建，实现集约化用地，减少建筑因避让风亭造成的影响。车站宜每端设置一组风亭（包括活塞风亭、排风亭以及新风亭），并应避免朝向敏感建筑开启风口。风亭四周应设置宽度不小于3m宽的绿化隔离带。

3. 冷却塔形式的选择

地面冷却塔主要特点为冷却塔应结合地面风亭及绿化设置，如为高风亭，冷却塔可布置于

风亭顶。若周边环境要求较高也可采用半下沉式。优点为车站综合投资低，缺点为对周边地块规划以及绿化环境影响大，有一定噪声影响。

埋地式冷却塔主要特点为冷却塔设于车站附属内，地面设置冷却塔新风井和冷却塔排风井，可结合车站新风井、排风井布置。优点为对周边地块规划以及绿化环境影响小，无噪声影响；缺点为需增加车站综合投资。

1.3 城市轨道交通车站的绿色设计实践

1.3.1 绿色设计理念

车站绿色设计应采用适度超前的设计理念，依靠先进的科技手段和匠心工艺，本着"以人为本"的总体方针，围绕智慧乘客服务、智慧行车组织、智慧调度指挥、智慧车站管理、智慧运营维护、安全保障及应急处置等六大策略，打造城市轨道交通"安全、可靠、便捷、精准、融合、协同、绿色、持续"的绿色智慧地铁线路。

1.3.2 广州地铁八号线北延同福西站设计实践

下面以广州八号线北延同福西站设计实践为例进行介绍，如图1-7所示。

图1-7 广州八号线北延同福西站

1. 同福西站换乘布局方案

同福西站位于广州市海珠区洪德路与同福西路交界处，周边为保利丰花园、万科华庭、南华西社区、洪德巷、天誉半岛等，靠近洲头咀隧道与内环路的连接工程。

同福西站所处地段为历史街区，沿街骑楼成片，只有把十九号线设置在洪德路中，才能最大限度地减少对骑楼的影响。经论证，从功能优先、换乘便捷的角度出发，认为八号线不适宜与远期十九号线进行通道换乘，而应集中布置，采用节点换乘，形成"π形"布局，如图1-8所示。

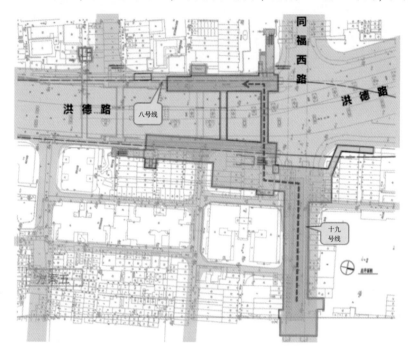

图1-8 同福西站"π形"布局

2. 构筑物的影响

本站八号线途经的洪德路中已建内环路高架桥，由于路中高架桥的控制，八号线轨道上、下行线分离敷设。如何处理好上、下行线的关系，合理布局车站总平面图，为本站设计的难点。

本站八号线途经的洪德路中已建内环路高架桥，上、下行线分离敷设；洪德路西侧建筑为历史街区，要求保护，开挖宽度受限，东侧建筑允许拆除，明挖条件较好。因此，平面上，东、西站厅规模不均等，东大西小；纵断面上，南端局部站台不具备明挖条件，采用暗挖法，北宽南窄。十九号线与八号线沿不同方向道路敷设，接近垂直交叉，远期整座车站呈π形布局；八号线站台里程距离珠江较近，轨面埋深较大，位于地下三层，十九号线站台位于地下二层。

3. 管理用房及设备用房的布置

为了较好地服务乘客，创造开敞、宽阔的公共空间，八号线设备区尽量布置在地下二层，十九号线设备区布置在东、西两端。八号线的管理用房（车控室、警务室、票务室等）集中布置在东站厅的南端；十九号线的管理用房集中布置在西站厅的西端。八号线次要管理用房及设备用房（变电所、弱电房）布置在东站厅地下二层的中部，其南、北端布置环控机房、风道，而西站厅地下二层基本上用于布置八号线环控机房及风道，靠近十九号线轨行区处布置十九号线变电所。地下三层基本上为公共区，只布置水泵房、配电等零星用房，如图 1-9 所示。

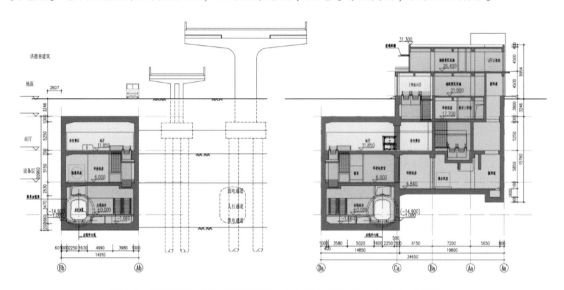

图 1-9   广州地铁八号线横断面图（左侧为下行线、右侧为上行线）

4. 风井的布置

本站位于老城区，隧道风出地面条件受限严重，故两线均按"单活塞"设置：八号线北行线、十九号线东行线的活塞风井布置在车站东北侧；八号线南行线活塞风井脱离车站主体，设置在区间段；十九号线西行线活塞风井布置在车站东北侧。上述风井均利用地面现状绿化带出地面，如图 1-10 所示。

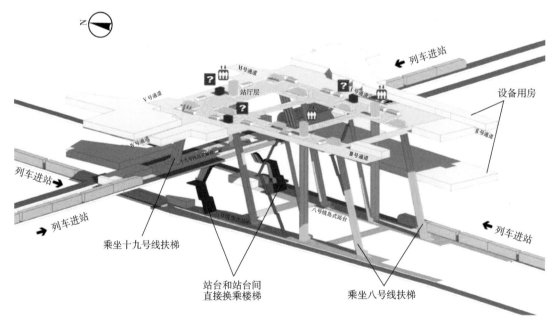

图 1-10   车站功能结构图

5. 历史建筑物的保护

同福西站位于海珠区中心城区，洪德路东侧为南华西街历史文化街区、西侧为洪德巷历史文化街区。同福西路沿街分布骑楼，其中同寅医院旧址为不可移动文物。周边历史建筑较多，要求保护，开挖宽度受限，车站布置较为困难。

洪德路东侧为南华西街历史文化街区，西侧为洪德巷历史文化街区。同福西路沿街分布骑楼，其中同寅医院旧址为不可移动文物。历史文化街区范围内大部分房屋为浅基础混合结构住宅。车站开工前对周边3倍基坑深度范围内房屋进行了第三方安全鉴定，鉴定结论为：车站左线紧邻主体基坑的三处房屋及右线同寅医院相邻房屋均为严重损坏房。

车站施工前对周边房屋采取的保护措施包括：隔离保护、临时加固、施工期间的跟踪监测等。隔离保护措施主要针对与车站围护结构水平距离不大于5m的房屋，设置双管旋喷隔离桩。对严重损坏房采取临时支顶及结构加固，处理措施包括：

1）在房屋内各层（含骑楼）均搭设满堂支撑架，在基坑施工期间对房屋整体进行临时性支撑。

2）基坑施工前，对靠近基坑一侧房屋承重外墙设置临时立柱及拉杆进行支撑。

3）对房屋内破坏严重的梁、柱、墙体、楼板等承重结构进行必要的补强加固。跟踪监测包括对房屋沉降、倾斜、裂缝的监测，以及内环路高架桥、洪德路跨线桥的沉降监测。

6. 施工工法和技术的应用

本站周边条件复杂，高架桥、历史建筑、房屋管线密集，地面交通流量大，建设条件限制因素较多。为在众多现状条件下尽量满足建筑功能要求，本站采用多种施工工法。车站左线明挖站厅采用全盖挖顺作法施工，右线明挖站厅采用半盖挖顺作法施工；为减少拆迁量，小里程端（南端）站台层局部采用矿山法施作站台隧道；为连接左右线站厅、站台，负一层设置三条横通道，负三层设置二条横通道，结合地质条件，负三层横通道采用矿山法施工，负一层横通道采用顶管法施工。

第2章

城市轨道交通车站暖通空调系统

2.1 城市轨道交通车站暖通空调系统概述

2.1.1 车站暖通空调系统组成

地铁车站范围内暖通空调系统包括隧道通风系统、车站公共区暖通空调系统（简称大系统）、车站设备管理用房暖通空调系统（简称小系统）、车站空调水系统（简称水系统）三部分。

当车站站台设置屏蔽门时，隧道通风系统根据其服务区域可分为区间隧道通风系统和车站隧道通风系统两部分，通过不同模式对区间隧道和车站隧道进行环境控制，实现隧道通风系统在列车正常、阻塞和火灾情况下运行的各种功能。区间隧道通风系统由隧道风机、射流风机、组合风阀、消声器、机械/活塞风道及风井等组成，主要服务于两站之间的区间隧道；车站隧道通风系统由排热风机及相应风阀、消声器、风道及风井等组成，主要负责车站行区范围内通风、排烟等。

车站公共区暖通空调系统由组合式空调机组、回排风机、排烟风机、小新风机/阀及相应阀门、管道、风口等附件组成，负责车站站厅、站台公共区通风、空调及防排烟。

车站设备管理用房暖通空调系统按服务区域不同分成多个系统，部分设备用房及管理用房采用空调系统，部分设备用房采用通风系统。空调系统由空调器、风机、风阀、管道及风口等附件组成，也可采用多联机空调系统。通风系统由送排风机、风阀、管道及风口等组成。

空调水系统可采用螺杆式或离心式电动压缩式冷水机组、蒸发冷却机组、一体式冷水机组、直膨式空调系统、集中冷站等冷源，地铁车站内常采用分站制冷方案，设备选用螺杆式或离心式冷水机组，无须制热。

2.1.2 车站暖通空调系统特点

1. 系统复杂

车站暖通空调系统承担车站公共区、设备用房、管理用房的通风、空调、防排烟等功能，由于地铁车站内空间狭小、层高低，功能性房间布置复杂，过程设计中存在管线布置困难、系统数量多、控制要求高、模式转换复杂等特点。

2. 方案多选

车站暖通空调系统具有多种可选方案，如冷源方案有集中供冷与分站供冷；冷水机组有水冷冷水机组、蒸发冷却机组；车站公共区暖通空调系统有全空气一次回风系统、空气水系统；设备管理用房有全空气一次回风系统、多联式空调系统、风机盘管系统等；各种方案对车站建筑布置影响大，对暖通空调本专业的造价、运营维护、能耗也各有利弊。因此，实际工程过程中需要各方进行协调沟通，综合比较后才能确定具体的系统方案。

3. 运行能耗高

据统计，轨道交通暖通空调能耗占总能耗的 35% ~ 45%，南方城市更高。一般地铁车站暖通空调运行能耗组成如下：

1）隧道通风系统：26%。
2）车站公共区暖通空调系统：23% ~ 26%。
3）车站设备管理用房暖通空调系统：26% ~ 29%。
4）车站空调水系统：22%。

其中，空调季节由于有空调水系统运行，其能耗一般是非空调季节的 1.5 ~ 2 倍。

2.1.3　车站暖通空调系统发展现状与展望

从地铁暖通空调系统特点可以看出其系统复杂、耗能高，由于设计时功能需求系统越来越庞大，并按地铁远期预测客流量计算负荷，所以整个系统常常呈现初近期设备选型偏大，暖通空调系统存在管道阻力与设备不匹配、控制系统不完善、控制策略与暖通空调系统的特性不吻合、系统运行时风量、水量调节措施缺失或不科学等现象。另外，空调系统各设备如风机、空调器、冷水机组、水泵、冷却塔等为传统工业设备，能效升级速度较慢，创新产品不多。

因此，针对地铁暖通空调系统现状情况，未来宜调整设计思想，优化简化系统方案，并向产品创新升级、控制系统智能化、管理智慧化等方面发展。

2.2 城市轨道交通车站暖通空调系统设计

2.2.1　隧道通风系统

1. 区间隧道通风系统

区间隧道通风系统有多种模式，目前主要包括以下两种模式：标准双活塞风道模式、单活塞单风井模式。

(1) 双活塞风道模式　车站每端设置两条活塞风道及风井，机械风道与活塞风道并联布置，每条机械风道内均设 1 台隧道风机及相应风阀，活塞风道、风亭口部有效通风面积不小于 $16m^2$，常规布置原理见图 2-1。

此类型在广州、深圳、上海、武汉、苏州、无锡、长沙等长江中下游及以南地区的地铁线路中有着广泛的应用，效果良好。

(2) 单活塞单风井模式　对于一般区间隧道（即车站前后相邻的车站、区间范围内无配线，两条隧道间不存在联通），可取消标准双活塞风道模式中的列车进站端的活塞风道，保留出站端的活塞风道，即在系统上取消了一条活塞风道，每个车站一端只有一条活塞风道与一个活塞风井（兼机械风井）至地面，活塞风道、风亭口部有效通风面积不小于 $20m^2$。常规布置原理见图 2-2。

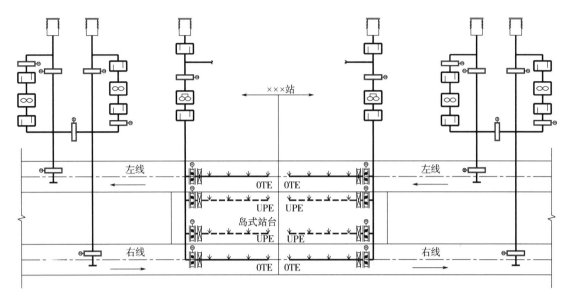

图 2-1　典型车站双活塞风道布置

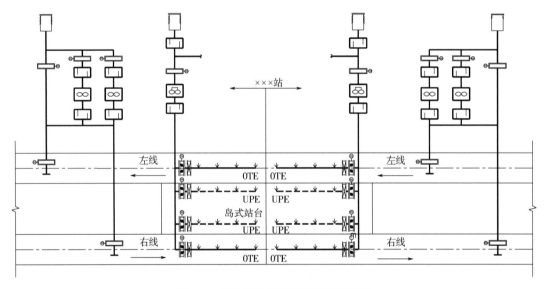

图 2-2　单活塞单风井隧道通风原理图

单活塞单风井模式与标准双活塞风道模式不同之处在于单活塞单风井模式方案只能实现同时送排风的功能，不能同时对一条隧道送风而对另外一条隧道排风，并且由于减少了两条活塞风道，区间与外界的活塞通风量减小，可能会引起隧道内温度升高等问题，因此单活塞单风井模式的应用也受到了一定限制。

除此之外，还有一种左、右线兼用的单活塞模式，对于左、右线连通的配线位置，在联通处设置双活塞易引起串风，双活塞的必要性不大，因此可采用左右线兼用的单活塞模式，其与隧道相接的活塞风口设置在左右线联通处，活塞风道、风亭口部有效通风面积不小于 20m^2。常规布置原理见图 2-3。

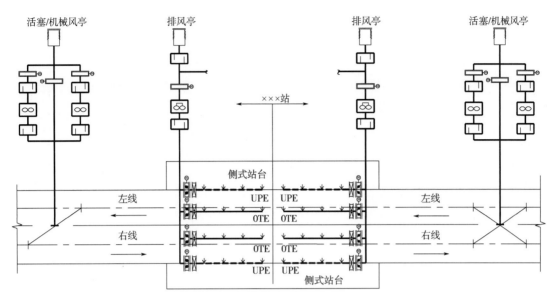

图 2-3　左、右线兼用单活塞单风井隧道通风原理图

（3）单双活塞模式比较　单双活塞模式优缺点比较见表 2-1。

表 2-1　单双活塞模式优缺点比较

系统形式	双活塞	单活塞
新风量	外界连通性好，有效新风量高，新风换气次数高	外界连通性弱，有效新风量少，新风换气次数小
隧道温度	平均温度较低，列车空调能耗低	平均温度约高 0.5～1℃，列车空调耗电量会增加
隧道压力变化	与外界的连通面积大，隧道内压力波动幅度较低。双活塞通风模式列车运行阻力略小，列车牵引能耗略小	单活塞通风模式隧道内负压值比双活塞通风模式最大时约高 30Pa，负压值增大会使车站排热风机能耗增加，屏蔽门漏风量增大导致车站大系统空调能耗增加，增加站台门开关扭矩
系统功能	隧道温度低、换气量大、负压值小，有利于隧道事故工况下对隧道风速、温度的控制	相比双活塞略差
控制功能	可实现同时送排风，两台风机相互之间没有影响，送风效果较好。还可实现对一条隧道送风而对另外一条隧道排风的功能	只能实现同时送排风
服务水平	隧道内空气品质好、运行稳定干扰少，服务水平更好	相比双活塞略差

　　结合隧道内温度、新风换气、风压对屏蔽门开关、屏蔽门漏风量、列车能耗、设备安全的影响等多因素的综合考虑，对于站间距小于 800m（或区间长度小于 600m）的，推荐采用单活塞模式，出站端设置活塞风孔，进站端设置机械风孔；对于含配线车站以及站间距大于等于 800m（或区间长度大于等于 600m）的，推荐采用双活塞模式，且建议将活塞风系统布置在远离配线的靠近区间侧；若受土建限制，活塞风系统只能布置在配线左、右线连通位置，则建议设左、右线兼用的单活塞模式，具体应结合线路实际情况经计算确定。

2. 车站轨行区通风系统

车站轨行区通风系统主要由排风风机（兼排烟，要求在 280℃下可连续工作 1h）、排风道和风道上设置的电动调节阀和防火阀组成。一般情况下，系统设两组，分别布置在车站两端设备房内，每组设一台风机，各负责半个车站轨行区的排风，气流组织采用排风道排风，补风来自车站两端的活塞风井、相邻区间隧道和站台门开启时的漏风。常用车站轨行区通风系统形式见表 2-2。

表 2-2　轨行区通风系统常用形式

序号	轨排形式	是否设置轨底风道	通风系统原理图	适用条件
1	双端排热	是		一般适用于 6 辆、8 辆编组且列车再生制动效率低的车站
2	双端排热	否		一般适用于 6 辆、8 辆编组且列车再生制动效率高的车站
3	单端排热	是		一般适用于 4 辆编组车站且列车再生制动效率低的车站

（续）

序号	轨排形式	是否设置轨底风道	通风系统原理图	适用条件
4	单端排热	否	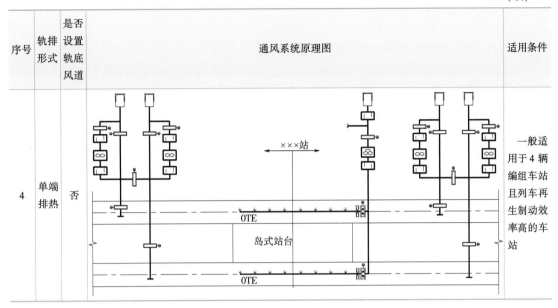	一般适用于4辆编组车站且列车再生制动效率高的车站

车站隧道内大部分热量是由列车制动及冷凝器排放所致。据统计，列车约70%的产热量散发在车站轨行区，为了及时有效排除列车在停站过程中产生的热量，减少进入区间隧道的热量，设计时通常在车站轨行区设置轨顶、轨底排热风道，分别正对列车空调冷凝器和列车制动电阻等排热元件。

轨顶风道主要排出列车停站时冷凝器的散热量，并担负轨行区列车火灾时的排烟功能。车辆冷凝器的散热量与乘客数量、制冷效率、停站时间、轨行区空气温度相关，该部分热量相对固定；轨行区发生火灾时，火灾侧站台门均打开，为避免烟气进入站台公共区，采用半横向排烟方式，将烟气控制在轨行区内，就近通过轨顶风口、风道和排热风机排出。因此从排出冷凝器散热和轨行区排烟的功能方面考虑，应在轨行区设置轨顶风道。

随着列车制动方式的进步以及再生制动反馈效率的提高，列车制动过程中能量部分被线网上其他车辆利用或转化为电能供给车站，散发到车站轨行区的热量得以大幅度降低，致使轨底风道设置的必要性不强。另外在实际实施过程中，轨底排热风口调试、检修困难，因此建议在满足列车运营环境要求的前提下，结合城市气象参数、线路行车对数、列车编组、制动方式以及再生制动反馈效率，经计算后确定是否需设置轨底风道以及排热风机的配置，轨行区排热系统设置建议见表2-3。

表2-3　轨行区排热系统设置建议

	车型	最高时速/(km/h)	再生制动效率（%）	可否取消轨底风道	排热风机配置/(m³/s)
1	6A，6B	80，100	≤25	否	40～50
2	6A，6B	80，100	25～50	可	30～40
3	6A，6B	80，100	≥50	可	25～30

2.2.2　车站公共区暖通空调系统

车站暖通空调大系统的空调形式、气流组织、设备的配置方式等对土建空间要求、运营节能、管理维护等多方面都有较大的影响。目前地铁车站内空调方案有全空气一次回风系统、空气-水系统、多联式空调系统等。设计时可选用全空气一次回风系统、空气-水系统，长通道内可采用多联式空调或风机盘管系统。

1. 大系统双端送风系统

车站公共区每端在环控机房内分别设置一台组合式空调机组，一台小新风机，一台回排风机、一台排烟风机，典型车站暖通空调大系统原理可参见图2-4。

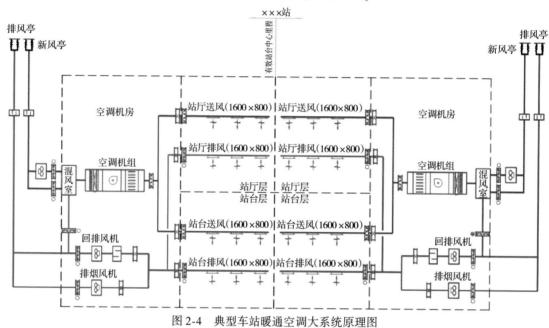

图2-4　典型车站暖通空调大系统原理图

该系统目前应用最广泛，排烟风机与回排风机单独设置，较好地解决了大系统不同工况下性能参数匹配的问题。小新风机单独设置，能保证系统空调季节新风的取值，避免了由于混风段压力状况混乱，导致最终进入系统的新风量超过或不满足要求的问题。

2. 大系统单端送风系统

根据车站建筑的布置情况，车站有效站台长度小于等于140m时，公共区暖通空调系统宜采用单端送风，将大系统设备集中在车站一端设置（通常集中布置在车站小端），系统原理见图2-5。

对于单端布置的车站暖通空调大系统，减少了设备数量，降低了设备投资和车站设备管理用房大端综合管线处理的难度。

3. 单风机系统、集中回风方案

根据车站建筑的布置情况，如长配线车站，可在临近公共区处设置柜式空调器，不设回排风机，集中回风，单独设置新风处理机组提供新风，排烟风机单独设置。可有效降低管线综合对车站层高的要求，降低管线综合协调的难度，减少暖通空调系统冷风输送距离，减少输送过程中的冷损失，降低运行能耗。有条件的车站应考虑采用该系统。

4. 空气-水系统

地铁车站大系统空气-水系统占地面积较少，典型系统形式见图2-6。在车站公共区设置柜式风机盘管机组，大系统空调机房内仅设置小新风机、全新风机、排风机和排烟风机，以满足车站公共区的各种空调排烟工况要求。但考虑到其存在漏水隐患及运营维护工作量大等缺点，目前尚未在地铁车站中得到广泛采用。

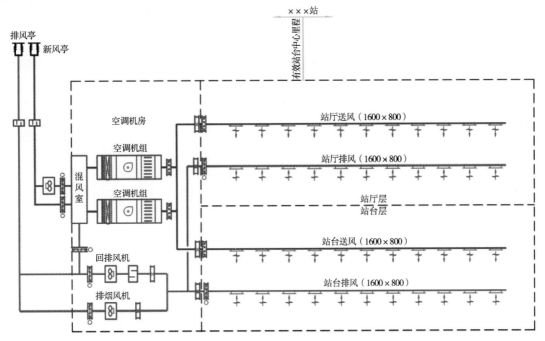

图 2-5　单端设置的车站暖通空调大系统原理示意图（单位：mm）

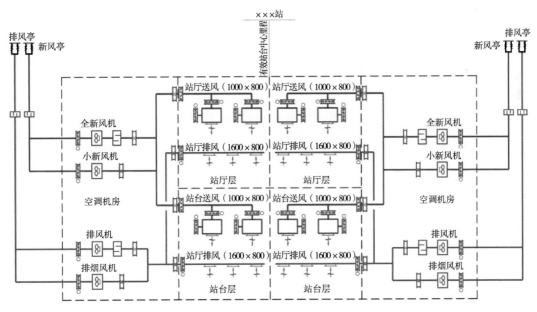

图 2-6　空气-水系统原理示意图

2.2.3　车站设备管理用房暖通空调系统

车站设备管理用房需要空调的房间包括了强弱电设备房以及管理用房，设备用房目前主要采用全空气一次回风系统和多联式空调＋通风系统两种方案。

全空气一次回风系统主要由柜式空调机组、回排风机、送回风管及阀门等组成，该系统的新风依靠设置在空机组混风箱后面的新风阀引入，以满足空调系统的小新风、全新风和全通风三种工况的转换要求。

多联式空调 + 通风系统主要由室内机、室外机及控制系统组成，并设置小新风机与通风风机。空调季节采用多联式空调 + 小新风系统运行，非空调季节采用风机通风运行。

车站管理用房可采用风机盘管 + 独立新风或多联机系统 + 独立新风的空调系统形式，系统管路简单，控制方便。

2.2.4 车站空调水系统

地铁车站内常规采用分站供冷方式，空调水系统由冷水机组、冷冻水泵、冷却水泵、冷却塔、水处理器、传感器及各类阀门阀件组成。

根据车站规模大小、平时负荷与最大负荷数据确定冷水机组数量，一般标准车站采用两台，换乘车站或面积较大车站采用三台。为提高空调系统综合能效，宜选用变频螺杆式或磁悬浮离心式冷水机组。

冷冻水泵、冷却水泵、冷却塔设备选型数量应与冷水机组数量相同，管路系统宜一一对应，通过优化管路设计、详细水力计算、精细化设备选型，减少水泵设备的扬程与功率，并使得水泵能长期工作在高效率区域；冷却塔功率较小，但换热效果对冷水机组能效影响较大，应根据冷却塔设备换热性能及特点，优化控制策略，适当加大冷却塔容量。

末端空调器等设备主要承担与空气换热、除湿、净化等功能。空调器选型冷量、进出风温度参数应与冷冻水供回水流量、参数相匹配，并能适应水系统大温差小流量工况下的功能要求。为减少冷冻水泵选型扬程，空调器宜选用低阻力型换热盘管。

空调水系统应设置各类测试设备、管道的压力装置，测试相关管道区域水流参数、水温参数的流量传感器、温度传感器，实时监测水系统压力、流量、温度等参数，并作为控制系统的输入数据，智能高效地控制整个水系统的节能运行。

2.3 轨道交通车站暖通空调系统装配式建造与设备集成技术

2.3.1 装配式建造

暖通空调行业内的主要装配式技术有装配式机房、装配式管道等。装配式管道主要为装配式风管系统等。

1. 装配式机房

装配式机房是中央空调机房系统的整体集成，是以 BIM 技术为核心，在设计基础上开展二次深化设计、三维仿真分析，再进行工厂预制、模块运输、现场拼装的智能机电一体化技术。它具有标准化、模块化、工期短、节省材料与空间等特点。

（1）标准化　实现冷热源的批量设计模式。

（2）模块化　根据现场条件及运输通道，进行模块化设计、模块化预制生产。

（3）工期短 通过工厂预制、模块运输及现场拼装，大量减少了现场焊接等施工工艺，仅通过各个接口的法兰连接进行快速安装。既保证了产品质量，又避免了工程现场的交叉施工，缩短现场建设周期。

（4）节省材料与空间 通过 BIM 技术，优化设计、预先拼装，以最优方式调整管道走向与设置布置，可节省管道材料与设备占用的空间。

冷水机房是地铁车站冷源供给中心，一般靠近冷负荷中心布置。冷水机房的设备布置应符合以下要求：

1）冷水机组与冷水机组或其他设备之间的净距不应小于 1.2m。

2）冷水机组与墙壁之间净距和非主要通道的宽度，不应小于 1.0m。

3）冷水机组凸出部分与配电柜之间的距离和主要通道的宽度不应小于 1.5m。

4）冷水机组接管侧距离墙面应预留不小于 2m 的接管及检修空间。

5）冷水机组清洗换热器的铜管空间设置在非接管端，并预留不小于换热器长度的维修距离。

6）水泵与水泵之间间距不小于设备本身的宽度，且不应小于 800mm。

7）水泵与墙体、其他设备间距不应小于 600mm。

冷水机房内设备、管线、工艺采用 BIM 正向设计，冷水机房内设备、管线布置采用模块化，以实现工厂化加工、现场组装，提升施工效率，同时标准化的设备模块也将大幅度降低后期运营维护的难度。

冷水机房内主要设备为冷水机组、冷冻水泵、冷却水泵、水处理器、分水器、集水器等。根据相关厂家提供数据，各设备尺寸如下：

冷水机组尺寸长×宽×高：4000mm×1500mm×1700mm。

冷冻水泵、冷却水泵长×宽：1400mm×900mm。

水处理器直径×高：φ900mm×1500mm。

由于冷水机房的设置受土建影响，布置形式不能完全一致，设计时应尽可能保证冷水机组与冷水机组、水泵、水处理器相对位置一致。目前，地铁车站内冷水机房有以下三种典型布置方式，详见图 2-7～图 2-9。

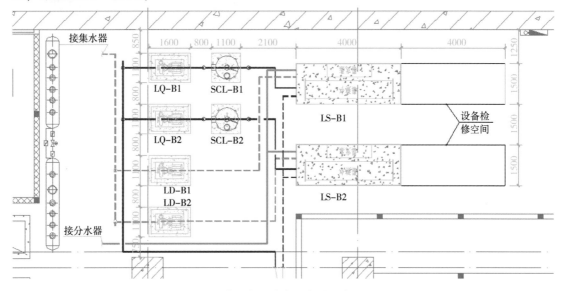

图 2-7 典型车站冷水机房平面布置图一

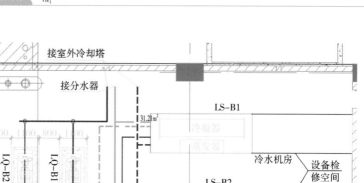

图 2-8　典型车站冷水机房平面布置图二

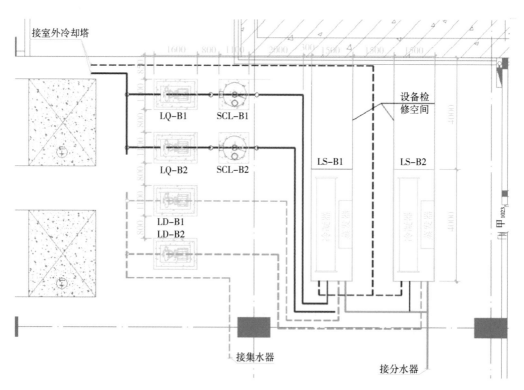

图 2-9　典型车站冷水机房平面布置图三

2. 装配式防火风管

装配式防火风管采用防火隔热一体化复合材料，板材能达到耐火隔热性和耐火完整性时长的要求。目前市面上主要有以下几种：

（1）基于玄晶板为基材的防火风管　玄晶板以防火纤维布为增强材料，以航天硅质钙质材料为防火层，以航天玄晶板为隔热层，经过制浆成胚，采用机械化自动复合流水线工艺，经恒温恒湿养护而成。玄晶板经过特殊工艺处理，可耐1200℃以上高温，既具备良好的隔热效果，又具备明显的保温优势。

防火风管采用以隔热保温玄晶板为基材的材料制作，具有密度大、强度高、耐高温、防潮防霉、无毒无害、耐久性好等特点。风管与风管之间采用C形插条外插连接，风管与阀门采用法兰连接。该风管可达到耐火极限0.5~3h的要求，不同耐火极限产品规格参见表2-4。

表2-4　玄晶板耐火极限产品规格

耐火极限	外壁材料/厚度	玄晶板厚度	内壁材料/厚度	备注
0.5h	无机防火层5mm	20mm	无机防火层5mm加0.05mm铝箔层	外加0.3mm彩钢板
1.0h	无机防火层5mm	20mm	无机防火层5mm加0.05mm铝箔层	外加0.3mm彩钢板
1.5h	无机防火层5mm	25mm	无机防火层5mm加0.05mm铝箔层	外加0.3mm彩钢板
2.0h	无机防火层5mm	30mm	无机防火层5mm加0.05mm铝箔层	外加0.3mm彩钢板
2.5h	无机防火层5mm	30mm	无机防火层5mm加0.05mm铝箔层	外加0.3mm彩钢板
3.0h	无机防火层6mm	40mm	无机防火层6mm加0.05mm铝箔层	外加0.3mm彩钢板

（2）漂珠板+岩棉　该风管板材由外层钢板、内层漂珠板+岩棉、内层钢板组成。漂珠板热稳定性能好，线收缩率（1000℃，16h）小于或等于1.5%，见表2-5。

表2-5　无石棉漂珠硅酸钙防火板技术参数

板材名称	芯材表观密度/（kg/m³）	芯材厚度/mm	导热系数［W/(m·K)］		燃烧性能	线性收缩率（1000℃×16h）	耐火性能/h
无石棉漂珠硅酸钙防火板	170	20（1±5%）	70℃	≤0.055	不燃A级	≤1.5%	1.00
			1000℃	≤0.078			
	170	30（1±4%）	70℃	≤0.055	不燃A级	≤1.5%	2.00
			1000℃	≤0.078			
	170	50（1±3%）	70℃	≤0.055	不燃A级	≤1.5%	3.00
			1000℃	≤0.078			

该板材组装的防排烟风管为工业一体化装配式成品风管，角钢法兰连接，外层镀锌钢板、中间漂珠耐火隔热板和内层镀锌钢板三层结构，外侧镀锌钢板厚度≥0.5mm，风管管壁厚度根据耐火极限确定，1.00h耐火极限风管管壁厚度22(1±1%)mm；2.00h耐火极限风管管壁厚度为32(1±1%)mm；3.00h耐火极限风管管壁厚度52(1±1%)mm。内壁钢板厚度应满足《通风与空调工程施工质量验收规范》（GB 50243—2016）中表4.2.3-1对高压风管钢板壁厚的要求。防排烟风管技术参数见表2-6。

表2-6　防排烟风管技术参数

耐火极限/h	芯材厚度/mm	漂珠耐火隔热板密度D/(kg/m³)	风管最低单位重量/(kg/m²)	连接方式	点燃试验（GB 50243—2016）	内层镀锌钢板厚度 风管长边尺寸b/mm	内层镀锌钢板厚度 板材厚度/mm
0.5	15	140≤D≤220	10	螺栓	受火温度>842℃	b≤450	0.75
1.0	20	140≤D≤220	11	螺栓	受火温度>945℃	450<b≤1000	1.0
2.0	30	140≤D≤220	13	螺栓	受火温度>1049℃	1000<b≤1500	1.2
3.0	50	140≤D≤220	17	螺栓	受火温度>1110℃	1500<b≤2000	1.5

注：风管长边尺寸2000<b≤4000时，板材厚度按设计要求。

（3）基于硅酸铝纤维棉芯材的排烟防火风管　该风管由外层钢板、内层钢板、保温层组成。外层钢板做防腐耐酸碱处理，厚度为 0.6mm，内层钢板厚度参照排烟风管钢板厚度，中间保温层采用 50mm、120K 耐高温硅酸铝纤维棉。风管在工厂加工完成，只需现场拼接组装，是一种新型模块化成品风管。风管工作温度可达 1260 ~ 1680℃，采用热镀锌钢制冷弯一体化专用法兰，用钢制 C 形插条/螺栓连接。法兰也可以采用机制 U 形法兰和角钢法兰组合。该风管防火等级为不燃 A 级，耐火极限可达 1.5 ~ 3h 以上。排烟防火风管及现场安装效果如图 2-10、图 2-11 所示。

图 2-10　ZRCC Ⅱ-PY50 排烟防火风管　　　　图 2-11　合肥地铁 4 号线风管安装

2.3.2　设备集成技术

设备集成技术是近年在机电行业发展起来的新技术，它以整合设备系统、配电系统、控制系统、管路系统为基本理念，以高效节能、集成化、智能化为目标，采用先进管理手段，整合设备厂商、设计院、材料供应商、软件技术供应商、工业控制厂家等行业内优势资源，开发出的如一体化冷水机组、一体化冷却塔、一体化空调机组、一体化流量检修调节阀门等先进智能设备。

1. 一体化冷水机组

一体化冷水机组是将制冷主机、配电系统、控制软件及系统、冷却水系统（冷却塔、冷却泵、配套管路、阀门及仪表）、冷冻水系统（冷冻泵、配套管路、阀门及仪表）、水处理系统、定压补水系统等设备和部件集成为整体装置，使其优化为一体化的成套设备。它具有如下优点：

（1）高效节能　水冷螺杆一体化冷水机组采用压缩机和滑阀调节制冷量，能够实现无级调节；特有的 V_i 值随滑阀移动技术，部分负荷 V_i 值随着负荷的变化而变化，以平滑适应空调负荷的变化，比普通压缩机的负荷性能提升 15% 以上。

冷凝器采用壳管式结构，换热管采用高效换热管以发挥最佳传热效果。直通式换热管易于清洗保养，端盖可左右互换以便于变更水的侧接管方向。壳体外侧附有安全阀、排气阀等装置，确保冷凝器的安全以及维护方便。冷凝器底部设计有专用的强化过冷段，可提高过冷度 2 ~ 3℃，机组能效比最高可提升 3%。

（2）稳定可靠　采用高端零部件，特别是压缩机、电子膨胀阀、电气元器件采用国际顶尖品牌，并辅以机组先进的系统设计、控制软件。机组具有压力保护、水温保护、断流保护、压机过载过热保护等一系列安全保护措施，稳定性进一步提高。

（3）集成度高　一体化冷水机组整合了设备系统、配电系统、控制系统、管路系统，设备集成度高、占用空间小，各设备系统间运行配合紧密，后期可向智能化设备系统方向发展。

2. 一体化钢制冷却塔

一体化钢制冷却塔集成了塔体、管道、控制箱、室外气象站等相关内容，采用低矮型钢制高效冷却塔，塔体具有噪声低、电动机及风机能效高、逼近度小等特点，其关键指标参数为冷却能力、耗电比及热力性能曲线。

（1）冷却能力　冷却塔冷却性能的计算结果，为用百分比表示的换算得到的进出塔水温差与标准工况条件下进出塔水温差的比值，或冷却塔标准冷却水流量与名义冷却水流量的比值。

（2）耗电比　为冷却塔风机驱动电动机的输入功率（kW）与标准冷却水流量（m^3/h）的比值。

（3）热力性能曲线　为冷却塔冷却水与气水比的关系曲线。

一体化钢制冷却塔采用变流量喷头，以适应部分负荷时的换热性能。冷却塔为高效可变流量型（40%～110%），冷却水流量在40%～110%间变化时能保持布水均匀。风机、电动机选型时选用低转速产品，并优化配水系统设置。

一体化钢制冷却塔将进出水管、电气线管整合至塔体内设置，冷却塔现场手操箱整合至塔体设备上，塔体外部无单独的管线，室外设备安装美观。

一体化钢制冷却塔自带防雷接地设备，并设置检修门、检修爬梯，塔体上设置照明装置，播水盘上设置密封式配水槽盖板。

3. 机电一体化空调机组

机电一体化空调机组可集成设备控制箱、净化除尘装置、自动在线清洗装置、各类温湿度传感器装置等。

设备控制箱根据空调机组风机、电动机运行特性选择合适的变频、滤波装置，并根据其他辅助功能、高效空调控制算法，是一种要求合理、设置简单、可靠的监控系统，其接口参数、接口协议为标准化、通用性产品。

电子净化过滤装置采用复合型过滤器，具有杀菌、除尘、过滤、除有机物等综合功能。

自动水清洗装置可根据滤网集尘量自动判断，利用市政水压进行清洗，常规清洗时间不超过5min，可达到有效水喷淋面积不低于集尘面积的95%，集尘清洗率90%。设备自带自动报警功能，具备自动、就地、远程等三种操作模式。系统设有专用排水出口，清洗的废水应经过一级处理后方可直接排放，滤网积留的污泥根据需要可定期清收。

自动水清洗装置在空调器进、出风口设置有颗粒物浓度在线传感设备，另外在出风口增设臭氧在线传感设备两套。

系统设置有专家诊断及监控功能，其软、硬件设计充分考虑了可靠性、可维护性、可用性和可扩展性。专家诊断功能可实现记录分析空气质量、设备仪表及传感器诊断、故障报警记录及远程诊断等。监控功能可实现变量数据显示、变量数据查询、就地设备及仪表的远程操作、工艺参数整定等。

4. 流量检测调节一体化阀门

（1）基本功能　该阀门能在一个阀体上实现动态流量平衡等百分比流量调节、流量检测、能量计算等多项同步功能，设备配置阀体、流量传感器、连接缆线、电动执行机构、控制程序等。阀门控制精度高，传感器测量精度为±2%，在35～300kPa压力范围内，阀门流量偏差不超过±5%。

流量检测调节一体化阀门可设置于末端设备供回水管上，用来调节管网水力平衡或根据需要调节末端供回水流量，同时可检测末端供回水温度，通过自带 CPU 计算末端空调设备能耗，从而为预测控制提供支撑数据。

（2）阀体

口径（尺寸）：DN15 ~ DN150。

公称压力：1.6MPa。

材质：阀体为铜或铸铁，阀芯为 304 不锈钢或以上。

泄漏率：符合 RATE A、无泄漏。

连接方式：DN15 ~ DN50 螺纹连接；DN65 ~ DN150 法兰连接。

工作环境：−30 ~ 50℃，相对湿度不大于 95%，无结露。

（3）电动执行机构　电动执行机构采用直流无刷电动机，具备远距离电动控制和现场手动控制功能、电动/手动转换功能、启停状态反馈显示等。

阀门全程开启时间不大于 150s。

电动执行机构具有行程自检、过热保护、过载保护等功能。

电动执行机构的输出扭矩应不小于阀门最大启闭的 1.25 倍，最大工作关闭压差不小于 600kPa，并满足阀门全行程工作时间的要求。

（4）与监控系统接口关系　流量检测调节一体化阀门可由其监控系统（如 BAS 系统、高效节能控制系统等）提供电源至阀门接线端子处。阀门与监控系统接口为标准通信接口，接口型式为 RS485，接口协议为 BACnet/Lonworks/Modbus 等。监控系统通过阀门接口可实现如下监控内容。

模式：远程/就地。

控制：阀门开、关、开度，阀门流量值。

显示：电源指示，阀门开、关、开度反馈，阀门流量值，水温，能耗等。

（5）设备选型　相较于传统压力相关阀门的选型，流量检测调节一体化阀门可根据组合式空调机组或新风机组的设计流量选择阀门的口径，无须计算 K_{vs} 值。

下面举例说明如何根据组合式空调机组或新风机组的设计流量选择阀门的口径并核算达到组合式空调机组或新风机组的设计流量所需的最小压降。

【举例】某一建筑物房间设计冷负荷 80kW，热负荷为 65kW，设计的夏季供回水温差为 5℃，冬季供回水温差为 10℃，以两管制系统为例，据此测算出组合式空调机组表冷器的夏季设计流量 V_1 为 13.76m³/h，冬季设计流量 V_2 为 5.59m³/h，设计根据制冷工况选用相对应的组合式空调机组，表冷器水管管径为 DN65。如何选择设置在回水管的流量检测调节一体化阀门口径？

【解】选型计算如下：

第一步：根据夏季设计流量 13.76m³/h 初步选择阀门口径，所选阀门口径的最大水流量应大于设计值的口径，见表 2-7，选用口径为 DN50。

第二步：将夏季设计流量设定为 V_{max}，核算 V_{max} 是否在 V_{nom} 的 30% ~ 100% 区间内，即：

$$\frac{V_{max}}{V_{nom}} = \frac{V_1}{V_{nom}} = \frac{13.76}{17.28} = 79.6\% \in (30\% ~ 100\%)，满足要求。$$

第三步：计算达到阀门设定 V_{max} 所需的最小压差，即：

$$\Delta P_{min} = 100 \times \left(\frac{V_{max}}{k_{vs\,theor}}\right)^2 = 100 \times \left(\frac{13.76}{32}\right)^2 = 18.5(kPa)$$

第四步：按照上述步骤核算冬季工况。

$$\frac{V_{\max}}{V_{\text{nom}}} = \frac{V_2}{V_{\text{nom}}} = \frac{5.59}{17.28} = 32.3\% \in (30\% \sim 100\%)$$

$$\Delta P_{\min} = 100 \times \left(\frac{G}{k_{\text{vs theor}}}\right)^2 = 100 \times \left(\frac{5.59}{32}\right)^2 = 3(\text{kPa})$$

$k_{\text{vs theor}}$——理论的 k_{vs} 值，可参考某品牌技术资料或表2-7；

表2-7 流量检测调节一体化阀门的参数

DN/mm	$V_{\text{nom}}/(\text{m}^3/\text{h})$	$k_{\text{vs theor}}/(\text{m}^3/\text{h})$	DN/mm	$V_{\text{nom}}/(\text{m}^3/\text{h})$	$k_{\text{vs theor}}/(\text{m}^3/\text{h})$
15	1.26	2.9	65	28.8	50
20	2.34	4.9	80	39.6	74
25	4.14	8.6	100	72	126
32	6.48	14.2	125	111.6	195
40	9	21.3	150	162	254
50	17.28	32	—	—	—

V_{nom}——阀门可以达到的最大水流量；

$V_{\max}$——指根据最大位置信号（如10V、24mA等）设置的最大水流量。

（6）应用意义 流量检测调节一体化阀门可通过阀门特性、控制程序在一定范围内调节管网的阻力平衡，最终达到根据上级指令执行流量调节的控制目标要求，从而达到真正按需调节流经末端设备流量参数，利于高效空调节能系统精准控制、计算、预测末端设备所需要的流量、换热效率，使得回风温度与室内设计温度之间的偏差尽可能减小，增大冷水机组输出冷量的有效利用率。

2.4 城市轨道交通车站环境品质保障

2.4.1 标准规范要求

地铁车站公共区为人员密集场所，特别是地下车站建筑空间相对密闭，空气流通不畅，通风效果欠佳，而近年来新型冠状病毒猖獗，严重影响人类的生存健康。因此，应加强地下车站公共区、管理用房的空气品质保障，为乘客提供舒适、安全的乘车环境，为地铁工作人员提供舒适健康的工作环境。相关规范对人员密集场所的新风量规定见表2-8。

表2-8 新风量标准

序号	规范名称	最低新风量标准	备注
1	公共场所集中空调通风系统卫生规范 WS 394—2012	20m³/(h·人)	候车室区域
2	地铁设计规范 GB 50157—2013	总风量10%	站厅、站台公共区域
3	民用建筑供暖通风与空调调节设计规范 GB 50736—2012	19m³/(h·人)	人员密度 $P_F \leqslant 0.4$

地铁车站内的室内空气质量标准主要依据《地铁设计规范》（GB 50157—2013）中相关空气调节设计参数的要求，并结合《公共场所卫生指标及限值要求》（GB 37488—2019）、《室内空气质量标准》（GB/T 18883—2002）、《民用建筑工程室内环境污染控制标准》（GB 50325—2020）等标准中规定的相关指标进行设计、检测，具体数据可参见表2-9。

表2-9　室内空气质量标准

序号	参数类别	参数	单位	标准值	备注
1	物理性	温度	℃	22～28	夏季空调
				16～24	冬季采暖
2		相对湿度	%	40～80	夏季空调
				30～60	冬季采暖
3		空气流速	m/s	0.3	夏季空调
				0.2	冬季采暖
4		新风量	$m^3/(h·人)$	30	—
5	化学性	二氧化硫 SO_2	mg/m^3	0.5	1小时均值
6		二氧化氮 NO_2	mg/m^3	0.24	1小时均值
7		一氧化碳 CO	mg/m^3	10	1小时均值
8		二氧化碳 CO_2	%	0.1	日平均值
9		氨 NH_3	mg/m^3	0.2	1小时均值
10		臭氧 O_3	mg/m^3	0.16	1小时均值
11		甲醛 HCHO	mg/m^3	0.1	1小时均值
12		苯 C_6H_6	mg/m^3	0.11	1小时均值
13		甲苯 C_7H_8	mg/m^3	0.2	1小时均值
14		二甲苯 C_8H_{10}	mg/m^3	0.2	1小时均值
15		苯并[a]芘 B(a)P	ng/m^3	1.0	日平均值
16		可吸入颗粒物 PM_{10}	mg/m^3	0.15	日平均值
17		总挥发性有机物 TVOC	mg/m^3	0.60	8小时均值
18	生物性	菌落总数	cfu/m^3	2500	根据仪器测定
19	放射性	氡 ^{222}Rn	Bq/m^3	400	年平均值（行动水平）

注：新风量要求≥标准值，除温度、相对湿度外的其他参数要求≤标准值。

近年来，关于净化、过滤、消毒的产品技术飞速发展，相关标准规范不断编制与更新，对产品提出了更高技术要求。主要的产品标准见表2-10。

表2-10　空气净化产品的主要生产标准

序号	规范名称	适用范围	发布时间
1	GB/T 14295—2019 空气过滤器	适用于通风、空气调节和空气净化系统或设备用空气过滤器。不适用于高效及以上级别的空气过滤器	2019.06.04
2	GB/T 34012—2017 通风系统用空气净化装置	适用于暖通空调系统用空气净化装置的生产和检验	2017.07.12

（续）

序号	规范名称	适用范围	发布时间
3	TCAQI 203—2021 建筑通风系统用空气净化消毒装置	适用于民用建筑空调通风系统中用于消杀、去除空气中微生物并净化空气的装置	2021.05.18
4	JB/T 10718—2007 空调用机织空气过滤网	适用于以聚丙烯单丝（聚乙烯、聚酰胺、聚酯长丝也可参照采用）通过编织而成的空调用机织空气过滤网	2007.03.06
5	JG/T 404—2013 空气过滤器用滤料	适用于对空气中颗粒物具有过滤作用的由玻璃纤维、合成纤维、天然纤维、复合材料或者其他材质做成的滤料	2013.03.12
6	GB/T 40514—2021 电除尘器	适用于电力、冶金、建材行业电除尘器，其他行业电除尘器可参照执行	2021.08.20
7	QB/T 5267—2018 空气净化器用静电式集尘过滤器	适用于空气净化器配套使用的各种静电式集尘过滤器或类似用途的空气处理设备的静电式集尘过滤器	2018.05.08

2.4.2 洁净卫生间系统

卫生间内臭气主要为复杂的有机无机化学物，如氨、胺类化合物、硫化氢、甲硫醇等，其中氨气的浓度最高，但实际上阈值低于氨气的胺类化合物和硫化物才是造成恶臭的主要物质，为解决地铁车站卫生间臭气外溢的问题，城市轨道交通工程中传统方案为加大卫生间排风系统的风量。由于卫生间离环控机房位置通常较远，管路系统较长，漏风量大，所以通过加大排风量的效果不明显。

洁净卫生间系统是通过检测、统计国内轨道交通地铁车站卫生间风量、空气质量数据，总结分析存在的问题与不足，针对现状提出的一整套卫生间除臭方案。众所周知，空气中有害气态物质去除机制主要有吸收法、吸附法、燃烧法和反应法等。洁净卫生间系统主要通过采用提高通风换气次数稀释空气中有害物质浓度、采用反应法分解空气中有害物质，以解决卫生间污染物超标与臭气外溢的问题。具体可采用如下方案：

1. 优化通风系统设置

采用低位侧排风 + 内侧顶排风优化设计方案，将排风口设置在卫生间大便器 1.7m 高度处及内侧顶部，在小便器上方顶部增设排风口，采用局部排风方案，使得产生的臭气及时进入排风系统排至室外，同时在盥洗间内设置送风口，从室外引入新鲜空气，稀释卫生间内有害空气浓度。靠近公共区布置的卫生间，卫生间排风系统可就近从出入口出户，在出入口背部绿化区内设置排风井，以减小通风管输送距离及漏风，保证通风效果。

2. 采用反应法除去空气中有害物质

采用光催化或双极离子法，光催化是指在日光、紫外线照射下，催化活性物质表面氧化分解挥发有机蒸气或细菌，将其转化为 CO_2 和水，从而起到净化空气的作用。双极离子法是运用高能双极离子管的电离作用，产生的电离氧和空气中带相反电荷的污染物发生作用，分解空气中 VOC、氨等有害气体，杀死细菌，并使颗粒物沉降。图 2-12 为一种集过滤、纳米光催化、双极离子发生器多功能于一体的除臭设备，可有效除去卫生间的异味。

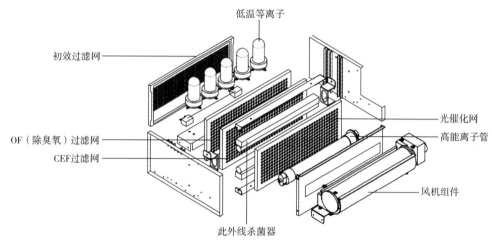

初效过滤网

低温等离子

OF（除臭氧）过滤网

CEF过滤网

光催化网

高能离子管

风机组件

此外线杀菌器

图2-12　卫生间净化除臭产品

2.4.3　复合式空气过滤系统

复合式空气过滤系统整合了粗中效阻隔式空气过滤装置、静电除尘装置、气体净化过滤装置的全部功能，将各过滤装置组合后安装至风道或空调机组设备中，可有效进行过滤、除尘、杀毒、灭菌、除甲醛等功能。

1. 静电除尘装置

（1）分类　静电除尘装置可分为单区电离和双区电离，单区电离又分为单区式和双区式。单区式是指电离极和集尘极在同一段上（或筒中），有电离丝放电、针尖放电等多种形式。双区式是指电离极和集尘极分属两部分，一般有电离丝放电、板边沿放电等多种形式。双区电离是指每一区都有自己的电离极和集尘极，由多个单区组成，即一区（电离极+集尘极）+二区（电离极+集尘极）+…。

（2）主要原理　当采用正电晕时，在电离极的金属丝上加有足够高的直流正电压，两边的极板接地，这样就在电离极附近形成了不均匀电场，空气中的少数自由电子从电场获得能量，和气体分子激烈碰撞，形成碰撞电离，出现不完全放电——电晕放电。这样，在电离极附近充满正离子和电子，形成电场电荷和扩散电荷。正电荷的微粒进入集尘极空间以后，受到正极板排斥而沉积在负极板上，从而达到集尘的目的。

（3）不足　由于部分远离电离极的空气因为电场强度小，不能被电离，粒子不能带电荷，且在一定的电离极电压下，空气电离强度是固定的，即电荷量是一定的，如果进入空气净化装置的空气含尘浓度过高，则每个粒子所带电荷不足，或有一些粒子不能带电荷。不能带电荷或粒子所带电荷不足时，则不能被集尘极沉积，使得静电除尘设备的净化效率大大降低。

（4）选型要求　通过分析比较各种静电除尘设备，采用水平极板的双区电离的双区式细线放电时，其净化效率在断面风速为 1.3m/s 时，对于大于 0.5μm 的粒子，可达到 98.3%，大于 5.0μm 的粒子，可达到 100%；而采用圆孔极板等单区电离电区式针尖放电时，其净化效率在断面风速为 0.8～1.8m/s 时，其分级计数效率在 20%～55% 之间，仅达到粗、中效级别。因此，宜选择双区电离式、线板静电场，集尘极板为水平极板的静电式空气净化设备。

静电除尘装置宜采用模块化拼装，配置变压器等辅助装置，并具有交流过压保护、短路保护、外壳接地保护等功能，可就地、远程启停，其过滤效率、阻力应符合《建筑通风系统用空气净化消毒装置》（T/CAQI 203—2021）的要求。

2. 气体净化过滤器

气体净化过滤器主要采用吸附法、催化剂法及吸收法，物理吸附具有可逆性特点，当采用活性炭、活性铝等吸附剂时，在一定条件下，已经被吸附的中性气体分子（主要是 VOC 等有机化合物）有可能会发生解吸，重新进入空气中。化学吸附及催化剂法处理的对象气体主要是酸碱类气体，不适用于甲醛等中性气体，因此，除去甲醛等有机物的气体净化过滤器宜采用吸收法，如可利用氧化钛的强氧化作用，分解化学物质，使其无害化；或通过涂布的过滤器表面的光催化剂涂层来分解空气中的气态污染物，光催化剂在与其带隙值具有相应的能量的光线（紫外线）照射下，进入激发态并释放 OH 自由基，利用 OH 自由基的强氧化作用，来分解空气中的甲醛等有机物。

3. 智能清洗过滤装置

智能清洗过滤装置由过滤模组、自动清洗模组和智能控制模组组成，是一种智能清洗、消毒灭菌和节能的空气过滤装置。采用新型过滤材料和智能清洗消毒控制技术，通过智能感知对空气过滤器进行自动清洗和消毒灭菌。适用于新建、扩建和改建的风量大于 $10000\mathrm{m^3/h}$ 的空调系统和洁净空调系统。可替代传统粗中效过滤器，作为相对独立的设备功能段与相关空调通风产品配套应用，也可以作为独立产品用于对已有的通风空调系统进行改造和完善。安装在组合式空调箱的混合段后方、表冷器前方，也可安装在新风道中。

智能清洗过滤装置无须进行人工拆卸更换和手动清洗消毒，设备运维省时省力，大大减少了空调系统过滤器的维护工作，实现了智能运维，并对空调机组的表冷盘管、风机等部件以及通风管道内部保持了较高的清洁度，保障了室内空气质量和通风空调系统的高效节能运行，如图 2-13 所示。

图 2-13　智能清洗过滤装置

该装置已在国内多条轨道交通车站使用，图 2-14 为杭州地铁 10 号线一期工程新兴路站，空调箱改造加装 CFAU 智能清洗过滤装置。有效替代了人工，实现了智能清洗、消毒灭菌、低阻节能和设备的智慧运维。

图 2-14　杭州地铁 10 号线新兴路站 CFAU 智能清洗过滤装置图

2.4.4　室内空气品质监测

根据相关规范要求，室内空气品质监测主要针对 CO、CO_2、VOC、SO_2 及硫氧化物、氮氧化物、臭氧浓度、氡、悬浮颗粒物、细菌总数等污染物，各污染物浓度标准详见表 2-9。

目前国内无成套的室内污染物监测系统，随着社会经济的发展与人民生活水平的提高，可将实时在线室内空气品质监测系统纳入地铁车站中。

1. 气态污染物检测

气态污染物主要包括 CO、CO_2、SO_2 及硫氧化物、氮氧化物、臭氧、甲醛、挥发性有机物、氡等，各种物质检测方法见表 2-11。

表 2-11　各类气态污染物检测方法

序号	污染物名称	检测方法	传感器类型
1	CO	红外线吸收法 控制电位电解法	CO 传感器
2	CO_2	非分散式红外线气体自动分析法 气相色谱法	CO_2 传感器
3	SO_2、硫化物	紫外荧光自动分析法 电导分析法	SO_2 传感器
4	氮氧化物	化学发光法 吸光光度法	—

（续）

序号	污染物名称	检测方法	传感器类型
5	臭氧及氧化剂	吸光光度法 紫外线吸收法	—
6	甲醛	采样法 吸光光度法 高效液相色谱仪法 检测管法	VOC 传感器
7	挥发性有机物	采样法 气相色谱分析法 非甲烷总烃分析仪	VOC 传感器
8	氡	采样法	—

2. 颗粒物检测

颗粒物检测器如 PM2.5 传感器是根据光的散射原理来开发的，微粒和分子在光的照射下会产生光的散射现象，并吸收部分照射光的能量。当一束平行单色光入射到被测颗粒场时，会受到颗粒周围散射和吸收的影响，光强将衰减，因此可通过计算出入射光通过待测浓度场的相对衰减率，从而基本上能线性地测算出待测场灰尘的相对浓度。光强的大小和经光电转换的电信号强弱成正比，通过测得电信号就可以求得相对衰减率，进而就可以测定待测场里灰尘的浓度。

3. 空气温湿度检测

空气温度、湿度可通过温湿度传感器来检测，温湿度传感器多以温湿度一体式的探头作为测温元件，将温度和湿度信号采集出来，经过稳压滤波、运算放大、非线性校正、V/I 转换、恒流及反向保护等电路处理后，转换成与温度和湿度成线性关系的电流信号或电压信号输出。

2.5 城市轨道交通车站暖通空调系统环保技术

环保技术应用主要包括暖通设备系统全生命周期设计、消声技术应用、减振技术应用、环保材料技术应用等。地铁工程中消声技术应用主要为风亭、冷却塔等噪声处理；减振技术应用主要为冷水机组、水泵等设备的减振处理措施；环保材料技术应用主要为选用新型环保材料、选用节能及节材的环保产品。

2.5.1 地铁车站消声设计

1. 地铁车站噪声源

地铁车站噪声源可分为列车噪声、设备噪声、气流噪声等，其中设备噪声主要为空调系统风机、空调器、水泵、冷却塔等设备产生的噪声。根据国内地铁运营情况调查，设备噪声和列车噪声对环境及居民产生影响较大，同时也成为噪声治理的主要对象。

空调系统设备噪声以中低频噪声为主，列车噪声主要产生于车辆的动力系统和轮轨系统，动力系统噪声包括车辆的牵引设备噪声和辅助设备噪声。

2. 地铁车站内消声设计

地铁车站内消声设计一般从消声系统方案、消声设计细节、消声产品选型等方面着手。

（1）消声系统方案　从地铁车站内的噪声源分析，地铁车站内消声设计主要为风亭消声、冷却塔消声、暖通空调设备管路系统消声、设备房消声等几个方面。消声设计单位对地铁行业内的消声方案研究日趋成熟，主要为增设消声器、设置隔声及吸声板、优化管内风速等技术措施。根据具体施工图设计成果，消声设计单位对系统消声进行计算，选用合理的消声器产品规格，根据需要增加其他辅助性消声措施，从而达到解决噪声超标的问题。

（2）消声设计细节　消声设计细节体现在优化设备及管路布置、采用低噪声产品、解决消声封堵等问题上。地铁车站内的下述优化设计可适当降低系统噪声。

1）隧道风机出口处设置隔墙替代入口处设置隔墙。隧道风机设置在风亭口与活塞风阀之间时，噪声较大；隧道风机设置在活塞风阀与站台区的隧道之间时，噪声较小，两者相差 10～20dB(A)。噪声来源主要为隧道风机机壳未经消声，直接传递至室外而引起。

2）隧道风机通风模式进行适当调整。如无须每天进行早晚通风，可根据隧道内检修作业情况手动开启隧道风机。

3）采用风管外包吸声材料与保护层的方法进行消声。当噪声值较大的风管穿越对噪声反应要求较高的房间时，可在此风管外包离心玻璃棉和保护层，使得此段风管形成消声风管，可大大降低风管传递至室内的噪声值。

4）降低送回风口风速。当风管风速较大时，通过风管传递至风口的再生气流噪声值较大。因此，可将支风管及风口的尺寸适当放大，降低风口气流速度，以减小传递至室内的噪声值。

5）对于设备区管线密集处，风管上无空间安装消声器时，可采用将普通风管弯头设计成消声弯头，以降低室内噪声。

6）管道穿越隔墙时应进行消声封堵、密封，避免噪声通过隔墙孔隙传递。

3. 冷却塔消声技术方案

（1）冷却塔的噪声源　冷却塔的噪声主要有风机噪声、水落噪声、减速机噪声、电动机噪声等。另外还有冷却塔配管及阀体噪声、冷却塔设备振动向周围辐射的噪声，由于这两种噪声较小，在工程实际中可忽略不计，因此消声措施中常不予考虑。

（2）冷却塔的消声措施　针对冷却塔的噪声源，对应有如下几种降低冷却塔噪声的措施。

1）降低风机噪声：可采用低转速、大直径、新叶型、阔叶片、小叶角等措施。噪声降低量可达 A 声级 10dB 左右。采用双速电动机或变频电动机，根据工况白天高速运行、夜间低速运行可有效降低噪声。采用低转速电动机与降低噪声的关系如下：

由 4 级调整为 6 级电动机时，噪声可降低 5～7dB。

由 6 级调整为 8 级电动机时，噪声可降低 12～13dB。

2）降低水落噪声：降低水落声的措施包括降低水池水深、采用特殊水池结构形式，在水面上部铺设细眼尼龙网等，一般可使冷却塔水落声降低 A 声级 5～10dB。

3）追加消声措施：为了降低冷却塔噪声，可在排风口、进风口外追加消声装置，或将进风百叶窗调整为吸声百叶板，这种综合处理可降低冷却塔噪声约 7～10dB。但是这些措施不能使得冷却塔的冷却效果有明显下降。

（3）工程应用中几种冷却塔消声方案

1）冷却塔＋消声器方案：冷却塔主要噪声源为风机与淋水声，在风机出口和冷却塔进风口增设消声器，可解决冷却塔主要噪声问题。此方案可根据需要设置消声器的长度，一般设置约3m长消声器，消声量可达10～15dB，完全解决冷却塔的噪声问题。

2）冷却塔+消声导风筒方案：通过在冷却塔出风口处设置消声导风筒，可调整冷却塔出风方向，使得冷却塔废气背向敏感点排放。消声导风筒一般可消声3～6dB，一般工程中应用的有玻璃钢与钢制两种类型，玻璃钢材料的质量小，价格便宜，可直接安装在冷却塔风机出口处。钢制导风筒质量大，类似于风管消声弯头，质量较大，一般需要设置专用支架进行固定。

3）冷却塔+声屏障方案：在冷却塔周围设置声屏障，通过噪声衰减达到预定目标。隔声屏障的作用只有在屏障的声影区较为显著，声源越靠近屏障，声屏障越高，声影区扩大，隔声区域也随之增大。

4）冷却塔+消声屋方案：在冷却塔进出风口周围的一定距离设置消声或隔声装置，从声学、空气动力学和结构力学三方面综合考虑，其综合性能优势突出，在国内和国外都有成功的案例，但一次性投资大。

5）冷却塔各消声方案优缺点及造价对比见表2-12。

表2-12 冷却塔各消声方案对比

序号	方案	优点	缺点	工程造价估算（万元/每座车站）
1	冷却塔+消声器	1. 可有效降低冷却塔出风处噪声 2. 降噪能力为15～20dB(A)	1. 整体高度较高，影响美观 2. 冷却塔进风处增加消声器，影响美观	35～40万
2	冷却塔+导风筒	1. 可适当降低冷却塔出风处噪声，并使得冷却塔排风背向敏感点 2. 降噪能力为5～8dB(A)	1. 整体高度较高，冷却塔导风筒影响美观 2. 冷却塔淋水声无法消除	3万（玻璃钢导风筒） 10万（钢制导风筒）
3	冷却塔+声屏障	1. 采用声屏障后，降低冷却塔噪声传至敏感点 2. 降噪能力为10～18dB(A)	1. 为使得冷却塔顶部噪声不传至敏感点，声屏障高度较高，一般宜高出冷却塔顶部1～2m 2. 声屏障范围较大，一般应在冷却塔向外扩3～4m，占用征地面积大	声屏障约1800元/m²，一座车站约150m²，约27万
4	冷却塔+消声屋	1. 可有效消除冷却塔风机、淋水声，消声效果最好 2. 可通过在消声屋旁边种植树木，设置为隐藏式冷却塔 3. 降噪能力为15～20dB(A)	1. 造价较高，对冷却塔通风效果有部分影响，冷却塔选型系数应适当加大 2. 应增加整体高度约1.5m	约50万

从上表综合比较可以看出，冷却塔消声屋方案消声效果最好，能彻底解决冷却塔噪声、环评报告及消声措施问题，并可以通过在消声屋旁边种植乔木，隐藏冷却塔设备，或设计与周边环境相协调的消声屋造型，解决室外景观问题。

2.5.2 地铁车站减振设计

地铁车站内冷水机组、水泵、风机、空调器、冷却塔、多联机、水管、风管等在运行的时候有较大的振动，如不加以处理，会产生设备管线位移偏大、造成脱落及管道漏风量大等一系列问题。因此，需要优化系统设计、增加减振措施等解决运行时产生的振动问题。

为减少设备系统的振动及影响，常用的优化系统设计措施有降低管道内流体流速、采用合适的软接头，将振动设备设置在非人员常驻区域等；除此之外，对于振动设备管道，可增设一系统完善的减振措施，如增设各类减振器、减振垫、减振平台等，选择合适的振动频率产品，将设备运行时的振动降到最低。

2.5.3　设备全生命周期管理

暖通空调设备全生命周期管理系统包括前期管理、运行维护管理、轮换及报废管理三个方面。

1. 前期管理

前期设计、招标、制造及安装过程中，应考虑设备的耐久性，引入设备在全生命周期内的年平均建设投资、年平均运营费用、报废处理费用等指标可参见表2-13。

年平均建设投资 = (采购总费用 + 安装总费用)/使用年限

年平均运营预测费用 = (运营能耗预测费用 + 运营维修预测费用)/使用年限

表2-13　每年运营费用预测统计表

使用时间	第1年	第2年	第3年	…
运营能耗预测费用	××元	××元	××元	…
运营维修预测费用	××元	××元	××元	…

根据每年设备运营能耗费用、运营维修费用及设备建设费用综合比较，选择合理的设备品质等级，确定设备运行年限，及时进行维修及更换。

2. 运行维护管理

运行维护管理主要包括使用、维护、维修等内容。随着运行时间的增加，设备磨损严重，效率降低、故障率增加，如维护不当或维修不及时，将影响设备使用寿命。全生命周期管理应对各设备的运行能耗、效率、维护及维修费用进行数据统计，利用大数据分析，制定设备的维护及维修规程，让设备在全生命周期内最大限度地发挥作用。

3. 轮换报废管理

设备达到报废年限时，全生命周期管理系统应经分析比较，确定是否进行报废、更新或改造升级。对于单台设备，当有高能效产品出现时，不仅仅考虑单台设备的采购成本与运营能耗，还应考虑维护费用、整个暖通空调系统与新设备的匹配程度等。

2.5.4　其他环保技术

1. 复合风管

地铁车站空调系统风管主要为双面彩钢、夹芯层为保冷材料的复合风管，夹芯材料早期一般为难燃 B1 级改性酚醛，现经过技术升级改造，夹芯材料主要采用不燃 A 级玻璃纤维制品。

双面彩钢复合风管板材总厚度一般为 25~30mm，外表面为高温烤漆彩钢板，内层为特殊处理涂层的钢板，不滋生细菌，抗腐蚀性能好。风管成型后无须二次保温，隔热及隔声性能好。保冷层芯材密度为 60~90kg/m³，导热系数不大于 0.035W/(m·K)，管道弯曲强度不小低于

1.0MPa，可使用于中、高压送风系统。

复合风管应用于地铁车站空调风管中后，可将钢板风管制作、保冷材料安装于一体，并在工厂中预制完成，以减少现场材料制作、加工工作量，避免保冷材料施工对环境的影响，如图2-15所示。

图2-15　杭州地铁5号线双面彩钢板复合风管

2. 复合水管

复合水管可应用于埋地采暖管道中，是一种将工作钢管、保温材料、保护材料及泄漏监测于一体的整体式复合管材，可简化现场施工工艺、缩短现场施工工期、减少后期维护保养工作量，是一种节能、节材、省钱的环保产品。

该管道由工作钢管、保温材料、外护管、泄漏监测信号线等部分组成。

工作钢管性能应符合 GB/T 8163、GB/T 3091 或 GB/T 9711 的规定。

保温材料采用环保发泡剂生产的硬质聚氨酯泡沫塑料，径向泡孔平均尺寸不大于 0.5mm，吸水率不大于 10%，闭孔率不小于 90%，老化前的导热系数 λ_{50} 不大于 0.033W/(m·K)（50℃）。保温材料应均匀充满工作管与外护管之间的环形空间。当管道公称尺寸小于或等于 DN500 时，保温材料密度不小于 55kg/m³，当管道公称尺寸大于 DN500 时，密度不小于 60kg/m³。保温弯头与保温弯管上任何一点的保温层厚度不小于设计保温层厚度的 50%，且任意点的保温层厚度不小于 15mm。

外护管采用 PE80 或更高级别的高密度聚乙烯树脂制造，树脂密度不小于 935kg/m³，且不大于 950kg/m³，树脂中添加抗氧剂、紫外线稳定剂、炭黑等添加剂，在 210℃ 下的氧化诱导时间不小于 20min。外护管采用黑色，成品管材密度应大于 940kg/m³，且不大于 960kg/m³，任意位置的拉伸屈服强度不小于 19MPa，断裂伸长率不小于 450%，纵向回缩率不大于 3%，耐环境应力开裂失效时间不小于 300h。

泄漏监测信号线连续不断开，钢管不短接，信号线与信号线、信号线与钢管之间的电阻值不小于 500MΩ。

2.6 城市轨道交通车站暖通空调系统高效节能技术

暖通空调系统能耗占地铁运营总能耗的 30% 以上，南方地区占比达 50% 以上。制冷机房（冷冻站）能耗占暖通空调系统能耗的 60% 以上。多数地铁车站制冷机房综合能效 EER < 3.5，

远低于高效制冷系统标准，因此高效节能设计非常重要。地铁车站暖通空调系统设计应分析空调能耗特点，选择高效制冷系统，选用高效设备，优化设备及管路布置，采用智能控制策略，降低能耗，确保高效节能。

2.6.1 高效制冷系统

轨道交通车站内电制冷空调系统由冷水机组、冷冻水泵、冷却水泵、冷却塔、空调机组等末端设备、风机及其管道、阀门、配电、控制系统等组成。符合表2-14中能效评价指标的城市轨道交通车站暖通空调系统称为高效制冷系统。轨道交通车站空调季空调系统运行能效比不宜低于制冷系统运行能效比的70%。

表2-14　高效制冷系统全年运行能效比评价指标

热工分区	能效等级		
	1	2	3
夏热冬暖地区	≥5.0	≥4.7	≥4.0
夏热冬冷地区	≥5.2	≥4.9	≥4.2
寒冷地区	≥5.5	≥5.2	≥4.4

2.6.2 节能技术措施

地铁工程中主要节能措施包括优化负荷计算及设备选型、优化系统设计、优化管路设计、采用高效节能控制策略等方面。

1. 优化负荷设计及设备选型

（1）负荷计算　与民用建筑行业的空调系统负荷计算方法不同，目前轨道交通空调行业内的地铁车站的空调负荷计算，大多只进行最不利工况下即晚高峰期间的负荷，不进行空调负荷的逐时计算，故整体缺乏对空调系统的负荷动态变化及全年的负荷特性的了解。

要设计高效的地铁车站空调系统，首先必须进行精细化的空调负荷计算，了解目标地铁站的空调负荷动态特性，才能为后续的设备选型、控制系统的设计等提供数据支撑。

车站大系统负荷主要包括通过围护结构传热负荷、照明及各类设备负荷、人员负荷、渗漏风负荷以及新风负荷等。其中围护结构传热负荷只与全封闭式站台门和站台板的自身热工参数有关，与地铁车站室外气象环境条件及地铁客流量变化均无关，照明及各类设备负荷来源稳定，也不随客流量变化。而对于人员负荷和新风负荷，取决于地铁站内的实时人数和他们在车站内的滞留时间，故这部分负荷是造成车站大系统负荷难以准确计算的关键因素。

小系统负荷主要包括围护结构传热负荷、照明及设备负荷、人员负荷以及新风负荷，但小系统冷负荷中各项负荷的特点与大系统又有显著不同，小系统主要负荷来源是设备负荷和新风负荷。由于设备用房人数很少，大多数均按2人计，故人员负荷占比很少，围护结构传热负荷由于设备用房较为集中，且大部分房间的室内温湿度控制要求相同，故占比也很小。对于新风负荷，由于设备用房人员数量少而设备发热量大的特点，大部分房间均是采用新风占比10%的方法来定新风量。

1）负荷计算应采用逐时计算。

2）新风宜采用预冷除湿措施。

3）车站公共区人员负荷宜根据闸机进出乘客数据、工作人员数量确定同时在站人数，并应对初、近、远期分别计算。

4）当车站设置全封闭站台门时，公共区围护结构冷负荷应考虑站台门、站台板、轨顶风道顶板的传热负荷。

5）当车站设置全封闭站台门时，公共区空调系统的最小新风量应按人员新风量和新风比两者较大值取值，公共区新风负荷按照上面两者与全封闭站台门漏风量比较取其大值进行计算。

6）小系统负荷计算应考虑设备的发热量特性，设备用房空调负荷应考虑不同运营时段的负荷差异。

（2）设备选型

1）计算值、设计值和设备选型值的要求：暖通空调系统的设备在选型前均应根据成熟的理论进行计算得出计算值，然后在计算值的基础上考虑适当的安全系数作为系统的设计参数（设计值），设备选型时应按设计值要求供应商提供相应的设备，其设备的参数不应小于设计值且正偏差不应大于5%。

2）设计选型系数：暖通空调系统设备的基本参数应按选型值选取，选型值需在计算值的基础上考虑一定的设计选型系数，设计文件中应表示选型值，具体的选型系数如下：

冷水机组的选型冷量 = 计算冷量

空调器设备选型冷量 = 计算冷量 × 1.1

空调器设备选型风量 = 计算风量 ×（1.05~1.1）

冷却塔的选型水量 = 计算水量 × 1.3

水泵的设备选型流量 = 计算流量 ×（1.05~1.1）

水泵的设备选型扬程 = 计算扬程 ×（1.05~1.1）

普通风机的设备选型风量 = 计算风量 ×（1.05~1.1）

排烟风机的设备选型风量 = 计算风量 ×（1.2~1.3）

非变频风机的设备选型全压 = 计算全压 ×（1.05~1.1）

变频风机的设备选型全压 = 计算全压

排烟风机的设备选型全压 = 计算全压 × 1.2

冷水机组的装机容量应根据计算的空调系统冷负荷值直接选定，不另作附加。在设计条件下，当机组的规格不能符合计算冷负荷的要求时，所选机组的总装机容量与计算冷负荷的比值不得超过1.1。

2. 优化系统设计

车站暖通空调系统形式多样，应从制冷方案、末端方案、输配系统方案等多方面进行综合比较，以选择合理的系统形式。

（1）制冷方案选择　冷水机组形式多样，地铁车站内常用的有变频螺杆机组、磁悬浮离心机组、蒸发冷却机组、直膨胀式机组等。传统的变频螺杆机组、磁悬浮离心机组相比定频螺杆机组在能效值上有很大的提升，现机房整体COP值可达到5.2以上，是采用高效空调系统的首要选择；蒸发冷却机组利用空气强制循环和喷淋冷却水的蒸发将制冷剂的冷凝热带走，无须配置冷却水塔、冷却水泵和冷却水管网系统，并减少了一个中间换热过程，经综合经济比较后可选用；直膨式机组冷源方案由冷热源机组 + 空调器构成，空调器水冷表面式空气冷却器改为制冷剂直接膨胀蒸发空气冷却器，制冷剂通过压缩机提供的压力进入空调器，在进行空气处理时，由制冷剂直接蒸发冷却带走显热负荷和潜热负荷，减少了中间的二次换热。由于该系统无冷冻水系统，减少了输送能耗，经综合经济技术方案比较后，可择优选用。

（2）末端方案选择　末端方案选择应与冷源系统相匹配，全空气一次回风系统中，地铁车站中较为节能的末端方案有：适应空调供回水大温差的空调器、直膨式空调器、末端变风量设备等。为满足车站管理用房独立调节的要求，宜采用多联式空调系统或风机盘管系统。

（3）输配系统方案选择　车站暖通空调输配系统包括冷冻水输配系统、冷却水输配系统、空气输配系统，其主要输配动力设备包括冷冻水泵、冷却水泵、风机等，输配系统具有如下特点：

1）输配功率约占整个车站空调设备功率的40%～50%，占比较大。

2）空调系统中的空气输配设备功率约占整个输配系统功率的60%～70%，占比较大。

3）空调水输配系统设备功率约占整个水系统功率的20%～30%。

4）输配系统中水是优秀的载热介质，单位质量水的载冷能力是空气的4.18倍。

因此，输配系统设备功率约占整个空调系统设备功率的一半，应优化车站暖通空调系统的输配系统设计，减少输配能耗，可以从如下几个方面考虑，经综合比较分析后择优选用。

1）优化设备选型方案，选用高效率及能效等级较高的电动机、风机及水泵设备；并选用传动效率高的方案，如水泵采用直联转动替代联轴器传动，空调器选用无蜗壳风机直接传动替代皮带传动的有蜗壳风机。

2）空调系统中采用单风机一次回风系统替代双回风一次回风系统，或采用空调集中回风方案。

3）优化风管、水管管路设计，减少管路阻力损失，减少风机、水泵选型压力与扬程，从而降低设备配电功率。

4）优先选用水作为冷量输送载体。

5）提高系统送回风温差与供回水温差，减小输配设备选型参数。

（4）其他优化方案选择

1）车站公共区单端送风方案：在车站的一端设置一个空调机房，机房内主要包含两台组合式空调器、两台回排风机、两台排烟风机及相应的风阀等设备和管线，负担整座车站公共区的暖通空调及排烟，满足空调季节小新风运行、空调季节全新风运行和非空调季节全通风运行。此种系统配置可以缩短管路系统服务半径，降低暖通空调风机设备配电功率，且避免风管穿越大量的车站设备管理用房，减轻了设备管理用房区域管线布置压力。采用此方案对后期运营维护、节能减排贡献较大，因此对于不大于6节编组的地铁车站推荐采用此方案。

2）车站公共区集中回风方案：气流组织主要由送风系统决定，当车站公共区暖通空调采用单端送风方案后，可采用在靠近公共区处的环控机房外设置集中回风口，减少回风管占用空间，减少整个风管系统阻力。当计算出的回风管道阻力较少时，可以通过综合比较选用单风机方案，以减少设备配置与系统运行能耗。

3）大温差小流量方案：冷水机组的供冷量与冷水供、回水温差、冷水流量的关系按下式计算：

$$Q = M \times C_p \times \Delta T$$

式中　Q——输出的冷量；

C_p——水的比热容；

M——水的流量；

ΔT——供、回水温差。

由上式可见，假定水的比热容为常数，则可通过增大流量M而减小温差ΔT（即增加水泵耗功而减少机组耗功），或可通过减少流量M而增大ΔT温差的（即减少水泵耗功而增加机组耗功），来获得相同冷量。但这两种方案的系统总能耗可能并不相等。

研究表明，在部分负荷时，大温差小流量系统在部分负荷下的节能趋势与常规的定流量系统相似，但节能效果更为显著。因为冷负荷越低，冷水机组的能耗降低越多，而冷却塔、冷冻水水泵及冷却水水泵等能耗几乎不变（定流量系统），故冷水机组的能耗占水系统能耗的比例越小。在部分负荷时减小水流量，冷却水水泵、冷水水泵及冷却塔等能耗降低的作用更明显，而压缩机能耗增多却不明显，导致系统的总能耗减小趋势更为显著。大温差小流量系统还可以减小水泵的尺寸、阀的大小、管道的直径及保温材料的用量等。大温差小流量对设备选型有一定影响：首先，对盘管的影响。在设计时必须考虑水流量变化对于水盘管传热的影响，并对其结构参数作相应的调整。温差达到一定参数后，所需的水盘管排数需增加或者增加扰流器，且温差越大，扰流器效果越明显。其次，对冷却塔选型的影响。冷却塔的散热能力与冷却塔的进水温度、水流量、环境湿球温度有关。提高冷却水温度可以降低冷却塔逼近度，冷却塔尺寸无须增加；若采用相同的逼近度，则大温差小流量方案可以减少冷却塔的尺寸和风扇的耗电功率。

大温差小流量系统方案需着眼于减少整个冷水系统的能耗和初投资。水系统不同，最优化的工况可能不同，这具体取决于空调的负荷特点、外部环境、设备性能等。需要设计师进行精细化设计，不可简单粗暴地套用。大温差小流量系统方案要求冷水机组能够在宽广的蒸发温度与冷凝温度范围内可靠、高效地运行，需要设计师根据项目实际合理选择冷机、末端和冷却塔。大温差小流量系统在改造项目中具有独特优势。在利用原有的冷冻水/冷却水输送管道和冷却塔，在水流量不变的情况下，增大冷冻水的供、回水温差，提供更多的冷量，以满足新增空调负荷的要求。

4）简化系统方案：车站暖通空调系统阀件多，模式转换复杂，运行过程中存在漏风量大、管件局部阻力高等问题，因此可简化相关设计细节，如设备管理用房采用全空气一次回风系统传统设计时在空调器、回风机上均设置了电动联锁风阀，但实际使用时发现此联锁风阀可取消设置，采用设置与新风管、排风管及回风管上的电动风阀与空调器、风机联动模式运行即可。既减少了管件阻力，简化了运行模式，也不会造成管道系统串风等问题。

车站内部分排风系统兼用排烟系统，风机采用高低转速运行，排风与排烟管道之间通过电动阀门转换，此系统会造成平时排风系统漏风量大，排烟模式下工况转换复杂，因此宜单独设置排风与排烟系统。

地铁车站内一般采用共用新排风道，各系统风管接入风道时设置电动风阀以防止互相串风。可通过采用设置低阻力风管止回阀替代电动风阀的方案，这样既减少了电动风阀配电与控制需求，又简化了系统控制模式，可使系统运行更加稳定。

3. 优化管路设计

地铁车站空调输配系统主要包括以风管输配为主的空调风系统（主要输配设备包括组合式空调机组、柜式空调器、回排风机）和以水管输配为主的空调水系统（主要设备包括冷冻水泵和冷却水泵）。在系统配置方案确定的基础上，通过优化空调系统输配管路的特性和布置，以最大限度降低管路中的沿程阻力和局部阻力；在系统选型时降低风机和水泵的扬程，降低输配系统的能耗，以提高输配系统的运行能效。

（1）风管系统设计

1）风机进、出风口不能直接对墙、柱，为保证气流顺畅，风机出口距离墙、柱至少应保证2倍风机直径的距离，风机吸入口至少应保证1.5倍风机直径的距离。

2）暖通空调大系统机房位置应与车站新风、排风道相邻，以便新风引入及排风；并应靠近公共区设置，以减少输送距离及与其他系统的管路交叉。

3）风机和空调器压力损失主要在机房内，接管复杂，且阀门设置较多，为尽量减少管路阻力损失，特别是机房内新风道至混风箱、空调器出口至静压箱（大风管）阻力损失较大，所以尽量不要设置静压箱，应直接从空调器接管；有条件的尽量加大风管面积，减小风管流速。

4）风管系统应根据室内噪声、经济流速合理确定主管、支管流速。风管尺寸宜按标准规格设计。

5）风管系统中应减少调节阀、防火阀等阀门阀件的设置，当必须设置时，应控制流经阀门的风速，阀门局部阻力总值不宜超过系统总值的30%。

6）风机进出口的局部阻力构件应设置在水力过渡段以外。

7）经过经济技术比较后，公共区回风系统可采用集中回风。

（2）水管系统设计

1）水管系统应根据室内噪声、经济流速合理确定各主管、支管流速。

2）水管系统中应减少阀门的设置，当必须设置时，应控制流经阀门的流速与局部阻力值。各种阀件选型时，尽量选用低阻力、流量系数大的阀门，以减少局部阻力。

3）空调冷却水系统应采用综合可靠的水处理系统，水处理系统应能解决除垢、缓蚀、杀菌灭藻、防腐蚀等问题。

4）机房内水管宜借用 BIM 技术，采用装配式标准化设计。

5）管路布置尽量顺、平、直，尽量减少直角弯头和三通；当必须设置弯头时，尽量设置顺水弯头、三通、四通等阻力较小的部件。

6）空调水管宜选用薄壁不锈钢管等耐腐蚀性能好的管材，薄壁不锈钢管的连接方式应适应装配式安装要求，可采用卡接、法兰或承插压合等连接方式。

7）水泵选型之前需进行精细化的水力计算。减小管段比摩阻以降低沿程阻力，需控制水管中的水流速。水系统最不利环路各管径比摩阻宜小于100Pa/m；其他支路比摩阻宜小于300Pa/m，设计工况下各并联环路之间水力压力损失不应超过15%，并应优先通过水力设计保证平衡率。

8）空调水系统优先采用膨胀水箱定压。

9）水系统应补充设备、水管接管大样图；冷水机房平面图应补充各类传感器和流量计的定位，避免施工安装全部采用直角三通及阀门传感器随意安装的问题。

4. 采用先进的智能控制算法

自动运行控制系统是高效节能空调技术发展的核心，如何优化空调系统运行时的节能指标、误差指标、舒适性指标等关键评价指标，是自动运行控制系统要实现的内容。优秀的控制系统主要依靠控制软件中的控制策略与控制算法。众所周知，轨道交通车站暖通空调系统是一个时滞性强、多输入多输出的非线性系统，传统的经典控制理论、现代控制理论不能很好地应用于该系统控制中。目前业内普遍认为模糊控制技术可应用于其部分算法中，再辅以预测控制、PID 控制、神经网络控制等算法，并不断优化学习先进的控制策略，可实现轨道交通车站暖通空调系统的高效节能控制要求。

模糊控制系统是以模糊数学为理论，即模糊集合论、模糊语言变量及模糊逻辑推理等作为理论基础，以传感器技术、计算机技术和自动控制理论作为技术基础的一种新型人工智能控制系统。它的组成核心是具有智能功能的模糊控制器，其研究对象通常有如下几个方面的特点：

1）被控对象的数学模型不确定，有时模型未知或知之甚少，有时模型的结构和参数可能在很大范围内变化。

2）被控对象具有非线性。

3）被控对象具有复杂的任务和要求。

轨道交通车站暖通空调系统控制要求就具有如上特点，因此业内研究认为选择模糊控制算法是目前最好的一种控制算法。

预测控制是通过预测模型、滚动优化和反馈校正等方法，通过实时信息反馈把优化控制结果输出至系统中，使得系统实际运行与控制目的相吻合。由于轨道交通车站暖通空调系统输送距离较长，且空调水-空气及空气-空气换热具有滞后延迟，在控制系统中属于大时滞系统，因此需要采用预测控制算法进行预测与校正。

PID 控制即比例、积分和微分控制，根据比例、积分和微分系统计算出，合适地输出控制参数，利用修改控制变量误差的方法实现闭环控制。传统的 PID 控制具有原理简单、使用方便、稳定性和鲁棒性较好等特点，在工业控制中应用广泛，但对于强非线性、时变和机理复杂的过程难以控制。模糊控制器虽然能对复杂的、难以建立精确数学模型的被控对象或过程进行有效地控制，但由于其不具有积分环节，很难消除稳态误差，在平衡点附近易产生小幅振荡。因此，为改善模糊控制器的稳态误差性能，提出了模糊控制与 PID 控制相结合的技术。它既具有模糊控制灵活且适应性强的优点，又具有 PID 控制器精度高的特点。

如采用比例-模糊-PI 控制相结合的控制器，其中比例控制可以提高系统的响应速度，模糊控制可以解决复杂的、难以建立数学模型的控制问题，可以获得良好的动态性能，PI 控制可以获得良好的稳态性能，如图 2-16 所示。

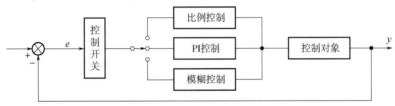

图 2-16　比例-模糊-PI 控制

令 EC 为某一阈值，E 为绝对偏差，则：

当 $E \geqslant EC$ 时，采用比例控制；当 $0 \leqslant E \leqslant EC$ 时，采用模糊控制；当 $E = EC$ 时，采用 PI 控制。

这三种控制方式在系统工作中分段切换使用，不会同时出现而相互干扰，关键点为切换阈值的选择设定问题，这需要根据系统特点与经验数据进行试算，找出合理的阈值范围。

神经网络控制系统是由大量简单处理单位连接组成的高度并行的非线性系统，它具有良好的非线性映射能力、并行信息处理能力、自学习和自适应能力等优点，是一种典型的黑箱型学习算法。模糊控制与神经网络控制相结合，通过神经网络来实现模糊逻辑，使得神经网络不再是黑箱结构，同时利用神经网络的自学习能力，可动态调整模糊控制的隶属函数，相比线优化控制规则，对于非线性和不确定性的车站暖通空调系统控制具有明显的优势。如图 2-17 所示是一种采用模糊神经网络控制算法的控制变风量系统的结构图。

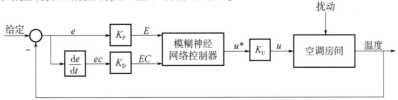

图 2-17　模糊神经网络控制

5. 采用先进的节能控制策略

（1）车站空调系统控制策略

1）小流量、大温差运行策略：中央空调水系统小流量、大温差运行控制早些年在业内已提出，特灵空调系统（江苏）有限公司撰写的论文对此进行了详细的分析。论文指出，随着空调水系统流量减少，冷水机组压缩机能耗增大，而冷冻水泵、冷却水泵及冷却塔的能耗降低，整个水系统总能耗降低，其变化趋势与水流量减少及水温差增大正相关。当为部分负荷时，系统总能耗减少趋势更加显著。另外，由于采用小流量、大温差系统，系统水泵等设备参数选型偏小，更加有利于降低系统能耗。

因此，在轨道交通地铁车站空调系统运行时，宜通过节能控制系统对比各工况下系统运行的总能耗，注重冷水机组供回水温差的优势，尽最长时间地采用小流量、大温差工况运行。

2）高温供回水运行策略：根据冷水机组提供的试验数据，冷冻水供水温度每提高 1℃，主机 COP 值可提高 2%～3%，而末端空调器换热效果下降不明显，因此在实际运行过程中，借助控制系统的自学习、自适应功能，分析历史数据，对比各工况下的系统能耗输出与用电量数据，在适当时间内采用高温供回水方案，如在水泵小流量工况下，空调冷冻水泵低频运行时电动机、水泵效率均有所下降，通过比较该工况下主机输出能耗、水泵输送效率、各设备总耗电量等参数，选择高温回水工况，使得冷水机组 COP 上升，水泵输送效率增大，从而使得水系统整体 COP 值提升，达到节能运行的目标。

3）冷冻水泵变频运行策略：冷冻水泵开机关机应与冷水机组协调匹配，其运行频率应根据主机输出冷量、供回水温度进行计算得出。其中主机输出的冷量与水温参数应根据末端提供的冷量需求综合分析，如根据历史数据、预测控制算法结果、整个系统的耗电量等分析最优供水温度，从而计算出相应的供水流量，输出对应的运行频率。

4）冷却水泵变频运行策略：冷却水泵开机关机与冷水机组应协调匹配，其运行频率应根据蒸发器所需要散热量、冷却塔提供的最优供回水温度得出。其中主机提供散热量值，并提供不同冷却水供水温度下的 COP 值，节能控制系统根据冷却塔运行曲线寻找最优供水温度范围值，根据所需散热量、冷却水供水温度范围综合计算冷水机组、冷却水泵及冷却塔的总用电功率，从中选择出最节能的冷却水流量需求，对应输出相应的变频频率。

5）冷却塔变频运行策略：冷却塔运行时不必局限于与冷却水泵一一对应，应根据冷却塔运行曲线数据，为冷却水泵运行提供多种输入工况，由节能控制系统综合计算后确定冷却塔是单台运行、多台运行还是变频运行。如在某些室外空气参数条件下，即使是在单冷水机组运行工况时，也采用两台冷却塔同时运行，大大降低冷却水供水温度，从而使得冷水机组 COP 值大幅提升，该工况下增加的冷却塔耗电量相对冷水机组 COP 值提升减少的耗电量小于某一设定的限值时，节能控制系统应采用此种运行工况。

6）空调器及回风机变频运行策略：系统刚开始运行时，空调器及回风机运行工况应根据末端所需要的负荷值确定。节能控制系统的风子系统通过历史数据、预测算法、室内温湿度参数等确定某一时刻所需冷量时，将冷量需求反馈至水子系统，水子系统经过优化计算将拟输出水量、水温参数反馈至风子系统，风子系统根据进入空调器的水量、水温参数计算出所需风量，从而确定空调器及风机运行频率；系统调节运行时，将室内空气温湿度参数、回风温湿度参数、即时输出风量、进入空调器水流量及水温参数及相应参数变化率作为输入参数，通过模糊神经网络控制算法综合选定最为节能的送风量参数，回风机运行频率参数宜与空调器送风量相匹配。

（2）隧道通风节能控制策略　列车正常运行时，车站轨行区排热风系统投入运行，一般采用半横向排风的方式，排除车站轨行区内的余热余湿。排热风机采用变频运行，实际运行时应根据初、近、远期线路实际运行情况以及运营管理经验，调节运行状态，以达到环控设备节能经济运营的目的。排热风系统的变频控制方式主要有以下三种：

1）按室外温度、轨行区温度和行车对数控制变频运行：设温度传感器测量轨行区温度，当室外温度高于车站轨行区温度，或室外温度低于12℃时，关闭排热风机。当室外温度低于车站轨行区温度或室外温度高于12℃时，应根据行车对数作为变频运行的依据。根据行车对数由小到大，将排热风机频率分别调整为30Hz到50Hz，对应的排热风量为额定风量的60%到100%。

2）按室外温度和行车对数控制变频运行：当室外温度低于12℃时，关闭排热风机；当室外温度高于12℃时，根据行车对数确定排热风机的变频运行状态，根据行车对数由小到大，将排热风机频率分别调整为30Hz到50Hz，对应的排热风量为额定风量的60%到100%。

3）按室外温度、轨行区温度和列车进出站信号变频运行：该控制方式适用于左右线排热风机分开设置的线路，根据列车进站信号，单独控制左线或右线排热风机，具体控制模式为：设温度传感器测量轨行区温度，当室外温度高于车站轨行区温度或室外温度低于12℃时，关闭排热风机。当室外温度低于车站轨行区温度或室外温度高于12℃时，左线或右线的列车进站后，该条线对应的2台排热风机按50Hz运行；当列车出站后，该条线对应的2台排热风机降低到10Hz运行。

2.6.3　高效节能设备

1. EC风机

EC风机是指采用数字化无刷直流外转子电动机的离心式风机或采用了EC电动机的离心风机。EC（Electrical Commutation）电动机电源为直流电源，内置直流变交流（通过六个逆变模块），采用转子位置反馈、三相交流、永磁的、同步电动机。

EC电机为内置智能控制模块的直流无刷式免维护型电动机，自带RS485输出接口、0~10V传感器输出接口、4~20mA调速开关输出接口、报警装置输出接口及主从信号输出接口。具有高智能、高节能、高效率、寿命长、振动小、噪声低以及可连续不间断工作等特点。

目前大容量风机调节风量已有很多采用变频调速方式，这一类变频器主要依赖进口，价格昂贵。1kW以下功率等级的风机，特别是家用空调等的风机已有永磁无刷直流电机驱动，并采用调速调风量方式。1~10kW功率范围的风机用量较大，基本采用感应电动机驱动，并采用调节风口开度方式来调节风量。对于这一功率范围内的风机，采用永磁无刷直流电动机驱动替代原先的感应电动机驱动具有很大的优越性。

（1）损耗小、效率高　因为采用了永磁体励磁，消除了感应电动机励磁电流产生的损耗；同时永磁无刷直流电动机工作与同步运行方式，消除了感应电动机转子铁心的转频损耗。这两方面使永磁无刷直流电动机的运行效率远高于感应电动机，小容量电动机的效率提高更明显。

（2）功率因数高　由于无刷直流电动机的励磁磁场不需要电网的无功电流，因此其功率因数远高于感应电动机，无刷直流电动机可以运行于1功率因数，这对小功率电动机极为有利。无刷电动机与感应电动机相比不但额定负载时具有更高的效率和功率因数，而且在轻载时更具有优势。

（3）调速性能好、控制简单　与感应电动机的变频调速相比，无刷直流电动机的调速控制不但简单，而且具有更好的调速性能。

2. 末端变风量设备

地铁空调小系统按远期规划进行设计，所有设备都有很大的富余量，实际运营时，大部分设备用房温度偏低，不仅能源浪费，更有结露风险。各房间无法独立调节，现有自控系统进行控制时，只能以最不利房间作为保证对象。小系统中不同用途的设备用房负荷差异较大，不同时段的负荷差异也较大，如夜间列车停运后，部分设备用房内设备处于待机状态，负载率降低，设备发热量比白天减少。

变风量空调系统是利用改变送入室内的送风量来实现对室内温度调节的全空气空调系统，它的送风状态保持不变。变风量空调系统由空气处理机组、送风系统、末端装置及自控装置等组成，其中变风量末端装置及自控装置是变风量系统的关键设备，它们可以接受室温调节器的指令，根据室温的高低自动调节送风量，以满足室内负荷的需求，如图 2-18 所示。

变风量末端装置是改变房间送风量以维持室内温度的重要设备。末端装置有如下几种分类方法：按照改变风量的方式，有节流型和旁通型。前者采用节流机构（如风阀）调节风量，后者则是通过调节风阀把多余的风量旁通到回风道。按照是否补偿压力变化，有压力有关型和压力无关

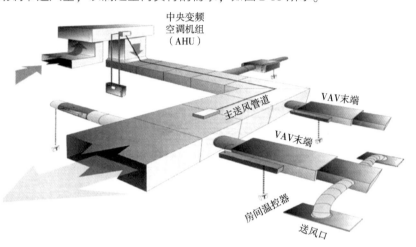

图 2-18　末端变风量空调系统

型两种。从控制角度看，前者由温控器直接控制风阀。后者除了温控器外，还有一个风量传感器和一个风量控制器，温控器为主控器，风量控制器为副控器，构成串级控制环路，温控器根据温度偏差设定风量控制器设定值，风量控制器根据风量偏差调节末端装置内的风阀。当末端入口压力变化时，通过末端的风量会发生变化，维持原有的风量。压力无关型末端可以较快地补偿这种压力变化，维持原有的风量。而压力有关型末端则要等到风量变化改变了室内温度才动作，在时间上要滞后一些。地铁车站吊顶上其他设备较多，安装空间受限，故变风量末端装置应选用单风道压力无关型。

（1）变风量末端装置基本要求

1）接受系统控制器指令，根据室温高低，自动调节一次送风风量。

2）当室内负荷增大时，能自动维持房间送风量不超过设计最大送风量；当房间空调负荷减少时，能保持最小送风量，以满足最小新风量和气流组织的要求。

3）当所服务的房间不使用时，可以完全关闭末端装置的一次风风阀。

变风量空调系统运行成功与否，取决于空调系统设计是否合理、变风量末端装置的性能优劣以及控制系统的整定和调试。其中合理的系统设计是基础，末端装置的性能优劣是关键。要使变风量系统设计合理，首先应根据建筑平面布局及使用特点，正确选用末端装置。

（2）变风量末端装置的基本特点

1）接受系统控制器或室温传感器的指令，根据室温高低，调节一次风送风量。

2）当室内负荷发生较大变化时，能自动维持房间风量不超过设计最大风量，并能控制最小

房间送风量，以满足最小新风量和气流组织的要求。

3）必要时可以完全关闭一次风风阀。

（3）带有变风量末端装置的空调系统的特点

1）能进行分区温度控制。

2）设备容量小，运行能耗低。

3）房间分隔灵活。

4）维修工作量少。

3. 直膨式空调机组

直膨式空调机组是指液态制冷剂在其蒸发器盘管内直接蒸发（膨胀）实现对盘管外的空气（即空调室内侧空气）吸热从而达到制冷的空调机组。

直膨式空调机组是通过制冷剂直接与空气进行换热，相比于传统冷水机组的制冷系统，省去了输送载冷剂所需要的冷冻水泵，系统输送能耗少、换热效率高。机组具有风量大、静压高、噪声低和运转平稳等优点，并可集成高精度控制功能，根据需求设定温度要求自动启停，可靠性强，操作简单。直膨式空调机组经综合经济技术方案比较后，可择优选用。

4. 蒸发冷却式冷水机组

蒸发冷却机组采用蒸发冷却式技术，冷凝器通过喷淋装置直接与冷却水接触，并利用空气强制循环和喷淋冷却水的蒸发将制冷剂的冷凝热带走，无须配置冷却水塔、冷却水泵和冷却水管网系统，减少了系统的输配能耗，经综合经济比较后可选用此方案。

5. 节能控制装置

节能控制作为综合运行管理平台（COMPS）的一个子系统，能实现地铁站点暖通空调通风系统的最佳节能运行控制。通过软件 OPC 接口与车站 COMPS 系统的 BAS 业务系统进行数据交互，采集节能控制系统所需的环控设备参数与各种环控实时数据，经过内置的节能算法及节能策略，输出节能命令至 COMPS 中的 BAS 业务系统，从而实现全年综合工况最优节能控制与运行模式的自匹配。

该节能控制装置包括节能控制器及节能软件，适用于地铁车站通风空调系统的能效优化与节能控制。主要技术特点及优势如图 2-19 所示。

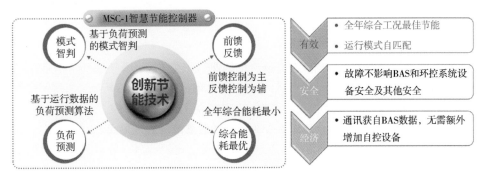

图 2-19 节能控制装置技术特点

节能控制可采用软硬件一体的方式（工控一体机 + 节能软件），通过 Modbus-RTU 协议与 BAS 系统进行数据交互。也可采用纯软件方式（节能软件，不含工控一体机），通过 OPC-UA 协议与综合监控平台进行数据交互。

比较典型的应用如绍兴市城市轨道交通 1 号线工程项目，在 23 个站点安装节能控制装置，负责本站级空调通风系统的节能控制、环控参数实时显示、能耗运行统计分析和汇总，取得了良好的经济效益。

2.6.4　超高效智能环控系统及智慧运维云平台

1. 研发背景

"超高效智能环控系统及智慧运维云平台关键技术"是广州地铁和美的联合承担的"十三五"国家重点研发计划课题"复杂环境下城轨车站设备及系统能力保持技术"子任务。主要解决轨道交通车站环控系统能效低、运维管理水平差的问题。

2. 技术要点

应用超高效智能环控系统及智慧运维云平台需要在高效机房的设计和建设阶段就开始介入。超高效智能环控系统采用融合空调、低压、控制集成归一的智能环控系统设计及建设模式，通过选配美的全工况高效变频直驱降膜离心机组、大温差宽片距低风阻高效空调机组、全流量高效水泵、变流量变风量高效水塔、低阻力管网阀件、高效变频低压设备及多智能体自适应节能控制系统，实现超高效智能环控系统的高效设计与建设。

平台利用 BIM 建模指导施工，进行管路碰撞检测、传感器、阀门精准定位以及设备参数校核，形成一套打通设计、供货、施工、调试、运维和认证的全生命周期一站式超高效智能环控系统解决方案。开发智能环控系统动态仿真测试分析技术，通过接入控制单元的硬件在环技术实现对节能控制算法的预验证，基于在线种群筛选技术的全局寻优控制算法，以获取全系统运行能效最优的状态集合。

超高效智能环控系统多智能体自适应节能控制技术要点包括：针对冷源系统研发冷水机组负荷精准适配技术，针对输配系统研发全局冷量平衡控制技术，针对系统风侧与水侧解耦联动控制需求，研发了环控系统风-水协调控制技术。利用云计算、IoT 技术开发云能效智慧运维平台，构建环控系统云能效大数据分析引擎，实现对系统及设备的动态管理。

通过在地铁车站应用超高效智能环控系统及智慧运维云平台关键技术，实现制冷机房能效 >6.0、环控系统能效 >4.0 的目标。

3. 项目应用

超高效智能环控系统及智慧运维云平台关键技术已在广州地铁在建的 160 多个车站中推广应用，并已在深圳、苏州、宁波、佛山、郑州等国内其他诸多城市地铁推广应用，带动了整个行业的技术进步。

如广州地铁 21 号线苏元地铁站超高效智能环控系统从冷源到末端进行了整体系统优化，针对冷源设备，制冷机组采用美的高效变频直驱降膜离心机，实现全负荷段高效变频供冷，蒸发器采用适用于本项目大温差小流量工况的三流程设计，冷凝器加装端盖在线清洗装置保证长期高效换热；冷冻水泵、冷却水泵采用变频调节运行；空调冷冻水供回水温度设计为 9/17℃，采用大温差、低流量设计降低冷冻水输配系统的能耗；制冷机房内管路连接形式进行了优化，并通过加大管径、采用低阻力阀件等措施降低管路的阻力损失。经国家级第三方权威检测机构基于监控系统制冷季的历史数据，对苏元站环控空调系统能效进行统计，冷水机组全年能效比为 7.53，机房全年能效比为 6.04，环控空调系统全年能效比为 4.18，如图 2-20 所示。

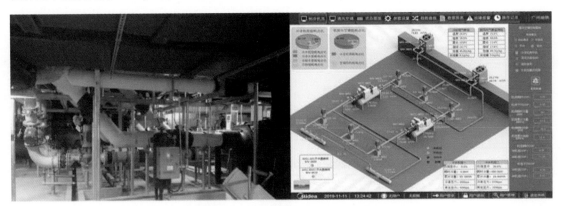

图 2-20 苏元站超高效智能环控系统

2.7 城市轨道交通车站暖通空调系统智慧运营维护与监测

智慧运营维护暖通空调系统是搭建智慧车站的重要组成部分，它作为智慧车站的一个子系统，通过智慧管理、智慧运行、智慧监测等来实现车站运行的高效、节能和安全。

2.7.1 车站智慧暖通空调系统构建

车站智慧暖通空调系统是指以实现安全、便捷、舒适、绿色的目标为导向，通过研究车站建筑环境评价指标、车站客流及其分布特性、车站光热环境预测控制、车站旅客通行智慧联动技术等内容，并将研究成果植入软件系统，搭建基于研究成果的智慧暖通空调系统。

1. 基本架构

基本架构由智慧综合运维平台、核心引擎及信息子系统三层架构组成。

智慧综合运维平台由设备监控、智慧诊断、深度节能、能源管理、智慧运维等相关功能界面组成，方便用户进行运维管理。核心引擎包括数据挖掘与分析、系统决策、智能诊断等内容，它以暖通空调系统设备参数及运行数据为基础，经过智能算法与分析，得出适应于系统节能、安全运行的输出指令。信息子系统包括车站的公共区暖通空调系统、设备用房暖通空调系统、管理用房暖通空调系统、隧道通风系统、空调水系统等暖通空调的所有子系统，并提供设备参数、运行数据以供核心引擎进行分析与决策。

2. 车站级架构

每座地铁车站，对应一个车站级智慧系统，它由车站级监控系统平台和车站暖通空调高效节能控制各子系统组成，并与其他车站级智慧系统进行通信连接。

3. 线路级架构

各车站级智慧系统信息接入控制中心或车辆基地，在控制中心或车辆基地设置监控平台，组成线路级智慧系统。

4. 系统功能模块

地铁暖通空调系统的功能模块根据运营需求而制订，一般包括智能监测模块、智能控制模块、能耗统计及分析模块、设备诊断模块、设备报警模块、设备台帐模块、设备维修模块、个人用户模块等内容。智能系统的功能模块应有扩展功能，能根据用户需求进行升级改进。

2.7.2 车站智慧暖通空调系统运营维护

智慧运营维护是指基于车站智慧系统及暖通空调设备的运行、维修和管理等，包括手机 APP 智能查看与管理、暖通空调设备 BIM 模型管理、设备运维履历信息管理、暖通空调系统运行能源管理、报警联动管理、系统智能巡检管理、一键开关车站暖通空调设备、工单流程管理等方面的内容。

1. 手机 APP 智能查看与管理

手机 APP 管理者可随时随地通过 APP 查看当前及历史巡检信息、设备运行状态、故障报警等信息，根据设置的权限进行处置，效果更直观、更及时。

2. 暖通空调设备 BIM 模型管理

车站智慧系统将暖通空调设备的 BIM 模型信息（包括设备尺寸、参数、厂商、施工单位、运行状态与数据）植入，运行维护阶段设备以 BIM 模型状态展示给使用者，方便使用者全面、清晰、直观地了解设备信息。

3. 设备运维履历信息管理

设备运行、检修、维修数据均纳入设备的履历信息中，使得每台暖通空调设备都有一张完整的履历表，运营维修人员通过查看设备的履历表，可以了解设备维修、配件更换、故障排除等所有信息记录。

4. 暖通空调系统运行能源管理

暖通空调设备功率参数、运行能耗均记录在高效节能控制系统中，高效节能控制系统对比历史数据与末端传感器反馈参数，通过模糊控制、预测控制等智能控制算法，输出各设备运行指令，以最大限度地节省能耗。

5. 报警联动管理

暖通空调设备状态异常、运行参数超出设定阈值范围、设备执行指令不到位、断电、欠压、过压等非正常状态时均纳入故障报警范畴，并根据故障产生的后果对其进行分级处理，如一般功能性故障可采用报警信息上传、报修，涉及安全的故障信息可联动关闭相关设备，并根据需要通过手机 APP 第一时间发送至管理人员手中。

6. 系统智能巡检管理

暖通空调设备可定时将自检信息发送至手机 APP，使得运营管理人员随时了解设备信息。当需要进行人工巡检时，可通过手机与智慧系统进行联网，检测人工巡检的路径、次数等信息是否满足公司管理制度的要求。

7. 一键开关车站暖通空调设备

根据车站运行需要，暖通空调系统预先设置可供选择的多种开站、关站模式，智慧系统可以根据时间参数、室外空气参数、车站相关参数对某车站暖通空调设备进行开停机，避免通过人工或综合监控系统逐站进行开关，既浪费人力资源又不节能。

8. 工单流程管理

当暖通空调设备需要维护或出现故障需要维修时，智慧系统可根据管理人员指令自动下发维护或维修工单给指定人员，从而简化了管理、协调、报批等流程，提高生产效率，及时解决现场出现的问题。

2.7.3　车站暖通空调系统智慧监测

随着各行业内技术的发展，可根据暖通空调系统监控需求，设置完善的监测系统，以满足智慧运营维护的要求，如在线振动轴温监控系统、室内空气品质监测系统、设备运行监测系统、空调水质监测系统等。

1. 在线振动轴温监测系统

在线振动轴温监测技术主要应用于地铁车站隧道风机、排热风机、射流风机等大型风机设备上。用来监测设备运行过程中的轴承温度、振动情况，对异常温度、振动数据进行分析、预警。系统具备就地采集、显示、分析、组态及通信功能。

智能化振动轴温监测系统由硬件系统和软件系统组成，硬件系统由传感器、信号采集分析装置、通信装置及云平台等部分组成。软件系统安装于各控制箱、云平台中。

传感器安装在风机本体及支架上，通过电缆将采集信息传输至信号采集分析装置中，信号采集分析装置对采集的信号进行分析、计算、判断，将相关数据传输至通信装置，由通信装置连接云平台，实现数据实时更新，远程 APP 平台或软件平台进行实时显示。

2. 室内空气品质监测系统

为推进城市轨道交通可持续发展，提升城市轨道交通服务环境品质，建设健康舒适的工作与乘车环境，可在车站内设置室内空气品质监测系统，实时监测室内空气各项指标参数。

室内空气品质监测系统由末端传感器、传感器监测箱、分析管理平台及相关线缆组成。系统可实现室内空气气态污染物、颗粒物、空气温度及湿度检测、分析、预警，实现室内空气参数实时显示功能，并可为暖通空调系统运行策略提供建议。末端传感器主要有 CO 传感器、CO_2 传感器、PM2.5 传感器、VOC 传感器、温度传感器、湿度传感器等。将车站公共区、设备管理用房内根据需要设置适当的传感器，检测室内空气参数并传至就近传感器监测箱，检测间隔时间不应大于 10min。

分析管理平台设置在车站控制室或其他方便人员管理的房间。用来分析监测箱上传的数据，并与标准规定的参数值进行对比分析，对超限的参数进行预警并分析可能出现的原因，为工作人员处理问题提供解决方案，并将数据上传至车站暖通空调控制系统，为该系统调节提供输入参数。

3. 空调水质监测系统

车站空调冷却水系统水质方面主要存在结垢、微生物污染、电化学腐蚀三个方面问题，主要影响有降低空调水系统换热效率、腐蚀设备及管道、病毒传染等。为提升城市轨道交通服务环境品质，降低车站空调系统运行能耗，延长设备管道使用寿命，宜设置空调水质监测系统，实时监测空调冷却水各项指标参数。

系统由末端传感器、传感器控制箱、分析管理平台及相关线缆组成。空调水质监测系统应能在线检测出空调冷却水中的药剂浓度、电导率、pH 值、ORP 等相关数据，并根据电导率值实现自动排污功能。传感器设置在冷却水管道、冷却塔集水盘、一体化水处理设备等区域，主要监测 pH 值、电导率、ORP 等数据，并经过计算分析出冷却水中的药剂浓度等其他参数。

分析管理平台根据需要统计分析出冷却水质相关参数，并与规范规定及设定值进行对比，给出相关的建议、输出指令，超过设定阈值后进行报警输出。

4. 智慧暖通空调能源监测系统

2020 年 3 月，中国城市轨道交通协会发布了《中国城市轨道交通智慧城轨发展纲要》，纲要中提出能源综合管理、能源评价、诊断预警、智能运维的目标。智慧暖通空调能源监测系统可根据纲要中的要求，实现智能监测与管理功能。

智慧暖通空调能源监测系统建立在线能耗数据计量监测系统，提供各类能耗统计分析和日常运行监控功能，建立各类能源能效评估指标体系，实施科学量化管理。

系统能对所采取的节能方案以及不同车站间的综合能效进行评估考核。结合能耗的分类、分项模型，以及城市轨道交通运营绩效评估体系，建立层次化的综合能效评估模型。

系统可根据实时负荷情况自动调整空调机组的运行数量和运行参数，在满足负荷动态需求的同时，降低机电设备运行能耗，实现集群优化控制。采用闭环方式对送风温度和回风温度进行自动控制，根据边界条件和运行工况对温度设定值进行自动优化整定，在满足负荷需求的同时减少末端系统的运行能耗，如图 2-21 所示。

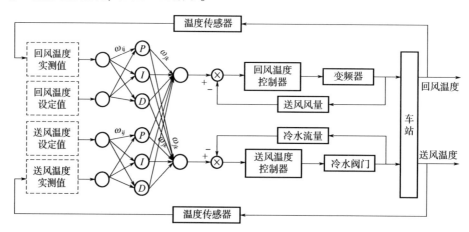

图 2-21　地铁车站的高效空调控制策略

通过智慧能源管理系统，可对暖通空调系统运行进行有效的节能。

第3章

城市轨道交通车站节能供配电系统

3.1 城市轨道交通车站供配电系统概况

3.1.1 供配电系统功能

轨道交通供配电系统是为城市轨道交通运营提供所需可靠电能的系统，不仅为城市轨道交通电动列车提供牵引用电，而且还为城市轨道交通运营服务的其他设备设施提供电能，如车站照明灯具、通风空调设备、给水排水设备、通信设备、信号设备、火灾自动报警设备、自动扶梯与电梯、站台门等。在城市轨道交通的运营中，供电一旦中断，不仅会造成城市轨道交通运输系统的瘫痪，而且会危及乘客生命安全并造成财产的损失。因此，安全可靠而又经济合理的电能供给是城市轨道交通正常运营的重要保证和前提。

3.1.2 供配电系统构成

城市轨道交通作为城市电网的一个用户，普遍采用直接从城市电网取电的方式，无须独立建立电厂。随着城市轨道交通的发展，城市电网也在逐步把轨道交通供配电系统作为一个重要用户。

城市轨道交通供配电系统由电源系统、牵引供电系统、动力照明配电系统和电力监控系统组成。其中牵引供电系统包括牵引变电所和牵引网两部分，动力照明配电系统包括降压变电所和动力照明配电系统。

1. 电源系统

城市轨道交通用电均由国家电网供给，通常国内供电系统是把同一个区域内许多发电厂通过高压电线和变电所联结起来成为一个大的统一的供电系统，向该区域的负荷供电，这种发电、输电、配电和用户的统一体被称为电力系统，这种电力系统具有充分利用电能资源，提升供电可靠性及提高发电效率的特点。

2. 牵引供电系统

牵引供电系统是由牵引变电所和牵引网系统构成，共同完成城轨交通列车输送电能的任务。牵引变电所主要是供给地铁一定区段内电动车组牵引电能的变电所；牵引网主要是架空接触网或接触轨，是经过电动列车的受电器供给电动列车电能的导电网。

在城市轨道交通牵引供电系统中，电能从牵引变电所经馈电线、接触网输送给电动列车，再从电动列车经钢轨、回流线流回牵引变电所。牵引变电所是牵引供电系统的核心，一般由进出线单元、变压变流单元及馈出单元构成，其主要功能是将中压环网 AC35kV 或 AC10kV 电源经变压变流单元转换为城轨列车所需的电能，并分配到上下行区间供列车牵引用。

3. 动力照明配电系统

在轨道交通工程中，动力照明配电系统向地铁内除牵引用电负荷以外的所有低压用电设备提供可靠的电力能源，向地铁内的全部空间提供可靠、方便、舒适的照明，它是连接供电系统与各系统设备的纽带。

动力照明系统主要包括动力配电系统和照明系统两部分。动力配电系统主要包括低压设备负荷供电、机电设备自动控制、安全防护及防雷接地。照明系统主要包括正常照明设计、应急照明设计、广告照明和安全照明设计等。

4. 电力监控系统

电力监控系统是贯穿于整个供电系统的监视控制部分，是控制技术在电力系统中的应用。电力监控系统由控制中心、通信通道和被控站系统组成，对全线变电所及沿线供电设备实行集中监视、控制和测量。控制中心由数据服务器、通信前置机、工程师工作站及模拟盘显示器等组成，完成对所采数据的分析、计算、存储、设备状态监视以及控制目录的发送等功能。被控站系统由变电所上位 PLC 或后台计算机、所内通信通道及下位 PLC 组成，完成对设备状态、信号等数据的采集、整理、简单分析计算及所内控制等功能。

3.1.3　供配电系统方案

1. 外电源系统方案

根据《地铁设计规范》（GB 50157—2013），地铁的外部电源方案应根据线网规划和城市电网进行规划设计，可采用集中式供电、分散式供电或混合式供电。

（1）集中式供电　集中供电方式需要设置地铁专用主变电站，由城市电网引入 110kV 或 220kV 高压电源，经降压后供地铁使用。主变电站的分布，应结合轨道交通线网规划和城市电网规划，统筹考虑。

（2）分散式供电（开闭所供电方式）　分散供电方式不需要设置地铁专用主变电站，地铁所需要的中压电源由沿线的城市电网高压变电站提供，此供电方式要求城市电网比较发达，满足地铁对电源引入点数量、负荷及电压质量的要求。

（3）混合式供电　根据城市电网的实际情况，在地铁沿线城市电网 10kV 电源比较发达的地段采用分散供电方式，在不具备分散供电条件的地方采用集中供电方式，将两种供电方式结合起来，在保证地铁供电可靠性的基础上合理地利用城市电网资源。

外部电源采用何种供电方式，与城市电网的现状、规划、当地电力系统对用户的要求、既有轨道交通外电源模式以及地铁系统的安全可靠运行要求密切相关。

2. 牵引供电系统方案

（1）牵引变电所设置原则　牵引变电所从中压环网获取交流电能，经整流后通过直流牵引网给车辆供电，其可靠性直接影响车辆的正常运行。因此，在进行牵引变电所设置时，应充分考虑牵引负荷对供电质量和供电可靠性的要求，同时满足相应的标准及规范要求，保证供电的可靠性。此外，牵引变电所分布还需要综合考虑很多系统外部及内部因素，其中系统外部主要因素包括：车辆选型及编组、行车交路、线路条件、列车旅行速度、车站规模、列车区间能耗等；系统内部因素主要包括牵引网单位电阻、整流机组内阻、杂散电流防护要求等。

牵引变电所的设置应遵循以下原则：

1）为保证供电质量满足运行要求，牵引变电所的分布应满足在远期高峰时段，任一座牵引变电所故障解列并由相邻牵引变电所支援供电时牵引网最低电压的水平要求。

2）牵引变电所的分布应结合牵引负荷的分布进行设置，满足在正常供电条件下，正线回流轨与地之间的电压不应超过120V，甚至更低，以降低杂散电流的危害。

3）牵引变电所的分布应考虑满足杂散电流收集网极化电位的要求，避免收集网截面过大，土建工程无法实现。

4）在不影响供电质量的前提下，牵引变电所应尽量设置在规模较大的、有配线的车站，以减少因设置牵引变电所而增加的土建投资。

5）结合后续线路走向，预留与后续工程的衔接。

（2）变电所方案　轨道交通车站内变电所应与车站结合，尽量将变电所设置在站台端部，根据车站规模，可设置一层或两层；也可根据车站的结构形式，将变电所设置在设备层、外挂区等。

主接线形式是变电所方案的核心部分，也是构成整个供电系统的重要内容。主接线方案还将直接影响到电气设备的选型、设备布置、继电保护和控制方式的设计工作。主接线方案为整个变电所设计的实现提供基本方案，是变电所设计的基础。

目前，国内地铁工程中中压系统母线接线方案通常有两种，即单母线接线和单母线分段接线。单母线接线方式常用于三级供电方式中的牵引供电网络；单母线分段接线常用于两级供电方式。

3. 动力照明配电系统

（1）设备负荷分类　负荷分级按《供配电系统设计规范》（GB 50052—2009）和《地铁设计规范》（GB 50157—2013）的有关规定划分。动力照明负荷按其不同用途及重要性分为下列三级：

1）一级负荷：火灾自动报警系统设备、消防水泵及消防水管电保温设备、防排烟风机及各类防火排烟阀、防火（卷帘）门、消防疏散用自动扶梯、消防电梯、应急照明、主排水泵、雨水泵、火灾或其他灾害仍需使用的用电设备；通信系统、信号系统、综合监控系统、电源整合系统、电力监控系统、环境与设备监控系统设备、自动售检票设备、门禁系统设备、站台门设备、变电所操作电源、地下站厅站台等公共区照明、地下区间照明等。

火灾自动报警系统设备、环境与设备监控系统设备、专用通信系统设备、信号系统设备、变电所操作电源、地下车站及区间的应急照明为一级负荷中特别重要负荷。

2）二级负荷：乘客信息系统、变电所检修电源、地上站厅站台等公共区照明、附属房间照明、普通风机、排污泵、电梯、非消防疏散用的自动扶梯和自动人行道。

3）三级负荷：区间检修设备、附属房间电源插座、车站空调制冷及水系统设备、广告照明、清洁设备、电热设备、室外广场用电和服务设施用电。

（2）配电方式

1）一级负荷：设备一般由两路来自变电所不同低压母线的电源供电，一用一备在末端配电箱处自动切换。对于一级负荷中特别重要负荷，除由两路电源供电以外，增设应急电源。

2）二级负荷：设备由变电所低压母线提供一路电源供电，当 0.4kV 开关柜一路进线电源故障时，母联断路器合闸，由另一路进线电源支援供电。

3）三级负荷：仅由一路电源供电，当供电系统一路电源失电时，可根据需要切除该部分的负荷。

（3）动力设备供电

1）动力配电系统自降压变电所 0.4kV 开关柜起，经由低压电缆、电线连接至各用电负荷配电箱或设备的接线端子，实现对风机、水泵等设备的启动、控制和保护。

2）动力设备配电主要采用放射式供电，部分采用树干式供电。消防设备与非消防设备自变电所低压柜出线起分开供电，自成系统。

3）自变压器二次侧至用电设备之间的低压配电一般不超过三级，但对非重要负荷供电时，可超过三级。

4）冷水机组大容量负荷，由变电所低压母线直接供电。通风空调设备及冷水机组配套设备由通风空调电控室集中配电。

5）在通风空调电控柜内分别设置消防负荷和非消防负荷的专用母线。

4. 电力监控系统

电力监控系统（简称 SCADA 系统）是指在控制中心对供电系统进行集中管理和调度、实施控制和数据采集。除利用"四遥"（遥控、遥信、遥测、遥调）功能监控供电系统设备运行情况，及时掌握和处理供电系统的各种事故、报警事件功能外，利用该系统的后台工作站还可以对系统进行数据归档和统计报表功能，以更好地管理供电系统。

电力监控系统由控制中心的电力调度系统（含车辆段的复示系统）、变电所综合自动化系统及联系二者间的通道三部分组成，其中控制中心的电力调度系统作为一个子系统纳入综合监控系统；变电所综合自动化系统则设置在全线的主变电站、牵引降压混合变电所、降压变电所内。跟随所不单独设变电所综合自动化系统，纳入为其供电的主变电站牵引降压混合变电所或降压变电所内。通信通道是利用综合监控系统组建的骨干传输网。

车辆段及停车场牵引降压混合变电所内设置集中监控台设备，为值班员提供管理界面；车站、车辆段和停车场的变电所综合自动化系统接入综合监控系统；车站级综合监控系统与变电所综合自动化系统采用冗余以太网，故障时可自动切换。

3.1.4 供配电系统设备

1. 变电所设备

为了保证安全供电和运行的需要，交、直流变电所和各种供电设置中设有各种类型的一次电气设备和监控设备。通常把转换与分配电能的设备载流导体称为一次电气设备，主要包括变压器、整流器、断路器和隔离开关等。通常把对一次设备的工作状态进行控制、保护、监视和测量的一系列低压、弱电设备称为二次设备，主要包括测量、控制和信号装置、继电保护装置、自动装置、操作电源、控制电缆及熔断器等。二次设备通过电压互感器和电流互感器与一次设备取得电的联系。

变压器主要包括铁芯和绕在铁芯上的两个或以上互相绝缘的绕组，绕组之间有磁耦合但没有电联系。根据电磁感应原理，变压器在变换电压的同时，电流的大小也随着改变。变压器要求规定的使用环境和运行条件，主要技术参数包括额定容量、额定电压及分接、额定功率、绕组联结组以及额定性能数据（阻抗电压、空载电流、空载损耗和负载损耗）和总重。

干式变压器定义为铁芯和线圈不浸入绝缘液体中的变压器。干式变压器的铁芯和绕组一般为外露结构，不采用液体绝缘，不存在液体泄漏和污染环境的问题；干式变压器结构简单，维护和检修较油浸变压器要方便很多；同时干式变压器都采用阻燃绝缘材料。基于以上优点，干式变压器被广泛应用于轨道交通中。

整流机组由变压器和整流器组成。整流机组是地铁牵引变电所最重要的设备，其作用是将环网电缆交流35kV或10kV电压降为1180V，再整流输出直流1500V，经网上电动隔离开关输送给牵引网供电，实现直流牵引。整流机组的接线方式对电网质量的影响很大，目前24脉波整流机组在轨道交通中应用较为广泛。

2. 动力照明配电设备

动力照明系统主要配电设备包括环控电控柜（或称为通风空调电控柜）、动力照明配电箱（柜）和应急电源屏（EPS）。

环控电控柜为接收和分配0.4kV系统的电能之用，是负责通风空调设备的集中供电，并实现通风空调设备集中控制的低压开关柜。

动力照明配电箱（柜）为封闭式成套设备，其功能为向车站及区间动力、照明用电设备提供电源及其控制，从而有效保证地铁各种用电设备能安全、连续正常使用。

应急电源柜（EPS）为蓄电池逆变交流集中供电的配电柜，包括配电柜主体以及附属设备，应急电源柜（EPS）为户内成套设备，其功能为向车站照明设备提供应急电源，以保证地铁照明设备能安全、连续地正常使用。

3.2 城市轨道交通车站供电系统节能方案

3.2.1 再生制动能量利用方案

轨道交通作为一种大运量、高密度的交通工具，其列车的运行具有站间运行距离短、运行速度较高、起动及制动频繁等特点。其牵引能耗在总能耗中占有相当大的比例，约占总用电的50%～60%，总量相当大。

轨道交通的列车普遍采用VVVF动车组列车，其制动一般为电制动（再生制动、电阻制动）和空气制动两级制动，运行中以再生制动和电阻制动为主，空气制动为辅。一般城市轨道交通制动能量可达到牵引能量的35%～50%，再生能量相当可观。其中，部分再生制动的能量可以被线路上相邻车辆和本车辅助用电吸收，对于不能被吸收的再生电能，采用回收技术，可达到节能的目的。

列车制动时再生电能大部分可以被本车辅助用电和线路上相邻的其他用电车辆吸收，但如果相邻车辆处在电较少或不用电状况，再生电能不能全部被吸收，则该车由再生制动转换为电阻制动或机械制动，这样制动能量就转换为热能或被其他能量消耗掉，从节约能量、环保、降低隧道温度角度考虑都不合理。如果在变电所设置再生电能利用装置则可吸收这部分能量。

目前国内外轨道交通变电所设置的再生利用装置有四类，分别为电阻消耗型、逆变型、电容储能型、飞轮储能型。

电阻消耗型装置优点在于技术较为成熟，可替代车载电阻、降低隧道环境温度，缺点在于没有节能效果，即便增加配套低压逆变装置，但受限于配电变压器容量及动力照明负荷，大部分电能依旧消耗在电阻上；而且在运行过程中，电阻装置会产生刺耳的噪声，北京地区曾多次被居民投诉。

中压逆变型再生电能吸收装置的优点是将再生电能反馈至中压环网，供本站及相邻站的牵引及动力照明负荷用电，效率最高，设备成熟、运行稳定，已逐渐成为新建轨道交通线路的首选。该装置的缺点在于接至交流供电网后，存在部分电能向电网侧返送的情况。

中压逆变型装置不需要配置储能元件，不受系统容量限制，再生制动能量利用率高，对环境温度要求低，工程的可实施性较强，如图3-1所示。

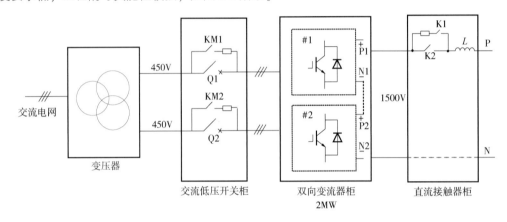

图 3-1　中压逆变型再生电能吸收装置系统构成示意图

超级电容型再生电能吸收装置的优点在于再生电能在直流供电系统内部循环利用，电能不会反馈至外电源侧，并且可以起到稳定牵引网电压的作用。装置的缺点在于电容器寿命较短，在25℃理想情况下可充放电100万次，使用时间在10年左右。电容储能型技术还需要更多的工程实践和验证，同时应结合运营实测数据对方案及装置进行不断地改善。

飞轮储能型再生电能吸收装置的优点与超级电容类似，再生电能在直流系统内部完成回收和利用，可以避免向城市电网返送电。区别在于它是以机械能形式存储能量，因此效率相比电容型装置略低。装置的缺点在于目前尚处于向国产化阶段，设备价格较高。

设置再生制动能源利用装置已经成为国内各城市地铁节能减排的主要手段和发展方向。在再生制动能源利用装置设置方案的选用上，近几年除了一些已按电阻或逆变＋电阻方案完成设备采购的线路仍延续原有方案之外，国内新建地铁项目大多将中压逆变技术方案作为首选。

与此同时，电容储能型装置在国内已有多家供货商生产出样机，正处在型式试验和挂网试运行的阶段；而飞轮储能装置的供货商已被国内公司收购，正在进行国产化，也正在寻求地铁正线挂网试验的机会。电容储能技术与飞轮储能技术与逆变回馈技术相比，减少了直流变交流的逆变环节，能量在直流系统内部完成回收和利用，从而也就避免了向城市电网返送能源的问题，因此具有独特的优势，但由于电容储能和飞轮储能装置在再生制动能源技术应用上投入市场较晚，目前国内中压逆变方案占据着较大的市场份额。随着电容储能技术和飞轮储能技术的不断发展，中压逆变、电容储能和飞轮储能技术在不远的将来必会在再生制动能源利用领域并驾齐驱，形成三足鼎立的局面。对各种吸收装置方案的综合技术和经济比较见表 3-1。

表 3-1　各种再生制动能源利用装置的综合技术和经济对比

项目	电阻能耗型	电容储能型	飞轮储能型	逆变回馈型
工程实例				
设备价格	较低，每套约 140 万元	国产化产品价格约 350 ~ 400 万元，已开展挂网试验	价格偏高，1MW 的产品约 350 万元	价格适中，2MW 的产品每套约 300 万元
能否满足地铁负荷需求	能够适应	容量有限，需要多套并联	单套容量很小，需要多套并联运行	能够适应
节能效果	无	较好	较好	较好
对系统影响	无	无	无	存在能量向城市电网返送现象
产品成熟度	成熟	国外成熟，国内即将有产品投入市场	技术成熟，国内即将有产品投入市场	成熟
国产化	可以	正在国产化中	正在国产化中	可完全国产化
工程应用经验	比较丰富（广州、重庆、北京、天津均有应用）	国内较少（北京 5 号线有应用，在北京地铁八通线已开展挂网试验	国内目前没有应用，Kinetic Traction 公司在洛杉矶地铁挂网应用，目前已投入使用，同时正在北京地铁房山线开展挂网试验方案研究	逆变 + 电阻型在北京、天津、广州等城市均有应用，目前北京地铁已推广采用中压逆变型

中压逆变型和储能型虽然原理存在一定差异，但均代表了再生电能利用技术的发展方向，目前国内轨道交通中压逆变型装置已开始推广使用；电容储能型装置虽然有局部应用，但受限于西门子的技术垄断，一直没有投入运营，而国产化的电容储能装置近年来发展迅速，目前部分工程电容储能装置已开始挂网试验；飞轮储能型产品正在国产化进程中，系统已有成熟产品。

3.2.2　供电网络节能方案

1. 降低供电网络能耗

（1）主变电所资源共享　主变电所资源共享的目标是，结合轨道交通线网规划，按照资源共享的理念设置主变电所，将电源点设置于负荷中心，并从整个路网的角度，优化主变电所设置位置及数量，降低能耗和运营成本。

以北京地铁某线路为例，线路全长为 29.3km，全部为地下线，共设 21 座车站，其中换乘站 15 座。线路最高速度目标值采用 80km/h，授电制式采用 DC1500V 接触网。初期、近期和远期均采用 8 辆编组 A 型车，如图 3-2 所示。

本线路采用 110/35kV 集中供电方式，全线设置 2 座主变电所，与同期建设的两条长度相当

图 3-2　北京地铁某工程共享主变电所的设置示意图

的线路分别实现主变电所资源共享，与其共享两条线路分别增设 1 座主变电所即可满足供电能力的需求，这个设置方案下，三条约 30km 线路只需设置 4 座主变电所即可满足轨道交通用电的需求，既确保用电安全可靠、节省外部电源投资和线网规划布局合理，又使主变电所靠近负荷中心，减少电能损耗。同时，主变电所共享设置充分考虑能源供应条件及供电范围，考虑供电系统资源共享，可提高变电站的利用效率，有利于节约电力资源和地铁对城市土地资源的占用，可以有效减少能源浪费。

（2）提高功率因数和加强谐波治理，提高电能质量　目前，轨道交通供电系统具有以下特点：

1）中压系统采用大量 35kV 中压电缆，其每公里电容电流超过 1A，电缆对地电容产生了较多无用功。

2）地铁牵引负荷功率因数大于 0.95，照明负荷功率因数普遍大于 0.9，动力负荷功率因数多数大于 0.8。

3）白天负荷相对较大，夜晚停运后，负荷有时只有白天的 20%；近远期负荷较大，而运营初期负荷较小。

4）新型电力电子设备选用较多，低压系统谐波含量较大。

由于上述原因，地铁功率因数在夜晚低，白天较高，运营初期较低，近远期较高，且低压谐波含量较大，由于功率因数低和谐波含量大导致在电能传输系统浪费大量电能（图 3-3）。

以北京地铁为例，新

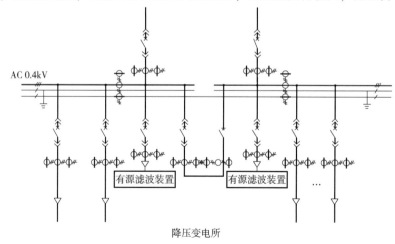

图 3-3　轨道交通车站降压变电所无功补偿方案图

建地铁在 0.4kV 母线侧设置有源滤波器（APF），在主变电所 35kV 母线侧设置静止无功发生器（SVG），提高主变电所供电系统功率因数在 0.9 以上，甚至达到 0.99 ~ 1。同时，SVG 和 APF 可有效地降低系统内谐波，从而减小输电线路上的电能损失。

2. 合理选择供电系统电压

中压环网采用 35kV 电压，与 20kV 和 10kV 中压系统相比，采用 35kV 中压环网，其电缆损耗可减少约 60% 和 90%。

牵引网采用 DC1500V 电压供电，与 DC750V 牵引系统相比，采用 DC1500V 牵引网电压，牵引网电能损耗可减少约 70%。

3. 合理的直流牵引接线方案

牵引网采用双边供电，在其他条件不变的情况下，牵引网的电能损耗仅为单边供电时的 1/4；同时在上、下行回流轨之间设置均流线，并联上下行钢轨，减小回流回路电阻，在一定程度上减少了回流轨的电能损耗。

牵引变电所采用等效 24 脉波整流向牵引网供电，减少了系统高次谐波引起的附加损耗。

4. 将变电所设置于负荷中心

将降压变电所和跟随所设置于负荷中心。根据动力照明负荷的分布，将降压变电所和跟随所尽量靠近负荷中心，减少了低压配电线路的损耗。

将牵引变电所尽量设在站台层。减少 35kV 电缆和 DC1500V 电缆的迂回敷设，从而达到减小电缆长度，降低线路能耗的目的。

3.2.3 配电系统节能方案

1. 合理设置车站跟随所，减少低压供电损耗

（1）概况 地铁车站中的低压配电向站内所有用电设备供电，而低压用电设备设置地点分散是地铁的特点。一般的地铁车站中，设置一个降压变电所向车站两端低压配电设备进行供电。而随着北京、上海等城市轨道交通的飞速发展，8 辆编组的线路逐步推广，8 辆编组线路受车辆长度影响，车站建筑长度增大，直接由一个降压变电所向另一端低压设备供电时就存在供电电缆长度较长，低压电缆损耗较大的问题。因此，合理地设置车站降压变电所，是低压配电节能降耗的重要内容。

在地铁低压配电设计中，将动力照明负荷较大的一端定义为车站大端，动力照明负荷较小的一端定义为车站小端。依据车站降压变电所的设置原则，降压变电所设在车站大端，车站跟随式降压变电所是指在车站大端设置降压变电所的基础上，在小端设置跟随式降压所，由大端变电所通过 10kV 或 35kV 电缆供电至小端跟随式降压变电所。

目前国内地铁设计中对车站小端低压设备负荷的供电方式有两种：

第一种是从大端降压变电所低压柜馈线至车站小端的各配电箱，电缆需穿越站厅或站台公共区，当车站规模较大时，会存在压降损失较大、线缆损耗较大、电缆安装维护不便等问题。

第二种是车站小端设置跟随式降压变电所，所内设置变压器、低压柜等设备，低压柜负责本端的低压配电，可避免第一种配电方式中的缺点；该配电方式的缺点在于会增加部分土建及设备的投资。

（2）分析模型说明　为了便于分析比较，下面暂选取某城市地铁 8A 型车辆编组的三座典型车站作为分析模型，分析模型排除特殊车站的情况，依据该城市地铁既有动力照明系统设计原则，从电压损失校验、线缆损耗、穿越公共区部分电缆投资与设置跟随所投资等三方面，对以上第一种、第二种配电方式进行经济技术分析比较。

结合工程实际，上述三座车站主要的环控负荷及空调水系统设置在车站大端。在计算小端负荷时需考虑以下设备的容量：

1）站厅设置环控电控室，其中的电控柜向通风空调设备供电。

2）车站小端按两个出入口计，每个出入口设置两台扶梯。

3）厅台扶梯两处。

4）厅台分别设照明配电室。

5）站台层屏蔽门设备及废水泵设备。

根据土建资料，各车站具体情况如下（记车站主体建筑长度为 a，变电所至小端负荷中心距离为 b，单位 m），统计表格见表 3-2。

表 3-2　某城市地铁车站相关数据统计

序号	车站名称	a	b
1	A 站	253	210
2	B 站	273	230
3	C 站	292	240

根据 a 数值和 b 数值分布特点，将车站划分为以下两类：

第一类：$a \geqslant 270$，$b \geqslant 230$，包括 B 站和 C 站。

第二类：$a < 270$，$b < 230$，包括 A 站。

（3）负荷统计　车站小端低压负荷情况如下：

1）站厅照明配电室、站台照明配电室、环控电控室，位置相近，构成负荷中心，功率总计 650kW。

2）厅台扶梯和气体灭火用电为 140kW。

3）站台层屏蔽门和废水泵用电为 60kW。

4）出入口扶梯和直梯用电为 150kW。

（4）低压电缆供电分析　根据以上车站小端的用电负荷的分析，采用从车站大端降压变电所低压供电方案中，因车站主体建筑较长，为了保证低压设备末端压降满足设备供电的要求，需增大低压电缆截面面积，从而导致低压电缆供电时大截面低压电缆需要敷设较长的距离，且大截面电缆通过车站吊顶或站台板下敷设较困难，供电故障点多，低压电缆供电质量差，对低压设备影响较大。

在车站小端设置跟随式降压变电所供电的方案中，因跟随式降压变电所设置在小端，距低压设备较近，低压电缆截面面积小，且低压供电电缆较短，低压电缆投资较小。虽然增加了土建和设备的投资，但仅有高压电缆经站台板下敷设，无大量低压电缆跨越车站敷设，供电故障点少，供电可靠性高，供电质量较好。

（5）电能损耗分析　采用低压电缆直接供电的方式，结合上述车站小端低压设备供电的分析可知，需穿过公共区的共有 31 个低压用电电缆大约有 49 根，按照低压供电要求，下面列出电缆因穿越公共区而产生的电能损耗（按初期、近期、远期），见表 3-3。

表3-3　某城市地铁车站电缆穿越公共区产生的电能损耗　（单位：kW·h）

车站名称	1年耗能	10年耗能	25年耗能
A站	103624.86	1036248.6	2590621.5
B站	109534.00	1095340.0	2738350.0
C站	123245.05	1232450.5	3081126.3

若设置车站跟随所，变压器按负载率60%计算，则变压器和变压器进线电缆的损耗见表3-4。

表3-4　某城市地铁车站变压器和变压器进线电缆损耗　（单位：kW·h）

车站名称	1年耗能	10年耗能	25年耗能
A站	136.2	1362	3402.5
B站	139.8	1398	3472.5
C站	179.1	1791	4477.5

（6）投资分析　从电压损失方面考虑，与设置车站跟随式降压变电所相比，低压电缆供电方案主要涉及低压电缆截面面积增大和低压电缆长度增加的费用，设置车站跟随式降压变电所的费用主要包括高压开关柜、变压器、低压开关柜、气体灭火设备及安装费用，并包括新增降压变电所和气体灭火设备房间的土建投资，结合三座车站的具体情况经济比较见表3-5。

表3-5　某城市地铁车站经济情况比较表

序号	站名	低压电压损失经济差值/元	跟随式降压所投资/元	气体灭火设备投资/元	差值/元	备注
1	A站	3760560	3290700	400000	69860	跟随式降压所投资中已含土建投资和对主变电所相关数量的核减，跟随式降压所的土建投资暂按照1万元/m²
2	B站	5270390	3314100	400000	1556290	
3	C站	5723110	3475560	400000	1847550	

（7）综合分析　综合以上分析，结合车站模型中对 a 值和 b 值的分类可以看出，经济技术对比如下：

对于模型中的第一类车站（$a \geqslant 270m$，$b \geqslant 230m$）。

1）在供电技术要求方面，设置跟随式降压变电所（简称跟随所，余同）供电可靠性高，对设备供电影响小。

2）在初期投资方面，设置跟随所的配电方式与低压电缆供电相比节约投资150万以上，初期经济效益非常明显。

3）在节能方面，运行中跟随所配电方式每年可节约电能10.8万度以上，效果明显。

4）在设备安装、维护、可靠性方面，设置降压式跟随所的配电方式优势明显。

5）综合考虑电压损失、节能、长期经济效益、设备安装维护难易度，建议第一类车站设置车站跟随所。

对于模型中的第二类车站（$a < 270m$，$b < 230m$）。

1）在电压损失方面，设置跟随式降压变电所供电可靠性高，对设备供电影响小。

2）在初期投资方面，设置跟随所的配电方式与低压电缆供电相比节约投资仅7万元左右，初期经济效益不明显。

3）在节能方面，运行中跟随所配电方式每年可节约电能约 10 万度以上。

4）在设备安装、维护、可靠性方面，设置跟随所的配电方式也具有明显优势。

5）但综合考虑车站设置跟随式降压变电所的可实施性，结合初期投资的经济性，可考虑在第一类车站不设置车站跟随所，采用低压电缆供电的方案。

（8）结论　综上所述，对于 8 辆编组轨道交通地下车站，合理地设置车站跟随式降压变电所应遵循的原则为：在地铁车站大负荷端设置的变电所至另一端（小负荷端）的负荷中心的距离大于 230m（或车站主体建筑大于 270m）时，应考虑在车站另一端设置跟随式变电所。

城市地铁作为大型综合工程，涉及城市规划、拆迁、管线改移等多重因素的影响，受多方面影响可能导致工程中无法合理地在车站设置车站跟随式降压变电所。但按照上述原则，在与土建方案配合中提出合理的条件，结合土建设计统筹规划，也可以合理设置车站跟随式降压变电所，为轨道交通低压配电节能提供条件。

2. 深入负荷中心，合理设置动力配电房间

动力照明房间主要包括通风空调电控室、照明配电室及电缆竖井。动力照明房间的合理设置能有效缩短配电设备至用电点的距离，从而减小供电线路长度及电缆截面面积，节约材料；减少线路损耗，节约电能。

工程中应根据线路走向及车站的具体情况，合理设置各配电房间的位置及数量。

针对标准两层车站，在站厅层两端设备区内各设置 1 个通风空调电控室，设置冷冻机房一端可将冷水机组配套设备的电控柜与通风空调电控柜合设。对于三层及以上车站，在设备层和站厅层两端分别设置通风空调电控室，数量不超过 4 个。要求通风空调电控室位置靠近通风空调机房或冷冻机房，并根据车站规模及通风设备具体情况在车站两端分别设置。

针对标准两层车站，在站厅层和站台层两端设备区分别设置 1 个照明配电室，对于三层及以上车站，在车站各层两端分别设置照明配电室，照明配电室设置于车站设备区中心位置。

针对标准两层车站，在站厅层和站台层两端设备区分别设置 1 个电缆井，对于三层及以上车站，在车站各层两端分别设置电缆井，电缆竖井的位置靠近降压变电所、通风空调电控室、照明配电室等电缆上下敷设密集的地方。

通过以上方案减小配电设备至用电点间的距离，能有效避免迂回供电，降低电缆长度及线路损耗，实现绿色节能。

3.2.4　光伏发电系统

太阳能光伏发电系统分独立光伏发电系统和并网光伏发电系统，独立光伏发电系统主要应用于照明及家用电器。并网光伏发电系统近年来技术逐渐成熟，并开始应用于城市轨道交通车站及场段，如北京地铁燕房线阎村北停车场、深圳地铁 6 号线一期 12 座高架车站、上海地铁三林、富锦路、浦江镇、金桥等 10 个车辆基地设置了光伏发电系统，实现了低压 400V 侧并网，发电量可观，节能减排效果明显。有关分布式光伏电站的建设，本书第 6 章做了详细的介绍。

1. 太阳能光伏发电的优势

（1）节能环保　利用太阳能进行发电，可以充分利用太阳能源，不仅可以减少煤炭等的开采利用，还可以减少二氧化碳等有害气体和杂质的排放量，是节能减排的有效措施。

（2）节省输电设备　轨道交通电力系统中向负荷供电时，需通过外部电源引入后，经变压器、输电线路、开关等电力设施将电能输送至车站变电所，输电配电设备不仅占用地铁车站建筑面积，还需敷设输电线缆，投资较大。采用太阳能光伏发电系统，可省去部分输配电设备的投资。

（3）运营维护简单　太阳能光伏发电系统主要组成部分——太阳能光伏电池组件安装完毕后，基本无须维护，只在发生损坏时进行更换，逆变器等配电设备在使用期内也基本不需维护，所以对运营维护来说也方便简单。

（4）可根据需要设置系统容量　光伏电源系统的特点决定了只要有太阳光的地方，就能够设置光伏发电系统，而且容量大小可根据负荷选取，不受外部电源的限制。

2. 光伏发电系统设置方案

（1）光伏发电设置场所　轨道交通高架车站、地下车站出入口和车辆段、停车场主要建筑等，建筑面积大、屋顶开阔，非常适合设置太阳能电池板。据统计，一座车辆段或停车场的占地面积在 15 万～25 万 m^2 左右，能有效利用太阳能发电的建筑屋顶面积在 3 万～8 万 m^2。如此大的有效面积完全可参照铁路火车站的模式设置成有逆流型并网发电系统。将光伏发电太阳能电池组件安装在列检库、运用库等大型建筑物的屋顶，通过直流汇流接线箱引至建筑房屋内光伏发电设备室，再利用光伏发电设备通过并网方式与市政电源相结合完成供电。光伏发电系统不仅可向车辆段停车场内用电负荷供电，还可将富余的能量完全输入本工程中压网络，向其他车站负荷提供光伏电源。

（2）光伏发电系统并网设置方案　光伏发电系统可就近在停车场和车辆段内的跟随所或混合所低压母线并网，光伏发电设备室一般设置在库内靠近跟随所或混合所的位置。

光伏发电系统分别通过 0.4kV 低压开关柜连接至跟随所或混合所配电变压器低压侧的Ⅰ、Ⅱ段母线，当光伏发电量小于场段内低压负荷所需电量时，缺口电能由市政供电网补充；当光伏发电量大于场段内低压负荷所需电量时，多余电能可经过变压器升压至 35kV 后输送到场段内变电所高压侧。

（3）光伏发电监控系统设计　为方便光伏系统工作状态的实时监控，每个光伏发电子系统均配置监控装置，主要包括：监控用工业控制机、监控软件和液晶显示装置。系统采用独立监测系统检测光伏发电系统的运行状况，利用工业控制机采集数据，可以连续每天24h不间断地对所有的并网逆变器进行运行数据的监测。

3. 地铁光伏发电项目说明

（1）深圳地铁6号线　深圳地铁6号线开展了"城市轨道交通高架车站分布式光伏发电系统关键技术与示范应用"技术攻关，通过在6号线规模化应用及一年多并网运行，提出分布式光伏发电并网装机容量计算原则，确定了城市轨道交通分布式光伏发电选址方法，制订了适合城市轨道交通分布式光伏发电的低压并网方案，最终实现了光伏发电在确保安全和功能的前提下与高架车站建筑景观的完美融合。

自并网运行以来，深圳地铁6号线高架站分布式光伏发电系统，累计发电314万千瓦时，可满足高架车站约30%的动力照明用电需求。

（2）上海地铁　目前，川杨河、治北、金桥、龙阳路、三林等10个车辆基地完成了光伏发电系统并网，总装机容量约24兆瓦，2021年发电约2500万千瓦时，光伏装机规模在国内轨道交通领域位于首位。

（3）广州地铁　鱼珠车辆段内，在车辆段运用库、主检修库等共计约 7 万 m² 的屋面安装太阳能光伏发电设备，采用自发自用，余电上网模式。项目年平均发电量能达到 420 万千瓦时，每年可替代 1623.45 吨煤炭消耗。

3.3 城市轨道交通车站节能型设备的应用

供配电系统的设备节能主要包括变压器和相关配电设备的节能。其中，变压器是输配电的基础设备，变压器损耗约占输配电电力损耗的 40%，具有较大节能潜力。2020 年 12 月 22 日，工信部联合国家能源局等部委印发《变压器能效提升计划（2021—2023 年）》，以此推动和加快高效节能变压器的推广应用，提升能源资源利用效率，推动绿色低碳和高质量发展。

3.3.1 新型节能变压器的应用

传统变压器的铁芯采用的是硅钢片，绝缘包封材料一般采用环氧树脂浇筑。其中，优质硅钢片可以降低变压器自身损耗，提高电能的转换效率。但硅钢片的制造工艺已日趋成熟，硅钢类产品如果要达到更为节能的目的，除了在制造工艺、结构设计、材料升级方面的探索和创新，并采用智慧运维和全生命周期管理技术提高变压器数字化、智能化、绿色化水平之外，还需要行业在标准规范制定方面，进一步提高能效要求。

随着技术的进步，市场上也出现了以新型节能材料制作的变压器，如 20 世纪 70 年代新型合金材料非晶合金的问世，这种合金具有许多独特性能，如优异的导磁性、耐蚀性、耐磨性、高硬度、高强度、高电阻率等。采用非晶合金制造成变压器铁芯，并组装成的变压器，即称为非晶合金变压器。非晶合金变压器具有空载损耗低、绝缘等级高等特点。另外，还有采用高性能硅橡胶材料作为绝缘介质，并优化设计工艺制作的硅橡胶浇筑型干式变压器。

1. 非晶合金变压器

（1）非晶合金材料和非晶合金变压器的特点　随着原材料制造工业的技术发展，制造厂家开始采用非晶合金材料制造变压器，非晶合金材料的主要特点有：

1）非晶合金材料不存在晶体结构，是一种各向同性的软磁材料，磁化功率小。

2）非晶合金材料不存在阻碍磁畴壁移动的结构缺陷，其磁滞损耗要比硅钢片小。

3）非晶合金带的厚度极薄，只有 $20 \sim 30 \mu m$。填充系数相应变小，只有 $0.75 \sim 0.8$。

4）非晶合金材料的电阻率很高，是硅钢片的 $3 \sim 6$ 倍，涡流损耗大大降低。因此，单位损耗仅为硅钢片的 $20\% \sim 30\%$。

非晶合金变压器铁芯由非晶合金带卷制而成，采用矩形截面、四框五柱结构，空载损耗比传统的变压器低很多。非晶合金变压器采用全密封式结构，可延缓变压器绝缘纸的老化，不仅结构紧凑，而且具有运行效率高、免维护的优点。非晶合金变压器由于损耗低、发热少、温升低，故运行性能非常稳定。

（2）非晶合金变压器与传统变压器的对比　传统牵引变压器采用硅钢片作为铁芯，采用非晶合金材质铁芯的即为非晶合金牵引变压器，也是节能的核心所在，其与传统变压器技术参数对比见表3-6。

表3-6　非晶合金变压器和传统变压器技术参数对比表

变压器类型	铁芯材质	生产工艺	设备优点	设备缺点	应用案例	设备价格
传统型	硅钢片	铁芯是矩形截面、C形接口，层层交叠，厚度0.3mm，力学性能好，便于操作加工	噪声小；力学性能好，应用成熟	空载损耗低（2000kVA P_0 = 4.0kW）	国内城市轨道交通普遍应用	2000kVA 价格约35万元
非晶合金型	非晶合金	铁芯由晶格取向一致的冷轧硅钢片构成，斜接缝结构，厚度0.03mm，制造工艺复杂，操作难度大	空载损耗低（2000kVA P_0 = 0.79kW）	噪声大；力学性能差，易损坏	北京地铁部分线路已投入应用	2000kVA 价格约52万元

以2000kVA为例，结合地铁工程中牵引变压器的使用工况，二者节能技术参数对比见表3-7。

表3-7　非晶合金变压器和传统变压器节能性能对比表

变压器类型	空载损耗低（2000kVA P_0 kW）	年损耗/KWh	年损耗电费/万元	设备费用
传统型	4	35040	2.9784	约35万元
非晶合金型	0.79	6920.4	0.5882	约52万元

采用非晶合金型牵引变压器，初始投资增加17万元；但每年节省电能2.81万千瓦时，按电费0.85元/千瓦时计算，每台每年可节省电费2.39万元。

从以上对比情况来看，非晶合金牵引变压器具有较明显的节能效果，且随着技术不断发展，其初始设备费用也在逐年降低。因此，在轨道交通建设中，对节能型设备非晶合金变压器的推广应用是有必要的。

2. 硅橡胶浇筑型干式变压器

硅橡胶浇筑型干式变压器是通过采用高性能硅橡胶作为绝缘浇筑材料，并对变压器高压线圈及变压器铁芯进行优化设计，从而降低变压器空载及负载损耗，显著提高变压器的性能。作为绝缘和包封材料的硅橡胶材料具有高耐压、高强度、不开裂、不燃烧的特性，耐温可达 −60 ~ 250℃，材料无毒无味无挥发。抗击、承受电、热过载能力极强，确保了变压器的可靠性和稳定性，使用寿命达20年以上。

硅橡胶干式变压器满足国家1级（NX1）能效标准，经测试及项目运行数据显示，以2000kVA/10kV为例，空载损耗1760W，负载损耗（145℃）14005W，噪声小于50dB。硅橡胶干式变压器材料回收率达99%，属于新一代绿色节能技术，目前已在城市电网、市政建筑、工业建筑领域得到广泛采用，节能效果良好。在国家"双碳"战略背景下，对于轨道交通领域的节能应用，可结合实际工程项目情况，试点推广。

3.3.2　其他节能设备的推广应用

1. 环保型全绝缘全封闭环网开关设备

该设备是用于10kV配电网络的一种模块化、标准化的环网开关设备。以干燥空气为绝缘介质，采用模块化设计，将电气主回路的各个元器件密封在一个不锈钢箱体里，具有体积小、环境适应性强、免维护、可靠性高、环境友好、绿色环保等优点。环保型环网柜的标准单元有 C、V、D、M、PT 等不同方案，不同的功能单元可任意组合成不可扩展单元，实现多样化的单元组合，能最大限度满足各地复杂多样的供配电设计方案。主要由功能单元气箱、操作机构、低压仪表箱、扩展模块、互感器、电缆终端等组成，如图 3-4 所示。

图 3-4　HXGN（H）口-12 环保型环网柜
（PT + C + V 方案）

对于室内、地下室等相对密闭空间的配电站建议选用 HXGN（H）口-12 环保型环网柜，相比传统 SF6 环网柜具有环境友好，杜绝了 SF6 泄漏的风险，以及全寿命周期结束后对 SF6 气体回收的工作。此外 HXGN（H）口-12 环保型环网柜同样具有 SF6 环网柜占地面积小、环境适应性强、可靠性好、免维护等特点。

在 10kV 配电系统中，额定电流不大于 630A，分断不大于 25kA 的优先设计环保型环网开关设备，进出线可选用 HXGN（H）口-12/V 型断路器环网柜，配置过流、速断等微机综合保护措施。现场施工时，环网柜基础应可靠接地，接地电阻小于 4Ω，基础应平整并高于地面 10mm。环网柜单元拼接时，应按厂家工艺要求进行拼接，拼接完成后开始外部连线，全部完成后再进行调试试验。

2. 1U 塑料外壳式断路器

1U 塑料外壳式断路器主要用于配电箱、电信机房或通信机柜、环控柜、信号机柜中，作为机柜、机房或者下游用户线路的隔离、短路及过载保护。

通过模块化实现标准化，安装高度仅为传统微型断路器的 1/3，能够提升配电密度，节省建设成本 20%；产品防呆设计，操作便捷，恢复迅速，断电时间短；插拔式接线，使用、改造维护方便；开关体积减小到传统的 1/3，配合机框使用占地少，增加容量时，不增加机柜数量，不增加占地面积，如图 3-5 所示。

图 3-5　宁波地铁 IMTD 智能模块化
终端配电系统项目

目前地铁中终端配电系统设计没有实现标准化，各个设计院的方案千差万别。设计方案的非标准化，导致生产制造环节无法实现标准化，系统中的每个配电设备都采用定制生产，缺乏安全性和可靠性。采用 1U 创新方案，通过模块化设计实现标准化，馈线单元高度为 2U，单柜最多可安装 4 组馈线单元，通过接插件与柜后垂直母线连接，安装容量大。每个馈线单元采用 1U 塑料外壳式断路器，每组能安装 18P 单元，可按设计方案需要进行任意组合，回路数量可以提升至少 3 倍，可以容纳 30 多个回路，相对柜体数量、塑壳、双电源可以减少至少 1/3 用量。负载的功率数量还不受影响，能有效提升单配电箱功率密度。各馈线单元连接电缆均按 63A 标准配置。在不停电的情况下，可根据馈线电流调整变化，快速换装 63A 及以下任意规格开关，方便设备的检修维护。

3. 中性线重叠型自动转换开关电器

该产品采用了切换过程中三相线先分后合、中性线先合后分的技术，解决了原有的 UPS 前端自动转换开关电器切换中因中性线断开引起的设备重启。中性线较相线先合后分设计，具有防止相线有电时中性线瞬间悬空的功能，中性线与相线同等容量，配备独立灭弧室，通过中性线产品可完美解决现场中性线电压飘移的问题。该功能的产品适用于 UPS 前端的电源切换，同时也适用于负载中含强感性负载的配电系统，可有效解决在切换过程中因 UPS 逆变或强感性负载的残压引起末端设备的重启或损坏。另外，该产品结合智能型控制器可实现产品铜排接口的温度监测，通过通信功能将两路电源的电压值、电源状态值、负载的投切位置及相关设置参数上传至平台，实现低压配电的智能及主动运维。

图 3-6 苏州地铁 5 号线黄天荡控制中心项目

苏州地铁黄天荡控制中心作为苏州地铁最强大脑（图 3-6），项目设计中数据类精密设备较多，感性负载较多，在整个配电系统中 UPS 用量也多。采用泰永长征专用 PC 级 TBBQ3-3N 系列中性线重叠转换 ATS 产品搭配 CIV 控制器，完美地解决了现场中性线电压的飘移问题，达到了良好的运维与节能效果。

4. SIWO 轨道交通用双电源开关

针对轨道交通地下车站的特殊条件，双电源开关产品需要面临湿热的地下环境、复杂的电磁环境、频繁转换与过载等问题，实时、不间断保障地铁供电是双电源产品的首要工作任务。

SIWOQ5 自动转换开关主要由三大部分组成：一个电动双投转换开关、一个智能控制系统和独立的灭弧系统。电动双投转换开关用来分合额定电流及过载电流的电力负载线路；智能控制系统用来实时监测供电电源质量并发出转换命令；开关触头系统采用具有独立的引弧装置和多通道灭弧及耐烧损的银基触头，提高了其耐短时故障电流及带载转换闭合的能力。SIWOQ5 系列自动转换开关电器，适用于交流 50Hz，额定工作电压 400V 以下，额定电流 16～2500A 紧急供电系统中，以确保对电气负载线路连续供电，如图 3-7 所示。

SIWOT6 自动转换开关专为大电流自动转换需求而设计，可满足大电流转换需求，亦可满足特殊场合的快速转换需求。产品优化了结构设计，开关本体采用了整体式结构，确保两路开关的独立、可靠运行。为避免在双电源转换过程中的并列运行，SIWOT6 采用互锁操作结构，确保产品在转换过程中的可靠、稳定。PC 级产品，短时耐受能力强，最大可达 100kA。适用于交流 50Hz/60Hz，额定工作电压不超过 400V，额定工作电流 630～4000A 的配电系统中，支持抽出检修及固定安装两种方式，主要应用于两路电源的可靠转换，保障用电场合供电的连续性，见图 3-8。

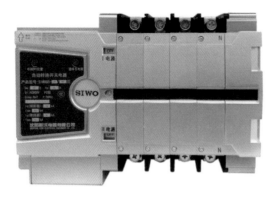

图 3-7 SIWOQ5 系列自动转换开关电器

图 3-8 SIWOT6 系列自动转换开关电器

SIWOQ5 与 SIWOT6 系列自动转换开关在轨道交通项目中应用广泛，近年比较典型的如武汉地铁 3 号线、7 号线、8 号线、21 号线及 1 号延长线等项目。由于武汉地理环境的影响，产品工作环境存在潮湿、高温等复杂因素，对双电源产品要求较高，SIWO 系列自动转换开关在通信机房、配电室、车辆控制室等重要位置均有应用，其可靠的性能为武汉地铁提供连续供电保障发挥了重要作用。

5. 轨道交通应急备用照明电源

轨道交通应急备用照明电源由集中控制显示单元、逆变主机单元、充电单元、电池检测单元、开关量采集单元、双电源切换、蓄电池组等组成，各功能单元整合于应急电源柜之中。正常情况下，由车站内低压动力照明系统引进双电源后，市电正常供电条件下，通过应急备用电源内的旁路机构，经过配电开关直接输出，同时市电通过充电器 $(n+1)$ 给蓄电池组充电储能，逆变器处于休眠节能状态，作为应急备用，如图 3-9 所示。

当车站内低压动力照明系统供电发生故障时，蓄电池的直流电能，通过应急备用逆变器，转换成交流电能，供站台的应急照明使用。应急备用电源系统具有 FAS 和 BAS 功能接口，能够实现城市轨道交通综合监控系统（ISCS）对于电源系统的远程控制和管理。

该电源柜适用于低压动力照明系统，安装在轨道交通站厅、站台层，各照明配电室内，负责当市电失电后为车站及区间的应急照明提供电源。比较典型的应用如合肥地铁 2 号线工程，24 座车站的应急备用电源柜（EPS）设备，有效地保障了应急照明的供电需求。

6. 消防应急照明与疏散指示系统

消防应急照明与疏散指示系统由应急照明控制器、应急照明集中电源、集中控制型消防应急标志灯具、集中控制型消防应急照明灯具等组成，是集中电源集中控制型系统。该系统以集中控制器为核心，通过数据线互联，融合

图 3-9 应急备用照明电源柜

了电力电子技术、通信物联技术和智能控制技术等，实现了消防照明疏散系统与城市轨道交通

综合监控系统（ISCS）的集成与互联，以及系统设备的智能化监测与管理，如图3-10所示。可用于高铁、轻轨、地铁、车辆段、停车场、物业等车站、区间、区间风井等范围内。比较典型的应用如郑州机场至许昌市域铁路工程（郑州段）项目，共15座，每座车站配置集中电源集中控制型应急照明与疏散指示系统，项目共计应急照明控制器3台、应急照明集中电源40台、集中电源集中控制型消防应急标志与照明灯具4500只，取得了良好的应用示范效果。

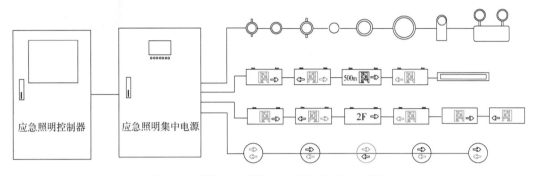

图3-10　消防应急照明与疏散指示系统示意图

7. 静止式动态无功功率补偿及谐波抑制装置（SVG）

该装置采用高压大功率开关器件构成主电路，利用现代控制理论、信息处理技术和计算机技术，实时跟踪电网无功功率及谐波的变化，并可按指令要求连续迅速地进行补偿，其原理如图3-11所示。

在轨道交通中，由于车站多，使得配电系统的变压器数量庞大，消耗了大量的感性无功功率。当轨道牵引机组满负荷运行时，系统总功率因数较高，而在非营运时间，功率因数大幅降低。轨道交通中的直流牵引机

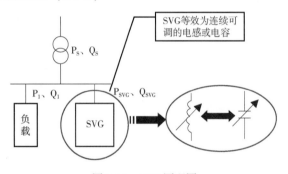

图3-11　SVG原理图

组、变频风机、变频空调是轨道交通供电系统的主要谐波源。在轨道交通系统中使用SVG，能有效补偿供电系统的无功功率，消除谐波影响，降低系统损耗和运营成本，并提高安全运行水平。如在郑州地铁SVG项目中，由于反馈每年功率因素不达标，导致考核不达标，安装SVG设备后，功率因素每年均达到标准值。

8. 城市轨道交通双向变流牵引供电机组

双向变流器采用了基于全控电力电子器件IGBT的PWM整流器主电路拓扑和控制策略。可以实现高功率因数、低谐波含量以及高稳定直流电压的要求。同时，系统可实现能量的双向流动。正常情况下，PWM整流器运行于整流状态，能量从交流侧往直流侧传递，输出稳定的直流电压；当列车再生制动时，若制动能量大，直流电压升高到设定值时，PMW整流器运行于逆变状态，把能量回馈到交流电网，从而节约了大量能源。双向变流器在轨道交通中的使用如图3-12所示，它具有以下优点：

1）能量双向流动，再生能量可自然回馈。

2）快速响应列车负荷变化、直流网压稳定且可调，能改善系统的运行环境。

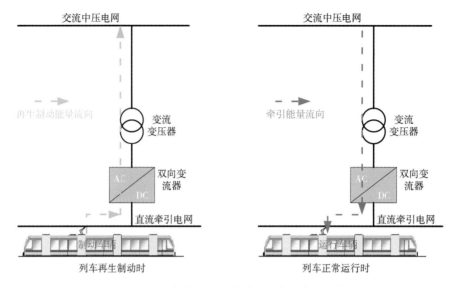

图 3-12　双向变流器在轨道交通中的应用图示

3）可以将直流网压稳定在一个较高的值，降低整个直流牵引电网的线路损耗。

4）在夜间列车停运时，还能实现 SVG 的功能。

在轨道交通项目中，旧线路提升改造需要考虑机房空间和可靠性，一般建议采用双向变流器和整流机组混合供电方案。新建地铁线路，建议采用全双向变流牵引供电，系统指标更高，节能效果更好。比较典型的应用如北京地铁房山线大学城北站，目前采用电阻型再生能量消耗装置，项目利用该站变电所的剩余空间进行双向变流器挂网试验，以验证双向变流器的功能。该试验挂网项目为双向变流技术的发展和推广奠定了良好的基础，对牵引供电系统技术革新有着重要的意义。

9. 城市轨道交通牵引供电电力设备智能运维系统

该系统主要实现针对地铁供电电力设备提供健康状况的在线监测及对地铁系统各个用电环节进行的能耗统计与分析。系统由电力设备状态参数采集终端和各个环节电量计量装置、智能网关设备、系统平台等三层架构组成，不接入互联网，以保证供电和数据的安全性。系统具备电力设备故障自诊断、健康状态分析、故障提前预警功能，并可提出检修办法。同时，对采集的能耗数据，上传到系统平台开展全环节和全要素能耗数据采集、计量和可视化监测，融合机理分析、大数据等技术，进行能源消耗量预测，从而实现对关键装备、关键环节能源的综合平衡与优化调度，如图 3-13 所示。

该系统在轨道交通领域取得了良好的应用，如昆明 5 号线的福海主站、宝丰村站，通过对这两个地铁站的整流变压器进行在线监测，实现了变压器相关数据的实时在线监控，并将数据上传到系统后台。该系统后台部署在地铁站内，不接入互联网，以保证数据的安全性，如图 3-14所示。主要具有以下几个功能：

1）实现对干式变压器运行环境的噪声监测和振动监测。

2）实现对干式变压器高压侧、低压侧电缆连接点的温度监测。

3）实现对干式变压器表面的放电监测。

4）实现对干式变压器数据的本地界面显示。

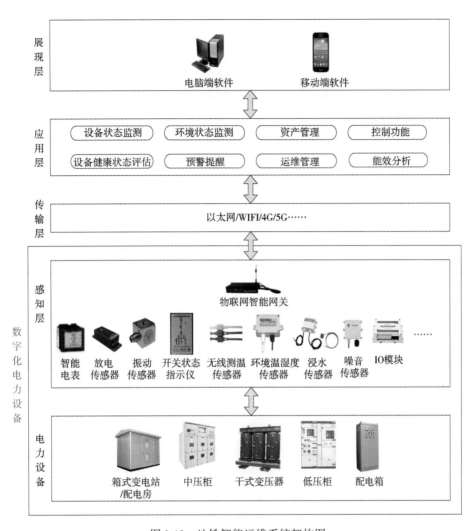

图 3-13 地铁智能运维系统架构图

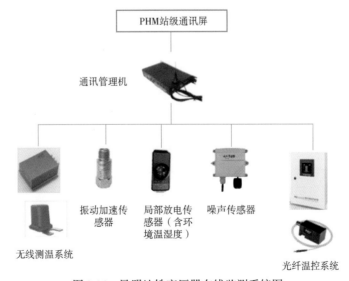

图 3-14 昆明地铁变压器在线监测系统图

10. 有轨电车专用牵引式变电站

有轨电车专用牵引变电站是把区域电力系统送来的电能，根据电力牵引对电流和电压的不同要求，转变为适用于电力牵引的电能，然后分别输送到沿铁路线上空架设的接触网，为电力机车供电，或者输送到地下铁道等城市交通所需的供电系统，是为电动车辆供电的专用设备。其工作原理是将电力系统三相电压降低，同时以单相方式馈出。降低电压是由牵引变压器来实现的，将三相变为单相是通过变电站的电气接线来达到的。牵引变压器（主变）是一种特殊电压等级的电力变压器，满足牵引负荷变化剧烈、外部短路频繁的要求，是牵引变电站的"心脏"。牵引供电回路是由牵引变电站——馈电线——接触网——电力机车——钢轨——回流联接——（牵引变电站）接地网组成的闭合回路。

该方案集成整流变、动力变、高压柜、整流器、直流柜、轨电位、交直流屏、通信设备等总计约30余台设备的安装、检测、对点调试等。比较典型的应用如广安市比亚迪跨座式单轨产业配套旅游专线（箱式变电所）项目，均为高架线，共设车站7座。其中，设正线3座牵引降压变电所、5座降压变电所（含两座电源开闭所）及车辆段1座牵引降压混合所设备。变电站集成式设计节能省地，布局灵活，能有效降低建造、投资、运营成本。

3.4 城市轨道交通能源管理系统

3.4.1 系统概况

轨道交通的能耗涵盖电、水、燃气等，随着运营里程的增长，能耗总体指标呈不断增长趋势。目前，轨道交通能源管理主要通过构建轨道交通电力监控系统、能源管理系统或集成了电力监控及能源管理功能的综合监控系统实现，主要完成对轨道交通牵引供电系统、低压配电系统的遥控、遥信、遥测等，实现数据传输及处理、报警处理及统计报表等功能，实现对轨道交通电、水、天然气的分析统计和计量管理，以及供电系统的电能质量参数测量、监测分析、统计，相关技术应用相对稳定、成熟。

轨道交通能源管理主要采用独立设置的能源管理系统或利用综合监控系统整合能源管理功能两种方式实现。能源管理主要以电、水、燃气等能源使用的静态监视为主，包括能耗计量、能耗统计及管理等功能。

3.4.2 系统设置方案

根据国内大部分城市轨道交通线路能源管理系统建设的要求，实现线路能耗在线监测与统计分析，满足轨道交通节能减排需求，能源管理系统设置方案有如下两种：

（1）方案一：独立设置线路级能源管理系统。

线路独立设置能源管理系统，实现全线各车站和变电所水、电、燃气、热力的实时能耗数据采集及监测。线路能源管理系统由中心级、车站/变电所级、现场级及专用通信传输通道组成。线路能源管理系统在控制中心设置操作工作站、主备冗余能源管理服务器、接口服务器、交换机等设备，在车站、变电所设置现场通信控制器，在现场级由供电及机电专业配置电表、水表、热力表、燃气表等现场级设备，现场通信控制器通过100M独立专用通信通道将现场表计的数据上传至线路能源管理系统中心服务器。同时，根据运营需求，在控制中心网管室设置工作站，以显示能耗相关数据。

（2）方案二：不单独设置线路能源管理系统，由综合监控系统实现线路能源管理系统功能。

目前，供电专业及机电专业已根据能源管理系统建设的相关要求在现场就地设备上配置电能计量表计、燃气及热力计量表计和水计量表计，并已在车站级分别接入车站电力 PSCADA 和 BAS 系统，由于电力 PSCADA 和 BAS 深度集成到综合监控系统，综合监控系统在控制中心及车站已具备对全线各车站、变电所相关供电及机电系统的实时能耗数据采集与监测，从而实现线路能源管理系统功能。能源管理系统可根据运营需求，在控制中心网管室设置工作站。

3.4.3　系统方案分析

针对方案一，系统独立，但是需单独配置一套中心级和车站级的硬件设备，系统投资较高，增加了运营维护的成本；系统能耗监测功能与综合监控系统中 PSCADA 中的电能监测功能类似，存在功能重复配置的问题。

针对方案二，电表、水表、燃气及热力表计等由供电及机电专业配置，综合监控系统中心级和车站级已具备能源管理系统功能，且技术成熟，仅需在车辆基地等处设置现场通信控制器，即可完成对燃气、热力计量数据的采集，系统构成简单，设备投资较低。

综上，从经济性及避免重复投资、功能重复配置等方面考虑，普遍推荐采用方案二，即不单独设置线路能源管理系统，由综合监控系统实现对线路能源的管理功能，并预留与线网级能耗统计及监测平台接口的条件。

3.5　城市轨道交通供配电系统的节能发展

随着国内城市轨道交通的不断发展，供配电系统已经成为城市轨道交通的重要组成部分。随着方案创新、先进技术与新型设备的发展，在很大程度上推动了系统的节能。以上提及的系统节能方案、节能设备及能源管理系统等是系统节能的突出体现，也在国内轨道交通建设中得到应用，体现出了一定的节能效果，是值得肯定的。

在目前技术发展的基础上，轨道交通供配电系统节能技术和设备仍然在不断提高，供电和配电两方面都有所体现，是未来轨道交通供配电系统发展的新趋势。

在供电方面，部分城市的新建线路已经在研究和逐步在工程中落实柔性直流供电技术；在电压等级方面，直流 3000V 供电系统的技术也在重点研究中。

在配电方面，直流供电技术在工程中得到应用，基于光伏发电系统产生的直流电源，将其直接应用于轨道交通直流照明和直流动力设备的供电，也已在工程得到实践应用，充分地将新能源应用于轨道交通的动力照明设备用电，为配电节能提供基础条件。

第4章

城市轨道交通车站绿色智慧照明

4.1 城市轨道交通车站绿色照明概述

4.1.1 轨道交通车站照明能耗及节能措施

根据2006年以来国内轨道交通实际运营数据统计，典型地下车站日均照明用电量约为900～2000kWh/（站·天），照明能耗约占轨道交通总能耗的10%～15%，因此照明节能是轨道交通节能的重要内容。轨道交通中照明节能的主要措施包括：

1. 充分利用自然光

地面车站、车辆基地各地面单体、控制中心大楼等地面建筑应最大限度利用自然光，减少人工照明能耗。

2. 采用智能照明控制

由于地下车站常年需要人工照明，无法利用自然光。因此，按时段、分区域控制照明灯具，根据运营客流情况自动控制照明灯具数量或灯具照度以减少照明能耗。地面建筑物、地上车站可以根据自然光的照度控制建筑物或车站内照明灯具的开启数量和照度以达到节能目的。

3. 采用高效、高质量的照明灯具

在满足照明功能需求的基础上，尽可能采用高光效的照明灯具。近年来，轨道交通大量应用LED照明灯具，除提高光源光效外，还应注重提高整灯光效，从灯具制造工艺上直接降低照明灯具的用电功率，达到节能目的。另外，照明灯具的其他附件，如LED灯具整流器质量也尤为关键，高质量的整流器可提高照明电源质量，减少照明配电系统的谐波、大幅度提高照明灯具的使用寿命。

4.1.2 轨道交通车站绿色智慧照明发展趋势

1. 进一步挖掘照明灯具节能潜力

通过各级政府引导，自从20世纪90年代绿色照明工程得到了社会各界的广泛关注。2017年国家发展改革委、教育部、科技部等联合发布《半导体照明产业"十三五"发展规划》，明确提出到2020年LED产业发展目标，产品质量不断提高、结构持续优化、规模稳步扩大、产业集中度逐步提高、应用领域不断拓宽、市场环境更加规范等发展目标。LED 照明技术早已突破技术难点，"十三五"之前开通运营的轨道交通照明已临近寿命期，亟待升级更换为 LED 照明。在既有线改造、新建轨道交通大规模推广应用 LED 照明已成为可预见的未来轨道交通照明发展的大趋势。

2. 新技术跨界融合

随着大数据、物联网、5G 通信、新能源等新兴技术的飞速发展，智慧照明已成为普遍趋势。与信息技术、新能源技术高度融合的系统性提高照明节能效果，已成为可预见的发展趋势。目前，一些轨道交通已有成功的案例，比如太阳能与 LED 照明的结合、直流智慧照明等。新技术和 LED 照明的结合跨界融合将实现轨道交通照明节能的跨越式发展。

3. 实现轨道交通面向运营管控业务的需求

轨道交通面向运营管控的场景可分为车站运营管理和线网调度管理，不同管理场景的业务内容主要体现在运营前、运营中和运营后的三个阶段，具体场景及内容见图 4-1。

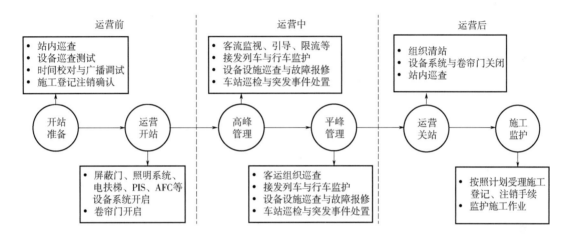

图 4-1　运营管控场景及内容

轨道交通照明的场景流程和内容如下：

（1）在运营前，依照照明设备的实时参数反馈至控制平台，对照明系统终端设备进行网络巡查，巡查合格后按照预设的场景模式，进行运营期间的照明模式启动。

（2）在运营过程中，利用大数据及蜂窝定位技术，对站台站厅客流实现监控，联动照明系统对站厅站台照明环境进行对应的高峰、平峰场景照明管理，在站台、站厅、换乘通道等重点区域，依照人群流量分布特征情况，进行相应的引导性照明。

（3）针对轨道交通进出站客流分析，对应站台的照明环境进行预测联动，提高屏蔽门相应照度值，如发现客流量异常等突发情况以便及时切换至应急照明场景。

（4）在运营结束后，根据大数据分析后的施工计划和条件，对区间照明按计划配合列车进行照明，完成施工计划后，按计划进行停运模式照明场景点亮。

4. 实现面向乘客的照明光环境需求

根据天气环境及空调系统、时段性、客流量、节日的大数据分析，进行相应的场景组合，对照明环境的整体照明气氛（色温、颜色）进行调节，提升乘客的照明环境主观感受，达到智能照明系统适应人的目标，满足智慧照明的要求。

城市轨道交通车站绿色智慧照明设计

4.2.1 照度标准

国内城市轨道交通照明设计主要执行《城市轨道交通照明》（GB/T 16275—2008）、《建筑照明设计标准》（GB 50034—2013）两部标准。部分市域（郊）铁路执行了《铁路照明设计规范》（TB 10089—2015）。应急照明（包括备用照明、消防应急照明）照度标准按《地铁设计防火标准》（GB 51298—2018）、《建筑设计防火标准》（GB 50016—2014）（2018 版）执行。另外，还可结合轨道交通运营部门的实际需求，设定局部范围内的照度标准。

以某城市轨道交通照度标准为例，在照明设计中说明照明参考平面、正常照明照度值、功率密度限值、应急照明照度值（包括备用照明、消防应急照明照度值）值统一眩光限值等，见表4-1。

表 4-1　某城市轨道交通照度标准

类别	场所	参考平面及高度	正常照明照度值/lx	备用照明照度值/lx	统一眩光限值	功率密度限值/（W/m²）
车站	出入口门厅/楼梯/自动扶梯	地面	150	15	22	≤5.5
	通道	地面	150	15	19	≤5.5
	站内楼梯/自动扶梯	地面	150	15	19	≤5.5
	售票室/自动售票机	台面	300	30	19	≤8.0
	检票处/自动检票口	台面	300	30	22	≤8.0
	站厅（地下）	地面	200	20	22	≤8.0
	站台（地下）	地面	150	15	22	≤5.5
	站厅（地面）	地面	150	15	22	≤5.5
	站台（地面）	地面	100	10	22	≤4.5
	办公室	台面	300	—	19	≤11.0
	会议室	台面	300	—	19	≤11.0
	休息室	0.75m 水平面	100	—	19	≤4.5
车站	盥洗室、卫生间	地面	100	—	19	≤4.5
	车站控制室	台面	300	300	19	≤8.0
	变电\机电\通信等设备用房	1.5m 垂直面	150	75	22	≤5.5
	应急照明电源室	工作面	150	150	22	≤5.5
	消防泵房、排烟风机房	工作面	100	100	22	≤4.5
	普通泵房、风机房	地面	100	10	22	≤4.5
	冷水机房	地面	150	15	22	≤5.5
	风道	地面	10	—	22	—

（续）

类别	场所	参考平面及高度	正常照明照度值/lx	备用照明照度值/lx	统一眩光限值	功率密度限值/（W/m²）
线路	隧道	轨平面	5	—	22	—
	地面/高架线	轨平面	5	—	22	—
	道岔区	轨平面	20	—	22	—
		轨平面	100	—	22	—
控制中心	中央控制室	台面	300	300	19	≤8.0
	计算机房	台面	500	500	19	≤15.0
	会议室	台面	300	—	19	≤11.0
	办公室	台面	300	—	19	≤11.0
	档案/资料室	台面	200	—	22	≤5.5
	设备间	地面	150	15	22	≤5.5
	盥洗室、卫生间	地面	100	—	19	≤4.5
车辆基地	车场线	轨平面	5	—	22	—
	试车线、道岔区	轨平面	10	—	22	—
	停车列检库	地面	100	10	22	≤5.0
	检修坑	地面	100	—	22	—
	检修库、静调库	地面	200	20	22	≤5.0
	调机库、工程车库	地面	100	—	22	≤5.0
	洗车库	地面	100	—	22	≤5.0
	信号控制室	台面	300	150	19	≤8.0
	一般件检修间	0.75m 水平面	200	—	22	≤8.0
	精密检修间	0.75m 水平面	300	—	22	≤12.0
	试验室	台面	300	—	22	≤11.0
	压缩空气站	地面	150	—	22	≤5.0
	一般件仓库	0.75m 水平面	100	—	22	≤3.5
	段内道路	地面	5	—	22	—

　　需要说明的是，自从21世纪初照明功率密度限制值的概念引入以来，提倡高效光源的应用，在达到相同照度值的情况下减少照明用电容量，对减少照明能耗，达到节能的目的起到了重要作用。《城市轨道交通照明》（GB/T 16275—2008）编制、颁布距今已有13年，《建筑照明设计标准》（GB 50034—2013）距今也有8年，标准编制时期，LED照明由于受当时技术的限制并未广泛应用，主要是以节能荧光灯为主。因此，部分场所照明功率密度限制值偏高。新的《建筑节能与可再生能源利用通用规范》（GB 55015—2021）中对照度标准及照明功率密度限制值的取值已有较大的修改调整。《城市轨道交通照明》（GB/T 16275）、《建筑照明设计标准》（GB 50034）更新后，可按此新标准进行设计。

4.2.2　合理选择照明方式

城市轨道交通对车站公共区照明要求较高，应选用混合照明的方式。除在相关运营作业（如自动售检票、人工售票、安检等）旁边设置局部照明外，车站公共区域应在墙壁或者柱子上增加照明灯具或广告灯箱，增加垂直照明照度。如果采用单一的照明方式，势必消耗大量的电能方能达到高照度，而采用混合照明的方式，可以以较低的功耗达到高照度的要求，较一般照明节约大量电能。

高大空间的车辆基地列检库、运用库等，在顶部采用一般照明方式，同时在墙壁或柱子上设置照明灯具，也可达到节能的目的。

4.2.3　照明系统谐波限制

LED 灯具及驱动电源（整流器）、节能荧光灯及电子镇流器、调光控制设备都是照明系统的谐波源。谐波电流在照明配电线路中会产生损耗，不利于节能。谐波造成灯具过热，同时会减少灯具使用寿命。谐波对轨道交通通信、配电系统产生干扰，会使某些设备误动。因此，必须对照明系统的谐波采取相应措施加以限制。

照明系统的谐波限制值必须符合《电磁兼容限值谐波电流发射限制（设备每相输入电流≤16A）》（GB 17625.1—2012）的规定。照明灯具、调光设备等按 C 类设备限制值。谐波限制措施包括：

1. 照明灯具、设备自身谐波限制

当采用 LED 灯具，对其驱动电源应做出明确的谐波限制值。轨道交通 LED 灯具的驱动电源谐波限制值应不大于 10%。

当采用调光照明控制系统时，对调光照明控制设备应做出明确的谐波限制值。轨道交通调光照明控制设备谐波限制值应不大于 10%。

2. 照明配电系统谐波限制

照明配电系统三相应尽量平衡，不平衡度不大于 10%。

配电变压器应选择 D，yn11 接线型式的三相变压器，有利于限制配电系统的谐波。

如果经运营测试，采用以上措施后照明系统的谐波仍然较高，应在照明配电室集中设置滤波装置对照明配电系统的谐波进行消除。

4.2.4　智能照明控制

轨道交通应采用智能照明控制，智能照明控制可实现时间控制、声光控制、红外线控制等，可调节光源功率和电源，实现监视照明系统的运行状态或灯具状态，获取照明能耗参数，提高运营管理水平，节省人力资源。

1. 智能照明控制的目的

1）通过各种照明控制方式节约照明能耗。

2）提高照明系统的可靠性。

3）满足轨道交通运营功能需求，为轨道交通提供舒适的光环境和艺术氛围。

4）延长灯具使用寿命。

2. 照明控制方式

（1）时间控制 根据运营状况预先设定控制时间，触发相应的照明模式，使其按照明配电回路、照明区域开启或关闭部分灯具，满足照明功能需求，达到节能的目的，这种方式已在国内轨道交通中广泛应用。

这种控制方式可结合轨道交通客流情况对车站站台、站厅内照明灯具进行调光控制或开关控制，在非客流高峰期可以进行调光，将照度降低到50%～70%，或者将照明灯具只开启30%～50%；停运期间调光到10%～20%，或者将照明灯具只开启10%。这种照明控制方式的应用可以大大降低照明能耗。通过调光控制，可以延长LED照明灯具的使用寿命，节约照明成本和维护费用。

（2）恒照度控制 高架车站、地面车站、地面车辆基地各单体建筑、其他地面建筑物宜采用恒照度控制，这种照明控制方式主要是利用自然光作为轨道交通中各类场所的照明补充，在满足照度要求的情况下，通过照度传感器自动开启或关闭场所内的灯具，以达到节能的目的。

（3）就地控制 对于轨道交通车站设备区、车辆基地小开间房间，可采用面板开关控制，每个照明开关控制的光源不宜过多。房间内设有多列灯具时，应采用分组设多个开关面板。

4.2.5 照明灯具选型

正确选择照明灯具及附件是照明节能的核心内容。轨道交通作为使用照明灯具的大户，通过选用效率高、使用寿命长的灯具替代低效率灯具可大大降低照明能耗。轨道交通照明灯具选型应重点注意以下几点：

1. 使用高光效的光源

LED是一种半导体光源，随着技术进步，其光效从十几年前的60lm/W，逐步发展到200lm/W以上，光源寿命长达30000h以上。自2009年，深圳地铁在蛇口线大量应用LED灯具以来，逐步在全国轨道交通中推广应用。目前，国内轨道交通照明光源已实现以LED作为主，节能荧光灯为辅，全面淘汰了白炽灯等低光效光源，国内轨道交通采用的LED光源的光效应不低于120lm/W。荧光灯应采用细管径T5荧光灯管，光效应不低于100lm/W。

2. 采用高光效灯具

除采用高光效的光源外，整灯的光效尤为重要。即使采用了相同光效的光源，由于整灯设计不同，其效率也大不相同。

在满足照明眩光限制要求的情况下，应优先采用直接型照明灯具，不宜采用带漫射透光罩的灯具或装有格栅的灯具，直接型灯具比带漫射透光罩或装有格栅的灯具整灯光效至少高20%。

因此，轨道交通在采用高光效LED灯具的同时应注意整灯光效，车站内灯具的效率不应低于70%，尽量少用或者不用带磨砂罩（磨砂玻璃、PC材料面板）的灯具。

3. 选用配光合理的灯具

高品质的灯具配光可以使光的利用率显著提高，达到最佳节能效果。在城市轨道交通车站灯具安装高度6m以下时，应采用宽配光灯具。高大空间车站、车辆基地的列检库、运用库等灯

具安装高度6m以上时，应采用窄配光灯具。灯具具体的配光曲线应根据建筑形态、室形系数来选用。

4.2.6 装饰照明的节能要点

轨道交通车站装饰照明主要用于车站站厅、站台公共区，已成为展示地域文化，体现轨道交通的空间艺术性的重要元素。轨道交通车站装饰照明既要体现文化艺术性，又要节约能源。

1. 采用多种照明方式相结合

直接型灯具虽然光效最高，可达到90%～100%，但照明方式单一、照明艺术性欠佳。漫射灯具、间接照明可通过各种形式的漫射透光灯罩、反射面将光线均匀地投射到四面八方，光效较低，但可以营造柔和的照明效果，突出显示车站顶部的文化艺术元素。因此，应采用多种照明方式相结合的照明方式。

2. 利用墙面广告照明增加垂直照度

车站站厅公共区墙壁、站台轨行区都设置了大型广告照明。利用广告照明可以增加站厅、站台的照度。因此，在设计计算公共区照度时，应将广告照明的照度计入公共区照明照度。这样，可减少在站厅、站台顶部安装的灯具数量，减少照明能耗。另外，通过广告照明灯箱补充的垂直照度使车站公共区空间增加了层次感，更好体现了文化艺术氛围。

3. 装饰要素标准化

涉及照明体现的装饰要素方案不宜过多，应尽量标准化，可限制在几个方案内或由几个方案相组合，这样既可保证全线照明整体效果，提高照明效率，节省投资，又能减少非标灯具、灯带及后期运营维护的工作量。

4. 装饰灯具应纳入智能照明控制

装饰灯具也应纳入智能照明控制范围。在不需要重点突出展示文化艺术氛围的情况下，应自动关闭装饰照明，节约用电。

5. 装饰灯具应纳入公共区功率密度限制值

应根据《建筑节能与可再生能源利用通用规范》（GB 55015—2021）、《城市轨道交通照明》（GB/T 16275—2008）、《建筑照明设计标准》（GB 50034—2013）测算轨道交通站内公共区照明的功率密度限制值。按照《建筑照明设计标准》（GB 50034—2013）6.3.16条及《照明设计手册》（第3版）中第二十三章第三节，装饰灯具总用电功率的50%计入照明功率密度限制值计算，从总体上控制装饰灯具的能耗。如果照明功率密度限制值超过规范要求，则应从装修方案、灯具选型上进行修正，确保照明功率密度限制值满足规范要求。

4.2.7 天然光的利用

天然光取之不尽，用之不竭，轨道交通应充分利用天然光大幅度降低照明能耗。

1. 地面建筑物

轨道交通地面建筑物包括地面车站、高架车站、车辆基地各地面单体建筑、OCC控制中心等。这类地面建筑物的建筑设计方案应符合《建筑采光设计标准》（GB 50033—2013），地面车站、高架车站建筑站厅、站台应采用钢结构玻璃幕墙结构，利用天然光进行恒照度控制，以大幅降低车站的照明能耗。

2. 地下建筑物

轨道交通地下建筑物包括地下车站、地下车辆基地等。这类建筑需要常年采用人工照明，是轨道交通照明能耗的大户，宜通过照明系统将天然光引入地下。地下车站利用天然光需要一定的条件，当车站设置在绿化区域下或其他有条件设置采光器的情况下，应结合车站土建设计预留安装采光器的设置。地下车辆基地则适合采用光导照明系统引入天然光。

4.3 绿色智慧照明创新技术

4.3.1 智慧照明技术

随着物联网、5G、大数据技术的迅速发展，智慧照明目前已经逐步在世界范围内推广应用。在我国也已经有不少城市在使用这种新技术来进行智能运维管理、挖掘节能潜力，进一步降低能耗，节省运维成本。

智慧照明主要由集中控制器、节点控制器、视频检测器和云平台四部分组成，支持 Android、Web、IOS 等主流平台。智慧照明平台具有高效节能、管理优化、稳定可靠、配置灵活的特点。可实现远程监控和可视化操作，可以对任意一盏灯具、任意一个配电回路灯具或任意自定义区域内的灯具进行开关灯、调光；可在车站平面图上对每盏灯进行手动操作，也可以自动完成开灯、关灯、调光功能，每个单灯的故障报警信息可以在车站平面图上动态显示。可以实时根据客流量来调节站内、出入口通道内照明的照度，做到精细化控制和节能。同时，智慧照明还具备自动检测、主动报警、设备信息维护、系统管理等众多人性化功能。当需要维修或更换时，能通过 5G 智能手机或 iPad 通知运维人员。智慧照明系统可作为车站智慧系统的子系统，集成到车站智慧系统中。

智慧照明可完全实现无线移动控制，摒弃目前应用的有线控制系统，节省大量的控制管线和安装工程量，大大节省一次建设投资，减少后期运营维护工作量及运维人工成本。

4.3.2 光伏、天然光导光一体化系统

将导光管天然光采光系统与光伏发电、新能源储能技术相结合，可解决导光管天然光采光系统夜间无法使用的问题，更加节约电能。

白天车站、车辆基地外集光器直接捕获自然光，通过导光管高效反射传输后，经由站内、车辆基地建筑内漫射器均匀散射至室内各个角落。

白天集光器内嵌太阳能电池组件采集天然光，经光伏效应将光能转换成电能后存储在蓄电池或超级电容内，可供夜间站内、车辆基地建筑内的 LED 照明使用。

4.3.3　光伏、直流照明一体化系统

随着太阳能光伏发电、LED 直流照明技术的日趋成熟，将两者相结合，可更进一步节能。目前，太阳能光伏发电需将产生的直流电经过逆变器变换成 220V 交流电。如果将太阳能光伏发电、LED 直流照明技术相结合，可以减少逆变装置，太阳能光伏发电-直流照明配电系统内的谐波含量为 0，直流照明系统相较交流照明系统功率因数显著提高，照明配电线路损耗大幅度降低。由此，显著提高了光伏发电的使用效率。

4.4　城市轨道交通车站绿色智慧照明应用实例

4.4.1　北京大兴国际机场线照明的设计与应用

1. 项目概况

北京大兴国际机场的地铁线路全称为北京大兴国际机场线，简称大兴机场线（图 4-2）。大兴机场线是北京市轨道交通"十三五"规划中的一条骨干线路，是落实北京城市总体规划、促进京津冀协同发展的重要组成部分，也是北京大兴国际机场"五纵两横"配套交通工

图 4-2　北京大兴国际机场效果图

程中的快速、直达、大运量的公共交通服务专线、快线，将对加速京津冀地区经济融合、助力新引擎建设起到积极推进作用。

该工程在协调建设管理、投融资模式上创新多、标准高，在设计、建造、设备、运营等方面都采用了大量新技术和高标准。大兴机场线一期共设三站，全长 41.36km，北起丰台草桥，南至北京大兴国际机场。全线共设三座车站，分别为大兴机场站、大兴新城站、草桥站。

2. 以"丝路文化"为主题的照明设计方案

在地铁的设计体现中，更多的是折射出一座城市背后的底蕴。大兴机场线以"一带一路"丝路文化为全线概念设计主题。大兴新城站"海纳百川"的海上丝路、北航站楼"翔舞长空"的空中丝路，设计中提取故宫建筑红柱飞檐的中国传统元素，展现了独特的北京韵味。体现纽带、连结、交流融合、惠畅通达的意蕴，传递出和平合作、开放包容、互学互鉴、互利共赢的国家精神。

照明设计作为内装设计中一个重要的环节，正是有了灯光的无处不在，新机场线才有了创意绽放和明亮舒适的氛围。在这人潮汹涌的地方，似乎都变得让人流连忘返，让等候与旅程成为

享受。

　　光是一个超建筑材料,真正好的灯光设计可以完全与建筑空间相融合并且焕发出自身的光彩。地铁照明设计的关键在于灯光需要满足建筑的空间特性(高落差、大纵深、高集成、全封闭)和人的活动特性(安全性、单向性、快速性、潮汐性、周期性),在针对项目建设背景和现场勘察分析后,照明设计的深化已充分考虑到项目的特殊性,因地制宜倾力打造。

　　在新机场线的照明设计中,西侧站台设计风格、手法上采用和机场一致的方法,以行云流水的飘带向不同方向发散引导客流,营造与机场换乘厅统一的空间效果,架起我们新时代的"空中丝路"。在照明效果中体现丝带的线性照明与孔板内透的装饰照明相结合,以呼应空中丝绸之路的设计理念,孔板中的内透光会与户外日光联动,根据一天中日光的色温与明暗变化做出相应的变化,营造出五彩天空的概念,如图4-3所示。

图 4-3　大兴新机场线车站实景图

　　大兴新城站中以船和水波纹为设计元素,运用抽象化的表现形式,以铝板和方通有序组合,结合灯光对空间进行塑造,营造出现代、简洁、灵动、具有生态气息的地铁空间。灯光结合天花结构营造出海浪涌动的场景,灯光的路线也因此随着水面游走,分布于波浪造型的天花板上,亮灯时如粼粼波光,与顶部波浪设计紧贴的灯路清晰绵长,有光的陪伴和指引,效果自然更为生动出色。海上丝绸之路上的灯光与大国文化相互兼容并蓄,形成了新的共生合力。

　　东侧的离岗站台,设计师将中国红及中国古建的飞檐结构融入空间设计中,为表现这种极具中国文化的颜色和结构，在设计中特别选用了琥珀色灯光，来表现中国文化的恢宏。延展一场穿越古今的对话，将中国传统文化与现代人居诉求融于一体，再现了东方的传统魅力，如图4-4所示。

此外，东侧站台还设置了长达140m的巨型激光投影来传播中国文化，为优化乘客的乘车、观看双重体验，照明与投影也实现联动，在投影时降低空间照度，提高观影感受。在光效的带动下，让整个地铁站内部空

图4-4　大兴新机场线车站实景图

间不时地变幻出各种形态，令乘客在候车时也不会觉得枯燥与乏味。

3. 通过定制实现灯具与建筑空间的完美融合

新机场线中，灯具和照明方式的变化对人的视觉影响表现得相当突出，特殊造型的灯具更是如此。大兴机场线的内部结构突出行云流水，灯具也跟着天花造型作出各种变化，从造型到安装到技术性能上去适应空间的需要。当然，在设计和施工当中，重中之重就是要解决灯具与建筑空间相融合的问题。

为了让极具中国特色的文化风格呈现于整个设计方案当中，针对不同的中国形态，进行文化元素的提取，并用于定制化灯具的开发当中。在整个照明解决方案中，定制灯具占灯具使用总量的70%，如图4-5所示。

建筑的灵感来源于动态的几何与移动加叠后的扭曲感。在设计上以"空中丝路"为全线设计概念的新机场地铁线，顶部灯具造型飘逸，契合了"丝路飞天"的照明设计主题，在方案实施中由于线性灯具外壳材质的物理特性无法进行"麦比乌斯环"式的扭

图4-5　大兴新机场线车站实景图

曲，经过项目现场勘察后考虑应用环境的复杂性、安全性和后期维护难等各种因素，多次设计灯具结构，从建模、开模、打样、验证，经现场试样后终于完美地解决了灯具与建筑空间相融合的问题。

4. 绿色照明助力节能减碳

新机场线不仅以"中国速度"完美助力凤凰腾飞，更在设计上相互辉映，呈现出的盛世"中国范"，为古老而又现代化的北京，增添了一处地下盛景。北京大兴国际机场线围绕"丝绸之路"进行设计：草桥站采用"陆上丝绸之路"，大兴新城站采用"海上丝绸之路"，北航站楼采用"空中丝绸之路"，在建造的过程中避开了防护林带，降低了粉尘和噪声污染。

智能化方案的运用对于大型基建项目必不可少。智能照明控制系统通过系统优化不但能满足超高层建筑多功能的复杂控制需求，还能达到降低照明能耗的目的。基于对地铁内部结构和采光特点的观察，采用智能数字化照明方案，项目提出了兼顾舒适、明亮与节能的照明方案。在站厅和站台艺术孔板照明灯具的使用中，通过智能控制可模拟一天当中日光的色温和明暗的变化，调光调色，营造出不一样的明亮空间与灵动的光影变幻。

4.4.2 上海地铁 17 号线智能化照明应用

1. 项目概况

上海地铁 17 号线东起虹桥火车站，沿崧泽大道南侧平行西行跨越 G15 沈海高速公路后转沿盈港东路、盈港路西进青浦城区、淀山湖新城，进入朱家角地区后走向沿沪青平公路南侧平行至东方绿舟。17 号线直接串联起朱家角镇、青浦城区、青浦新城、赵巷镇、赵巷商业商务区、徐泾镇、华新配套商品房基地、国家会展中心、虹桥枢纽等重要地区，并间接辐射青浦区西部的西岑、金泽等乡镇。其中诸光路站更是获得了"亚洲首个地铁 LEED 认证"，开启了我国轨道交通建设绿色认证的新征程。

2. 以水乡文化为主题的设计方案

上海地铁 17 号线整体装修设计布局以"灵秀水乡，上海之源"为概念主题，以体现青浦水乡的文化特色。比如，朱家角站，就以青浦非物质文化遗产"摇快船"为文化元素，以方形窗格为天花和站名墙元素，塑造空间，增添高架站地域景观主题风韵。而诸光路车站在装修设计中则首次采用了透明式大中庭设计，引入自然光线直至乘客候车的站台层。来到诸光路车站，不会错过的还有大

图 4-6 上海地铁 17 号线地铁站

型陶艺装置《诸光开物》，它用万花筒、四叶草等传统元素进行融合创作，演绎出了自然、人文、智慧之光，将美轮美奂的画面展现在公众面前。这面艺术墙长 80m、高 3m，是目前上海地铁中最大的一面艺术墙。另外，在嘉松中路站乘客可以看到站台顶上连绵的大叶子造型，颇具特色。

设计中考虑美观同时，还要考虑乘客的舒适度。17 号线全线车站室内墙面都使用了能够蓄能蓄光的负氧离子涂料，以降低室内空调电力消耗，释放负氧离子改善空气质量，从而为乘客提供更优质的环境，如图 4-6 所示。

3. 智能化照明系统的应用

地铁站结构复杂人流量大，照明需求本就较大。在此基础上，更要满足 LEED 的节能环保要求，无疑更加大了设计难度。因此以智能照明为主导的解决方案应运而生：配合地铁站的自然采光顶棚，采用 DALI 智能调光系统以实现点对点精准调控，从而有效降低了能耗减少了光污染，如图 4-7 所示。

图 4-7　上海地铁 17 号线诸光路站

同时根据站点人流情况、高峰时段、加开班次等特性，设定了不同的照明场景模式，不同时间段呈现不同的照明效果，精准满足照明需求，将节能环保做到极致，见图 4-8。

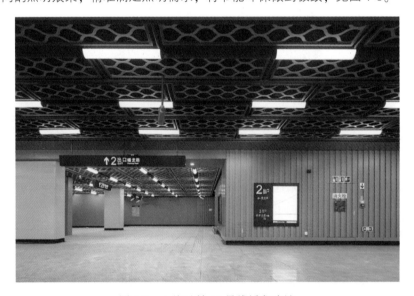

图 4-8　上海地铁 17 号线蟠龙路站

另一方面，智能化照明系统的应用也满足了人性化需求。所谓人性化，即以人员的心理感受为最主要的考量标准，而非一味地追求照明标准的达成。因此用智能调光系统模块化用光，不仅节约能源更注重体验者的舒适感受，见图4-9。

图4-9　上海地铁17号线淀山湖大道站

在17号线的其他站点设计中，绿色环保同时配合以人为本的原则。细节注重条形灯具的延伸空间，使观感更为舒适；同时通过合理安排灯具间距，避免了过度照明，减少了能耗，见图4-10。

图4-10　上海地铁17号线漕盈路站

第5章

城市轨道交通给水排水系统

5.1 城市轨道交通给水排水系统概述

城市轨道交通给水排水系统主要包括车站、车辆基地和其他地面建筑的应用。

1. 轨道交通车站给水排水系统

车站给水排水系统主要包括给水系统、排水系统、消防系统；其中，车站给水系统包括给水水源引入系统、生产生活给水系统；车站排水系统包括污水系统、废水系统、雨水系统；车站消防系统包括消火栓给水系统、自动喷淋灭火系统、灭火器配置、气体灭火系统。

2. 轨道交通车辆基地给水排水系统

车辆基地给水排水系统主要包括给水系统、排水系统、消防系统；其中，车辆基地给水系统又包括给水水源引入系统、生产生活给水系统、室外给水管网系统、太阳能热水供水系统或空气源热泵供水系统（根据情况设置）；车辆基地排水系统包括生产废水排水系统、含油废水处理系统、生活污水排水系统、MBR 污水处理系统、重力流雨水排水系统、虹吸雨水排水系统（根据情况设置）；车辆基地消防系统包括消火栓给水系统、自动喷淋灭火系统、灭火器配置、气体灭火系统、消防炮系统（根据情况设置）。

3. 其他地面建筑（如主变电所等）给水排水系统

其他地面建筑给水排水系统主要包括给水系统、排水系统、消防系统；其中，给水系统包括给水水源引入系统、生产生活给水系统；排水系统包括生活污水排水系统、雨水排水系统、废水排水系统；消防系统包括消火栓给水系统、灭火器配置、气体灭火系统（根据情况设置）。

5.2 城市轨道交通给水排水系统的"绿色化"

5.2.1 评价指标体系的建立

建立工程项目建设全过程的评价体系及评价标准，以此来指导工程建设与运营管理，确保轨道交通给水排水系统建设达到"绿色化"的标准。

轨道交通给水排水系统"绿色化"评价指标体系主要由能源（节能与能源利用）、水（节水与水资源利用）、材料（节材与材料资源利用）、运营（运营管理纳入）四个主要的方面组成。

评价指标分为控制项、评分项两类。控制项是绿色轨道交通建筑的必要条件，所以不同等级的绿色轨道交通建筑均应满足所有控制项的要求；评分项为评价绿色建筑指标的评分条款。

评价分级按满足一般项的程度，由低到高划分为三级（一星、两星、三星）。

5.2.2　给水排水系统绿色节能要点

轨道交通给水排水系统的设计与建造，需要综合考虑当地实际情况，合理规划与布局线路。给水系统的设计要考虑地势对于水压、水量的影响，要区分生活用水与消防用水。排水系统设计要根据当地年降水量，综合考虑排水效率，在系统承载能力上留有冗余。泵站及管路的设计，也需要进行合理规划。同时，应积极采用节能、节水、绿色环保技术，提高城市轨道交通给水排水工程质量。

1. 节能

给水排水系统的节能设计，应重点关注以下方面的措施及技术应用。

（1）提高城市轨道交通装备节能标准　考虑到轨道交通的特殊性与影响性，城市轨道交通给水排水系统设备节能标准应高于一般楼宇建筑设备的标准，并应严格规定，以便在设计选型、设备采购时有据可依；另外在轨道交通装备的招标采购中，应将节能作为重要指标，而不应简单地采用低价中标原则。

（2）建立城市轨道交通设计节能标准　亟须根据气候、地理特点，逐步建立完善各种能耗标准，指导与考核城市轨道交通工程节能设计，并作为项目审批的条件。

（3）研究采用新型能源　结合实际及科学技术发展趋势，探讨研究并大力推广太阳能等新型能源在城市轨道交通中的应用。因城市轨道交通能耗总量巨大，若能合理使用这些新型能源，会产生很好的经济和社会效益。

（4）加强城市轨道交通运营节能管理　城市轨道交通的能耗水平既与设施是否先进有关，又与运营节能管理是否到位密切相关。运营部门应充分了解设备系统的节能设计思想，按照设计模式进行系统控制，并根据具体情况进行优化。

（5）大力推广高效、低能耗的新型设备及系统　如基于物联网技术的智慧消防泵房，应选用一、二级能耗的水泵设备等。

（6）管网监测系统的应用　可在车辆基地室外采用给水管网监控系统，通过合理设置压力传感器和远传水表，实时采集数据，让用户及时、完整、正确地掌握基地内各给水系统的运行状态，帮助用户快速诊断出给水系统漏损、超压等问题。

（7）污染的减量化技术应用　车辆段的洗车废水采用成套处理设备处理回用，减少排入市政排水管道的废水量。按需设置集水沉砂池、化粪池，对污废水进行预处理，减少排入市政排水管网的污废水浓度。

（8）系统高效化设计　在满足功能要求和安全可靠的前提下，尽可能采用数字化、网络化、智能化高能效设备。系统设计时应规范各设备接口协议、兼容性、控制模式、接口开放程度及互联互通程度等相关内容。

（9）建立能源管理系统　结合节能监测管理需要及现阶段轨道交通节能系统技术的发展水平，按运营功能区域设置网络连接，构成全线的能源质量管理系统及指标体系，如能量动态监视、计量计费、评价管理、故障分析等。

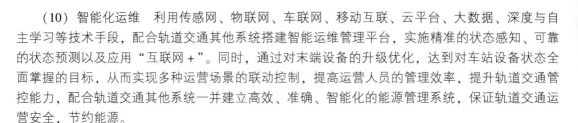
（10）智能化运维　利用传感网、物联网、车联网、移动互联、云平台、大数据、深度与自主学习等技术手段，配合轨道交通其他系统搭建智能运维管理平台，实施精准的状态感知、可靠的状态预测以及应用"互联网＋"。同时，通过对末端设备的升级优化，达到对车站设备状态全面掌握的目标，从而实现多种运营场景的联动控制，提高运营人员的管理效率，提升轨道交通管控能力，配合轨道交通其他系统一并建立高效、准确、智能化的能源管理系统，保证轨道交通运营安全，节约能源。

2. 节水

轨道交通给水排水系统的节水措施主要通过建筑雨水的收集利用、污水处理与回收利用、节水器具的采用等手段实现。

（1）建筑雨水收集利用　轨道交通的车辆基地等建筑一般覆盖面积较大，这为雨水收集利用提供了较大空间，对城市地表径流、城市雨水收集利用效果具有重要的影响作用。在设计中可结合景观设计对灌溉及水土保持的要求，将收集的雨水通过技术以灌溉的方式加以回用，通过协调下凹式绿地与周边道路高程存蓄雨水，有效减少该区域绿化用水。

（2）污水处理与回收利用　主要指对车辆段、停车场等车辆基地的污水进行处理与回收利用，生产废水经中水回用处理技术处理后，可用于车辆基地内的浇洒道路、绿化等，以节约城市自来水消耗量，利于社会水资源集约化管理。

（3）节水器具及计量设备的应用　轨道交通各车站、车辆基地选用国家推荐的节水型卫生器具，并采用供水的三级水表或智能远传水表计量，以达到节水节能的目标。

3. 环境保护

针对轨道交通车站各出入口、各风亭旁的绿化植被，大力推广设置冲洗栓或滴灌系统，定期浇洒，美化轨道交通环境。

5.2.3　新型材料及创新技术的应用

轨道交通给水排水系统位于地下密闭空间，安全稳定的管线及设备设施是保障系统运行的关键。水体管道的安全耐久、泵站的高效运行、设备管路的维护保养及水处理等方面都尤其重要，下面列举几项已在实际轨道交通项目中采用的创新技术，可作为应用示范。

1. 新型给水排水用复合管材

（1）热熔对接钢丝网增强聚乙烯复合管道　钢丝网增强聚乙烯复合管材是以缠绕在管材中分布均匀的高强度钢丝为增强骨架，其内外层以高密度聚乙烯为基体，并通过热熔胶复合经连续挤压而成型的新型环保管材。这种复合管克服了钢管和塑料管各自的缺点，而又保持了钢管和塑料管各自的优点。具有耐压、抗冲击、耐腐蚀、卫生性能好、使用寿命长等优点，特别是在柔性、耐蠕变性、耐环境应力开裂、承受强度的韧性方面，其优越性更加明显，可有效解决金属管道易腐蚀的缺点，同时克服了非金属管道不耐压、力学性能差的缺陷。此类管道可适用于轨道交通生活、生产系统的给水。

（2）埋地排水用聚乙烯共混聚氯乙烯（简称"MPVE"）双壁波纹管　MPVE双壁波纹管是通过刚性材料与柔性材料，工程塑料与通用塑料等高分子共混加工而成的新型管材，实现了各种材料的优势互补，使管材刚柔兼备，轻质高强，性能卓越，材料本身的刚度是PE和PP的2～4倍，口径可达DN1400mm。

MPVE 双壁波纹管道采用全塑料、非缠绕一体成型的新工艺，质量稳定，性能可靠，管材自带承口柔性连接接口，承口连接处环刚度与管材本体环刚度差距小，可避免传统 PVC-U 等排水管材因管材接口环刚度低，长期系统密封性差而导致渗漏的现象。MPVE 可适用于轨道交通污水、废水的排放。

2. 泵站用潜水轴流泵

由于地铁的地面低点标高通常都比周围市政排水系统的标高低，无法以重力流的形式接入市政排水系统，因此，地铁车站都需要设置排水泵站。泵站的建设必须涉及水泵的选型，为了保证泵站的安全、可靠、长久的运行，应选用节能高效、维保简便的新型水泵。由于潜水轴流泵为电动机与水泵合成一体，潜入水中运行，管路系统简单，具有抗堵、安装维修方便、噪声小、无振动、抗水淹、对周围环境阻碍小、运行费用低等诸多优势，目前在泵站建设中被普遍采用。以飞力潜水轴流泵为例，如图 5-1 所示，在重庆轨道交通 9 号线一期工程中就采用了多套此泵型。

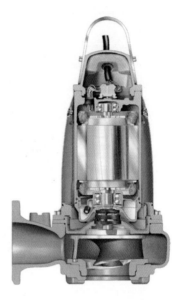

图 5-1 飞力潜水轴流泵

飞力潜水轴流泵具有低扬程、大流量的特点，为无堵塞水泵，采用创新叶轮，不论水体有多脏，都不会发生堵塞。最高节能可达 25%，如选用高效电动机和智能控制系统总体节能率可达 70%。其中，飞力 N 泵系列，可定制水力部分以满足几乎所有的应用要求。对于典型的污水应用，可选用硬化铸铁型；对于切断长纤维或固体的应用，可选择切割型。有腐蚀性介质的可使用高铬铸铁型。流量：$0 \sim 11800 \text{m}^3/\text{h}$，扬程：$2 \sim 108\text{m}$，额定功率：$1.3 \sim 680\text{kW}$。飞力可通过计算机流体动力学 CFD 技术，对泵站进行分析模拟，为泵站设计提供最优的解决方案，从而降低项目的风险并节约时间和资金成本。

3. 智能缠绕式感应水处理技术

该技术是利用感应式电磁场结构，由主机输出若干高频脉冲信号群至多组电感线圈上，并在电感线圈上产生电磁场形成磁场线，磁场线不断切割水中流动的钙镁离子，扰乱水分子排列次序，改变水分子结构，使晶体表面光滑无法附着在金属内壁上从而形成流离状态，从排垢口排出，达到防垢目的。另外，由于水中的离子由正电荷与负电荷组成，通过高低频磁场的反向冲击自然产生微弱的电流，可有效起到除锈、防腐、杀菌、灭藻的作用。

该技术由缠绕式全频道感应水处理器和绕组线圈组成，其中，绕组线圈直接在管道外安装，不增加水流阻力，无须改选管道，无须停机。缠绕式全频道感应水处理器采用微型计算机控制，具有自动报警功能，可根据管道的实际流速多档位调整，采用全物理全频道的方式对水质进行处理。

缠绕式全频道感应水处理器是一种高科技环保产品，建议安装在需要保护的设备进水端，除垢除锈、杀菌灭藻效果明显，运行成本极低，是理想的纯物理方式的水处理设备。全频道智能感应式水处理器与旁滤立式不锈钢高精度过滤器可配套使用，还可以安装管道视镜（内部可视）接头随时查看管道内部情况，如图 5-2 所示。

该技术由水大陆环保提供，目前已在广州地铁、苏州地铁等国内众多轨道交通车站项目上采用，主要用于空调水系统管路的处理，如图 5-3、图 5-4 所示。

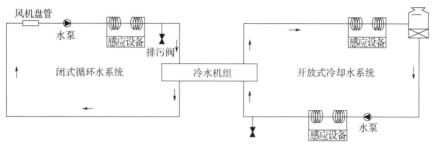

图 5-2　安装示意图

图 5-3　绕组线圈安装与感应式水处理设备

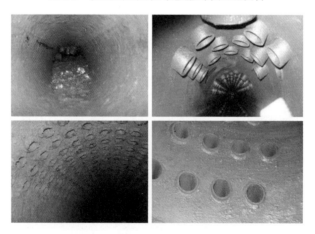

图 5-4　管路处理前后效果对比图

5.3　城市轨道交通给水排水系统"绿色化"控制要求

　　轨道交通车站由于功能以公共交通为主，轨道交通车辆基地及沿线其他大型地面建筑应结合用水量、水压、节水洁具、绿化面积、屋面面积等，综合考虑选用民用建筑的"绿色化"控制标准。另外，车辆基地中除包含公寓居住建筑、公共建筑，还包括运用库、检修库、物资总库等工业建筑。因此，本节内容按民用建筑、工业建筑两大类进行控制项描述。

5.3.1 轨道交通车站等民用建筑给水排水控制项要求

给水排水专业控制项共8项，需全部满足，详见表5-1。

表5-1 民用建筑给水排水"绿色化"控制项要求

控制项编号	控制项目	设计文件	具体内容及要求
1	应制定水资源利用方案，统筹利用各种水资源	1.《水系统规划设计评审表》 2. 设计说明	1. 绿色建筑星级定位以及海绵城市技术指标要求 2. 项目类型、所在地区的气象资料、地质条件、当地政府规定的节水要求及项目周边市政设施情况等因素 3. 可利用的水资源状况、节水用水定额及系统设计方案 4. 用水量计算表及水量平衡表（非传统水源利用） 5. 采用的节水器具、设备及系统的相关说明 6. 非传统水源利用方案、非传统水源利用率和年径流总量控制率及其达标情况 7. 人工景观补水不得直接或间接采用市政自来水或自备地下水井供水，为保证人体健康和对卫生环境不产生负面影响，室内水景和与人体直接接触的室外水景（如旱喷、高压喷雾、瀑布、戏水池、游泳池等），可采用市政自来水补水 8. 按绿色建筑的星级标准目标，确认是否需要设置非传统水源利用项
2	不得采用国家和地方发布的已淘汰的技术、材料和设备，并符合国家和地方的标准、规程、规范	1. 设计说明 2. 主要设备材料表	设计采用的材料及设备是否符合现行的标准、规程及规范
3	给水排水系统设置应合理、完善、安全	1. 设计说明 2. 给水排水系统原理图	1. 给水排水系统规划设计应满足的相关国家和地方规范、规程及标准等 2. 非传统水源采取的存储、输配及用水等安全保障措施是否符合相关要求。非传统水源利用应采取保障用水安全的措施，不对人体和周围环境产生不良影响 3. 建筑给水系统设置是否符合国家标准《建筑给水排水设计规范》GB 50015、《民用建筑节水设计标准》GB 50555 的相关要求 4. 给水泵流量、扬程选用合理，水泵运行在高效区，选用的水泵符合节能要求
4	给水系统充分利用市政管网水压	1. 设计说明 2. 给水系统原理图	1. 项目市政水压以及市政直供等的利用情况 2. 给水系统分区、加压方式等的设置情况
5	人工景观水体水源不得采用市政自来水和地下井水	1. 设计说明 2. 给水排水总平面图	1. 人工景观水体补水所采用的水源，无人工景观水体的建筑或小区应在绿色建筑专篇中予以明确 2. 室内密闭空间的景观喷泉用水，应分析设置场所与人体接触的密切关系，当景观水影响室内空气品质和人体健康时，应采用市政自来水

（续）

控制项编号	控制项目	设计文件	具体内容及要求
6	卫生器具和设备的选用应满足现行国家标准《节水型卫生洁具》GB/T 31436、《节水型生活用水器具》CJ/T 164 和《节水型产品通用技术条件》GB/T 18870 等的相关规定	1. 设计说明 2. 主要设备材料表	明确项目所选卫生器具和设备是否符合现行国家标准或行业标准的相关规定
7	合理利用非传统水源	设计说明及相关图纸	1. 年平均降雨量大于 800mm 的地区，应采取有效措施合理利用雨水。雨水利用主要包括增加入渗和收集回用两种方式 2. 建筑面积大于 2 万 m² 的二星级及以上公共建筑（有稳定中水水源供应的建筑除外）应设置雨水收集回用系统，且其绿化浇灌、道路冲洗、洗车用水等采用的非传统水源用水量占其总用水量比例不低于 80% 3. 建筑面积大于 5 万 m² 的二星级及以上居住建筑（有稳定中水供应的建筑除外）应设置雨水收集回用系统，且其绿化浇灌、道路冲洗、洗车用水等采用的非传统水源用水量占其总用水量比例不低于 80% 4. 雨水利用满足现行国家标准《建筑与小区雨水控制及利用工程技术规范》GB 50400 5. 单栋建筑（医院等排水中含有毒、有害物质的建筑除外）地上建筑面积大于 20 万 m² 时，应设置中水利用系统 6. 项目周边有市政中水供应，或相关市政中水规划且要求项目预留中水系统时，应设置中水利用系统 7. 新建机场及配套建筑等，当项目周边设有区域集中中水供应系统时，应设置中水利用系统 8. 平均日用水量大于 100m³/d 的公共浴室、大型洗浴中心等特殊用水场所，应设置中水利用系统 9. 原水中含有毒、有害物质（医疗污水、放射性废水、生物污染污水、重金属及其他有毒有害物质超标的排水）不应作为中水水源 10. 中水利用应满足现行国家标准《建筑中水设计规范》GB 50336 的相关规定
8	单体建筑面积大于 0.3 万 m²（含）的新建、改（扩）建公共建筑应设置具有数据远传功能的水表计量设备	1. 设计说明 2. 设计图纸	1. 按用途和管理单元分别设置水表计量 2. 计量设备具有数据远传功能，满足《公共建筑能耗远程监测系统技术规程》（JGJ/T 285）等现行标准要求

5.3.2　轨道交通工业建筑给水排水控制项要求

轨道交通工业建筑给水排水专业控制项共9项，需全部满足，详见表5-2。

表5-2　工业建筑给水排水"绿色化"控制项要求

控制项编号	控制项目	设计文件	具体内容及要求
1	应制定水资源利用方案，统筹利用各种水资源	1.《水系统规划设计评审表》 2. 设计说明	1. 绿色建筑星级定位以及海绵城市技术指标要求 2. 项目类型、所在地区的气象资料、地质条件、当地政府规定的节水要求及项目周边市政设施情况等因素 3. 可利用的水资源状况、节水用水定额及水系统设计方案 4. 用水量计算表及水量平衡表（非传统水源利用） 5. 采用的节水器具、设备及系统的相关说明 6. 非传统水源利用方案、非传统水源利用率和年径流总量控制率及其达标情况 7. 人工景观补水不得直接或间接采用市政自来水或自备地下水井供水，为保证人体健康和对卫生环境不产生负面影响，室内水景和与人体直接接触的室外水景（如旱喷、高压喷雾、瀑布、戏水池、游泳池等），可采用市政自来水补水 8. 按绿色建筑的星级标准目标，确认是否需要设置非传统水源利用项
2	不得采用国家和地方发布的已淘汰的技术、材料和设备，同时符合国家和地方的现行标准、规程、规范	1. 设计说明 2. 主要设备材料表	设计采用的材料及设备是否符合现行的标准、规程及规范
3	给水排水系统设置应合理、完善、安全	1. 设计说明 2. 给水排水系统原理图	1. 给水排水系统规划设计应满足的相关国家和地方的规范、规程及标准等 2. 非传统水源采取的存储、输配及用水等安全保障措施是否符合相关要求。非传统水源利用应采取保障用水安全的措施，不对人体和周围环境产生不良影响 3. 建筑给水系统设置是否符合国家标准《建筑给水排水设计规范》GB 50015、《民用建筑节水设计标准》GB 50555 的相关要求 4. 给水泵流量、扬程选用合理，水泵运行在高效区，选用的水泵符合节能要求 5. 雨污水收集、处理和排放不应对周围的人和环境产生不良影响
4	给水系统充分利用市政管网水压	1. 设计说明 2. 给水系统原理图	1. 项目市政水压以及市政直供等的利用情况 2. 给水系统分区、加压方式等的设置情况
5	人工景观水体水源不得采用市政自来水和地下井水	1. 设计说明 2. 给排水总平面图	1. 人工景观水体补水所采用的水源，无人工景观水体的建筑或小区应在绿色建筑专篇中予以明确 2. 室内密闭空间的景观喷泉用水，应分析设置场所与人体接触的密切关系，当景观用水影响室内空气品质和人体健康时，应采用市政自来水

（续）

控制项编号	控制项目	设计文件	具体内容及要求
6	卫生器具和设备的选用应满足现行国家标准《节水型卫生洁具》GB/T 31436、《节水型生活用水器具》CJ/T 164 和《节水型产品通用技术条件》GB/T 18870 等的相关规定	1. 设计说明 2. 主要设备材料表	明确项目所选卫生器具和设备是否符合现行国家标准或行业标准的相关规定
7	合理利用非传统水源	设计说明及相关图纸	1. 年平均降雨量大于 800mm 的地区，应采取有效的措施合理利用雨水。雨水利用主要包括增加入渗和收集回用两种方式 2. 建筑面积大于 2 万 m² 的二星级及以上工业建筑（有稳定中水水源供应的建筑除外）应设置雨水收集回用系统，且其绿化浇灌、道路冲洗、洗车用水等采用的非传统水源用水量占其总用水量比例不应低于 80% 3. 雨水利用满足现行国家标准《建筑与小区雨水控制及利用工程技术规范》GB 50400 的相关要求 4. 项目周边有市政中水供应，或相关市政中水规划且要求项目预留中水系统时，应设置中水利用系统 5. 当项目周边设有区域集中中水供应系统时，应设置中水利用系统 6. 原水中含有毒、有害物质（放射性废水、生物污染污水、重金属及其他有毒有害物质超标的排水）的不应作为中水水源 7. 中水利用应满足现行国家标准《建筑中水设计规范》GB 50336 的相关规定
8	工业企业项目满足当地相关发展规划，并通过当地环保等相关行政部门立项审批。水资源利用、污废水排放满足立项批文以及现行国家和地方相关要求	1. 设计说明 2. 立项审批依据	水资源利用、污废水排放的相关情况应满足立项批文以及现行国家和地方相关要求
9	企业自备水源工程经有关部门批准，符合国家现行有关法规、政策、规划及标准的规定	1. 设计说明 2. 自备水源工程立项审批依据 3. 自备水源工程施工图	1. 自备水源工程立项、审批是否符合国家现行有关法规、政策、规划及标准的规定 2. 自备水源具体的保障用水安全的措施、应满足的相关水质标准以及非传统水源利用应满足的现行国家标准或地方标准 3. 自备水源的枯水流量保证率设置合理

5.4 城市轨道交通基于物联网技术的智慧消防

根据国务院办公厅下发的《国务院办公厅关于大力发展装配式建筑的指导意见》国办发〔2016〕71号及国家建筑标准设计图集《消防专用水泵的选用及安装（一）》19S204-1中的相关要求，消防给水系统的设计应统筹建筑结构、机电设备、部品部件、装配施工、装饰装修，推行装配式建筑一体化集成设计。

为提高和保证工程项目中消防给水系统的各设备、仪表、附件和系统控制的适配性和长期安全可靠性，消防给水系统的建设应坚持智慧、物联和工厂化成套生产等基本原则，且在进行系统设计时应为轨道交通投运后系统的日常维护管理设置可靠的自动巡检和自动试验的技术措施，采用高度集成、高度智能化的物联网消防给水成套机组。以解决既有的分散采购建设模式中普遍存在的兼容性差、故障点多、责任归属不清晰、监控时效滞后、维保水平不高等严重影响消防给水系统安全可靠性的各类突出问题，从而全面地、切实地提高消防给水系统的安全可靠性和灭火效能，形成装配式、智能化、一体式的物联网智慧消防泵房。

5.4.1 智慧消防系统基本组成

轨道交通智慧消防系统主要由消防给水成套设备硬件和物联网技术软件两部分组成。硬件部分包括消防专用水泵、物联网消防专用控制柜、进水阀组、出水阀组、自动工频巡检阀组、智能末端试水装置及物联网消防专用仪器仪表等组件，软件部分应包括物联网消防给水系统软件平台及手机移动终端监控软件（含Android端、ios端和Windows端）等。

5.4.2 物联网消防给水成套机组的技术要求

物联网消防给水成套机组应坚持工业化成套生产和测试的原则，且应具备应急管理部相关部门出具的消防增压给水设备（含机械应急启动装置）成套认证证书及检测报告等合格证明文件，具有标准化、数字化、智能化的特点，系统中的消防水泵及其进出水管、阀门、仪表、附件、控制柜等应由同一厂家成套提供，以确保其匹配的兼容性和安全可靠性。且应满足以下技术要求：

（1）根据国家建筑标准设计图集《消防专用水泵的选用及安装（一）》19S204-1及国家标准《消防给水及消火栓系统技术规范》GB 50974—2014对消防专用水泵的性能要求，物联网消防给水成套机组应采用满足"五点选择法"技术要求的消防专用水泵，消防水泵所配驱动器的功率应满足所选水泵流量—扬程性能曲线上任何一点运行所需功率的要求，并且对应的流量—功率性能曲线上应有最大值点，驱动器功率不应小于该值。

（2）采用多功能集成一体式物联网消防专用控制柜，满足成套认证、成套布置的要求，控制柜应具有双电源及自动切换、消防水泵控制、机械应急启动装置（内置一体式）、自动低频巡检、自动工频巡检、自动末端试验、声光报警和消防物联网等功能，其防护等级应满足消防水泵房内安装的要求，且不应低于IP55。

（3）物联网消防专用机组控制柜应设置机械应急启动装置（内置一体式），机械应急启动装

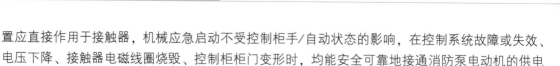

置应直接作用于接触器，机械应急启动不受控制柜手/自动状态的影响，在控制系统故障或失效、电压下降、接触器电磁线圈烧毁、控制柜柜门变形时，均能安全可靠地接通消防泵电动机的供电回路，消防泵在机械应急启动时为工频全压起动，并禁止采用分段式的方孔转杆机械传动机构，确保机械应急启动装置实时有效、安全可靠。

（4）具备物联网消防智能运维功能。物联网消防消防给水系统应具备实时数据监控、报警及故障状态信息推送、自动工频（低频）巡检、自动末端试验及信息查询和历史信息导出等智慧运维功能。

（5）物联网消防给水成套机组中的消防设施物联网平台及移动终端监控软件（含 Android 端、ios 端和 Windows 端等）界面上可实时显示消防给水系统的各项实时信息，包括工程信息、实时水位、实时压力及其实时报警、动作、故障等其他各项运行信息，机组应满足轨道交通 FAS 及 BAS 的接口和协议对接要求，并可满足与综合监控平台的信息互通和数据对接。

（6）应能在控制柜的人——机交互界面和移动终端（如手机 APP 和计算机 PC 端等）界面上查询消防给水系统所列的各项实时运行信息，见表 5-3。

表 5-3　系统控制终端显示信息

信息大类	信息小类	具体信息
系统信息	项目信息	项目名称、地址、总建筑面积、最大建筑高度、第一联系人及联系方式
	系统属性	室外消火栓、室内消火栓、合用、自动喷水、消防炮、水喷雾等
	系统参数	机组参数：机组编号、机组型号、机组参数（额定功率、额定流量、额定压力、零流量时机组的压力、150%额定流量时机组的压力、消防水泵的必需汽蚀余量等） 项目参数：供水高度、消防水池（箱）的水位报警值（设计水位、最低水位、报警水位、溢流水位等）、压力开关的报警值、流量开关的报警值、稳压泵组的设定值（设计压力、联动压力、启泵压力、停泵压力等）
实时信息	实时水位	消防水池、高位消防水箱的实时水位
	实时压力	消防水泵从市政给水管道直接吸水时吸水管的实时压力、机组出水管的实时压力、稳压泵组的实时压力、系统末端试水的实时压力、自动工频巡检时的实时压力
	实时流量	高位消防水箱出水管的实时流量、工频巡检时消防水泵的实时流量
	实时供电	消防水泵各相的实时电压和实时电流
	其他数据	稳压泵的 1h 内的实时启停次数、正在运行的自动末端箱的类型、编号、实时压力、实时故障信号等
实时报警信号	火警信号	压力开关的报警信号、流量开关的报警信号、消防联动信号、远程启泵信号
	其他信号	消防水池（箱）的水位报警信号、供电报警信号（过压、欠压、错相、缺相和三相不平衡等）、水泵报警信号（过载、流量异常、压力异常等）
实时动作信号	控制系统	手/自动状态信号、紧急停止信号
	消防水泵	消防水泵的启停信号、备用泵投入状况
	稳压泵组	稳压泵组的启停信号
	自动巡检	低频巡检启停信号、工频巡检启停信号、自动末端试验启停信号、工频巡检电动阀启停信号

（续）

信息大类	信息小类	具体信息
实时故障信号	巡检回路	巡检回路故障信号、变频器故障信号、接触器故障信号
	稳压泵组	稳压泵组故障
	末端试验	自动试验消火栓故障信号、自动末端试水装置故障信号

5.4.3 智慧消防系统在轨道交通的应用实例

物联网技术的快速发展，有力推动了轨道交通各系统应用场景的智慧化建设，尤其是在智慧消防领域，已在国内多个轨道交通线路进行积极部署和实施，应用效果良好。以洪恩流体为例，其提供的物联网消防给水成套机组，已在郑州地铁 3 号线（图 5-5）、深圳地铁 14 号线和 16号线、徐州地铁 2 号线物资市场站等线路正式运行。

图 5-5 郑州地铁 3 号线应用实景图

5.5 城市轨道交通给水排水智能化运营维护

5.5.1 运营管理措施

运营部门应制定并实施节能、节水管理制度。城市轨道交通运行过程中应无不达标废气、废水排放。

运营部门利用能耗分项计量系统，应对给水排水系统能耗进行年度统计分析、诊断及系统用能的优化。

运营管理部门应在基于以上控制因素的基础上进行运营管理评价体系的建立。

5.5.2　智能化运营维护措施

（1）设置流量计，方便运营中及时避免管网漏水：应在车站上下行 4 个区间干管安装流量计各 1 个，共 4 个（采用一站一区消防分区形式的，区间立管流量计按实际情况设置，可能为 0 个、2 个、4 个），在每个出入口消火栓支管各安装流量计 1 个，标准站共 4 个，在给水引入管安装流量计（设置远传水表的可以不重复设置）。

（2）设置压力传感器，方便运营智能化检测对管网压力、设备运行压力状态、管网漏水的排查：应在车站站厅设备区、公共区干管安装压力传感器 4 个，设备层干管安装压力传感器 4 个，一个站台干管安装压力传感器 2 个，有设备层的车站，设备层的消防干管也应设置压力传感器。

（3）在车站主废水泵房安装流量计 1 个、压力传感器 2 个，区间主废水泵安装流量计 1 个、压力传感器 2 个，共计 2 个流量计、4 个压力传感器共同实现对排水管路流量数据的采集和分析，以对区间、车站主废水泵排水能力做出智能化判断的排查。

（4）流量计、压力传感器的智能化监视。流量计、压力传感器的接线端子处，由 FAS 或 BAS 系统提供电缆，并从设备的输出端子处接线缆至远程控制箱，完善 FAS 系统对此的智能化监视。

（5）设置了物联网技术的智慧消防泵组的，应能自成控制系统，且可设置独立的控制主机于车控室内，并将消防泵组有关的流量开关、压力开关、末端试水装置、水流指示器、泵等各监控状态进行整合，车控室主机可预留上传综合监控系统的接口。

（6）消防电动蝶阀、消火栓成套泵组（含相应的规范要求的流量计、压力传感器等）、自动喷淋成套泵组（含相应的规范要求的水流指示器、流量计、压力开关等）、潜污泵组、消防水池及水箱液位监测、给水成套泵组、远程水表、气体灭火系统等的远程监视、控制的设计，均应根据现行《消防给水系统及消火栓系统技术规范》GB 50974、《地铁设计规范》GB 50157、《地铁设计防火标准》GB 51298、《气体灭火系统设计规范》GB 50370 等相关的要求执行。

5.6　城市轨道交通给水排水系统"绿色化"评分标准

评价体系主要通过相应的评分项来体现评价结果，结合上述章节的控制项，本节内容按民用建筑、工业建筑两大类进行评分项、评分加分项进行阐述。

5.6.1　轨道交通车站等民用建筑给水排水评分标准

轨道交通车站等民用建筑"绿色化"评分项总分为 100 分，分为一星级、二星级及三星级 3 个等级。居住建筑给水排水专业一星级、二星级、三星级对应的评分项分值要求分别为 50 分、70 分、80 分。公共建筑给水排水专业一星级、二星级、三星级对应的评分项分值要求分别为 40 分、60 分、80 分。具体评分项、评分加分项标准要求详见表 5-4 和表 5-5。

表 5-4　轨道交通车站等民用建筑给水排水评分项要求

评分项编号	评分项目	评分所需材料	评分具体内容及要点
1	给水系统超压用水点采取减压限流节水措施，用水点处供水压力不大于 0.20MPa，且不小于用水器具要求的最低工作压力。评价分值为 8 分	1. 设计说明 2. 绿色建筑设计说明 3. 给水系统原理图	1. 绿色建筑设计专篇中应明确项目给水分区和减压限流措施，保证用水点处供水压力不大于 0.20MPa，且不小于用水器具要求的最低工作压力 2. 给水系统原理图中应表达减压措施和供水压力等 3. 用水器具（比如大型洗衣机、软水器、特殊水龙头等）额定用水压力超过 0.20MPa 时不在此条限定范围内，但应在绿色建筑说明中予以表述
2	采取有效措施避免管网漏损，评价总分值为 7 分，并按下列规则分别评分并累计： 1. 选用密闭性能好的阀门、设备，使用耐腐蚀、耐久性能好的管材、管件，得 1 分 2. 室外埋地管道采取有效措施避免管网漏损，得 1 分 3. 设计阶段根据水平衡测试的要求安装分级计量水表，得 5 分	1. 设计说明 2. 给水排水系统图 3. 平面图及大样图 4. 分级水表系统示意图	1. 选用适宜的密闭性能好的阀门、设备，耐腐蚀、耐久性能好的管材、管件 2. 系统工作压力不大于管材、阀门及附件的公称压力 3. 室外埋地管道敷设及基础处理方式 4. 合理控制管道的埋设深度 5. 注明项目用水计量仪表的设置情况（按三级设置或二级设置等） 6. 三星级项目应按三级设置（单栋时可按二级设置） 7. 下级水表的设置应完全覆盖上一级水表的所有出流水量，不出现无计量的支路
3	设置用水计量装置，评价总分值为 10 分，并按下列规则分别评分并累计： 1. 按使用用途，对厨房、卫生间、空调系统、游泳池、绿化、景观等用水分别设置用水计量装置，统计用水量，得 2 分 2. 按付费或管理单元，分别设置用水计量装置，统计用水量，得 2 分 3. 计量装置设置数据传输接口，得 6 分	1. 设计说明 2. 主要设备及材料表	1. 对于隶属同一管理单元，但用水功能多且用水点分散、分项计量困难的项目，可只针对其主要用水部门进行分项计量 2. 居住建筑户内的厨房与卫生间、旅馆建筑的客房卫生间可以不单独设置水表计量 3. 住宅给水系统按"一户一表"设置 4. 采用的水表有数据传输接口 5. 有数据传输接口的水表包括项目中的所有水表（包括总水表）
4	设有集中热水供应系统的建筑，设置循环措施和保持压力稳定措施，评价总分值为 4 分，并按下列规则分别评分并累计： 1. 设置完善的循环系统和保温措施，得 2 分 2. 设置保持冷热水系统压力平衡的技术措施，得 2 分	1. 设计说明 2. 主要设备及材料表	1. 集中热水供应系统的循环方式、保温措施和确保冷热水系统压力平衡的技术措施 2. 全日制热水供应系统的用水点出水温度达到45℃的放水时间：对于住宅建筑不应大于15s；对于公共建筑不应大于10s 3. 保持冷热水系统压力平衡的技术措施包括：冷热水系统同程布置、恒温混水阀、有温度显示功能的配水器具等 4. 无集中热水供应系统的建筑，本条直接得 4 分

（续）

评分项编号	评分项目	评分所需材料	评分具体内容及要点
5	使用较高用水效率等级的卫生器具：用水效率等级达到3级，得5分；达到2级，得10分 评价总分值为10分	1. 设计说明 2. 主要设备及材料表	1. 卫生器具用水效率等级是否满足相关标准及规范的要求 2. 三星级建筑用水效率等级应达到2级及以上标准
6	绿化灌溉采用喷灌、滴灌、渗灌、微喷灌、低压管灌等高效节水灌溉方式： 1. 采用节水灌溉系统，得7分；在此基础上设置土壤湿度感应器、雨天关闭装置等节水控制措施，再得3分 2. 种植无须永久灌溉植物，得10分 评价总分值为10分	1. 设计说明 2. 主要设备及材料表 3. 给水排水总平面图 4. 景观给排水总平面图 5. 景观总平面图	1. 节水灌溉方式以及覆盖的绿化面积比例（应达到80%以上） 2. 浇灌分区是否合理 3. 雨水处理后的水质达到景观用水标准后方可采用喷灌；灌溉用水采用再生水时，禁止采用喷灌 4. 注明在采用了高效节水灌溉方式的基础上设置了哪一种节水控制措施 5. 如采用种植无须永久灌溉植物，应注明种植面积以及覆盖的绿化面积比例，且明确其余部分绿化是否采用了高效节水灌溉方式（无须永久灌溉植物＋其余高效节水灌溉绿化的面积之和需大于总绿化面积的80%）
7	公共浴室节水措施，评价总分值为4分，并按下列规则分别评分并累计： 1. 公用浴室采用用者付费节水措施，得2分 2. 采用带恒温控制和温度显示功能的冷热水混合淋浴器；采用带有感应开关、延时自闭阀、脚踏式开关等无人自动关闭装置的淋浴器；或采用单管热水供应系统等一种或一种以上技术措施，得2分	1. 设计说明 2. 给水系统图 3. 平面图及大样图	1. 公共浴室采用了哪一种或哪几种节水措施 2. 节水措施主要包括 （1）用者付费的设施 （2）采用带恒温控制和温度显示功能的冷热水混合淋浴器；采用带有感应开关、延时自闭阀、脚踏式开关等无人自动关闭装置的淋浴器；采用单管热水供应系统等技术措施 3. 当建筑中无公共浴室时，本条直接得4分
8	空调设备或系统采用了节水冷却技术，评价总分值为10分，并按下列规则分别评分并累计： 1. 冷却塔选用节水型产品，循环冷却水量小于及等于1000m³/h的中小型冷却塔飘水率低于0.015%，冷却水量大于1000m³/h的大型冷却塔飘水率低于0.005%，得5分 2. 循环冷却水系统设置水处理措施：采取加大集水盘、设置平衡管或平衡水箱的方式，避免冷却水泵停泵时冷却水溢出，得3分 3. 循环冷却水系统补水池与消防水池合用，得2分 4. 采用无蒸发耗水量的冷却技术，得10分	设计说明及相关图纸	1. 空调设备或系统设置哪一种或哪几种节水冷却技术，最高得10分 2. 冷却塔的冷却水量以及飘水率等具体参数 3. 当建筑中无空调系统本条直接得10分

（续）

评分项编号	评分项目	评分所需材料	评分具体内容及要点
9	采用除卫生器具、绿化灌溉和冷却塔外的节水技术或措施。其他用水中采用节水技术或措施的比例达到50%，得3分；达到80%，得5分 评价总分值为5分	设计说明及相关图纸	1. 采用的节水措施以及其应用范围 2. 除卫生器具、绿化灌溉和冷却塔外的节水措施主要有： （1）采用车库和道路冲洗用的节水高压水枪 （2）节水型专业洗衣机 （3）洗车循环水处理设备 （4）给水深度处理采用自用水量较少的处理设备和措施 3. 本条按采用节水技术和措施的其他用水量占总的其他用水量的比例进行分档评分。
10	生活饮用水水池（箱）采取措施满足卫生要求 评价分值为2分	1. 设计说明 2. 给排水系统图 3. 平面图及大样图	1. 生活给水二次供水水池（箱）采用了消毒设施 2. 水箱配管采取了保证储水不变质的技术措施 3. 二次供水水池（箱）采用符合《二次供水设施卫生规范》GB 17051要求的成品水箱 4. 当项目无生活饮用水水池（箱），直接得2分
11	设置有直饮水系统 评价分值为1分	1. 设计说明 2. 给排水施工图	1. 直饮水水质满足国家现行相关技术标准 2. 直饮水系统的处理水量应保证建筑内人员的饮水用量 3. 直饮水处理设备耗能和产水率满足国家现行相关技术标准 4. 无直饮水系统本条不得分
12	卫生间采用同层排水方式 评价分值为2分	1. 设计说明 2. 给排水平面图	1. 相关卫生间是否采用了同层排水方式 2. 二星级以上的居住建筑卫生间应采用同层排水方式 3. 公共建筑中50%及以上卫生间采用同层排水方式方可得分
13	按照《建筑给水排水设计规范》GB 50015的有关规定设计排水系统和通气系统，避免排水系统产生正、负气压而破坏水封 评价分值为2分	1. 设计说明 2. 排水系统原理图	排水系统及通气系统的设置方式，水封设置情况等
14	合理使用非传统水源，评价总分值为14分，并按下列规则分别评分并累计： 1. 绿化浇灌、道路冲洗、洗车用水采用非传统水源的用水量占总用水量的比例不低于80%，得7分 2. 冲厕用水采用非传统水源的用水量占其总用水量的比例不低于50%，得7分 3. 冷却水补水采用非传统水源的用水量占其总用水量的比例不低于10%，得3分；不低于30%，得5分；不低于50%，得7分	1. 设计说明 2.《水系统规划设计评审表》	1. 非传统水源包括雨水、中水及其他非传统水源 2. 非传统水源用水量占相应用途总用水量的比例等相关参数 3. 非传统水源的利用必须采取确保使用安全的措施

（续）

评分项编号	评分项目	评分所需材料	评分具体内容及要点
15	采取有效措施，合理控制和利用雨水，新建项目场地年径流总量控制率不应小于70%（居住建筑）或80%（公共建筑），改扩建项目场地年径流总量控制率不应小于60%（居住建筑）或70%（公共建筑），且不低于当地海绵城市专项规划的要求 评价分值为3分	1. 设计说明 2. 给水排水施工图 3. 景观施工图 4. 低影响开发设施平面布置及参数图 5. 汇水分区图 6. 海绵城市专项设计说明书（包括雨水控制计算表及年径流总量控制率达标情况说明等）	1. 上位规划、文件对项目海绵城市设计的指标要求 2. 年径流总量控制率目标值及对应的设计降雨量 3. 简述场地下垫面情况 4. 场地汇水分区情况、主要低影响开发措施类型、面积、控制容积等主要技术参数 5. 场地年径流总量控制率的达标情况 6. 相关证明材料
16	建筑屋面和阳台雨水排水系统，设置减少面源污染措施和雨水就近消纳措施，评价总分值为4分，并按下列规则分别评分并累计： 1. 建筑屋面雨水采用断接方式排至室外雨水资源化利用生态设施，得3分 2. 靠近厨房的生活阳台雨水，排至室外污废水系统，得1分	1. 设计说明 2. 给水排水系统图 3. 给水总平面图	1. 建筑屋面雨水采用断接方式时，接入室外下沉式绿地等生态设施处应设置消能措施 2. 居住建筑靠近厨房的生活阳台雨水排至室外污废水系统时，应合理设置水封，或采用间接排水的方式
17	结合雨水利用设施进行景观水体设计，景观水体利用雨水的补水量大于其水体蒸发量的60%，且采用生态水处理技术保障水体水质，评价总分值为4分，并按下列规则分别评分并累计： 1. 对进入景观水体的雨水采取控制面源污染的措施，得2分 2. 利用水生动、植物进行水体净化，得2分	1. 设计说明 2. 给水总平面图 3. 低影响开发设施平面布置及参数图	1. 注明采用的雨水利用设施情况（如前置塘、缓冲带、下凹式绿地、植草沟、调蓄池等） 2. 注明进入景观水体的雨水采取控制面源污染的措施，新建项目年径流污染物总量（以悬浮物SS计）削减率不小于70%，改扩建项目年径流污染物总量（以悬浮物SS计）削减率不小于40% 3. 明确景观水体是否采用非硬质池底及生态驳岸，为水生动植物提供了栖息条件 4. 针对不同水体标准应选择相适宜的水生动、植物 5. 景观水体包括雨季时为景观水体、枯水季节为旱溪的景观小品 6. 当建筑物或小区内无景观水体时，本条直接得4分

106

表 5-5　轨道交通车站等民用建筑给水排水评分加分项要求

评分加分项编号	评分加分项项目	评分加分项所需材料	评分加分项具体内容及要求
1	生活给水系统采用智慧管理系统	1. 设计说明 2. 给水系统图 3. 给水平面图及大样图	1. 设置生活供水在线监测管控平台系统，对管道、阀门附件、用水量、水质等情况进行在线监测和实时记录，进行数据挖掘和应用 2. 物业管理人员可远程实时监控生活供水系统的流量、压力、功率、水质等运行参数 3. 生活水池（箱）具备溢流报警和进水阀门截断功能 4. 设备商可对供水设备进行远程监测
2	消防水泵房采用物联型消防供水泵房	1. 设计说明 2. 消防系统图 3. 水泵房平面图及大样图	1. 物联型消防供水泵房是基于物联网进行设备信息采集、数据传输的消防供水泵房 2. 物业管理人员可远程实时监控消防水泵机组的流量、压力、功率等运行参数 3. 设备商可对消防供水设备进行远程监测
3	合理规划地表与屋面雨水径流，对场地雨水实施外排径流总量控制，其场地年径流总量控制率比规划要求提高5%及以上	1. 设计说明 2. 相关给排水施工图 3.《水系统规划设计评审表》	1. 年径流总量控制率目标值及对应的设计降雨量 2. 场地汇水分区情况、主要低影响开发措施类型、面积、控制容积等主要技术参数 3. 场地年径流总量控制率的达标情况
4	采用节水型卫生器具，用水效率等级达到1级的比例不低于80%，其余卫生器具用水效率等级达2级以上	1. 设计说明 2. 主要设备材料表	卫生器具用水效率等级是否满足相关标准及规范的要求
5	采用高能效的给排水设备	1. 设计说明 2. 主要设备材料表	1. 审查选用的主要给排水设备的能效等级，能效等级应达到2级及以上 2. 主要给排水设备是指需经常运行的设备，如生活给水泵、生活热水泵等
6	装配式建筑中采用了集成式厨房和卫生间	1. 设计说明 2. 厨卫大样图	1. 采用集成式卫生间的数量占总卫生间数量的比例应达90%以上 2. 采用集成式厨房的数量占总厨房数量的比例应达90%以上
7	建筑内非饮用水场所设置中水利用系统	1. 设计说明 2. 给排水系统图	1. 中水利用系统设计完整（包括：原水收集、处理和利用等设施；有市政中水系统的项目，应说明市政中水水源情况） 2. 中水系统相关技术说明（包括：用途和水质、原水量和用水量、确保安全使用措施、用水量比例、设备参数和控制要求等） 3. 使用中水量占总用水量的比例不低于10%
8	采用了节能、节水、保护生态环境、保障安全健康的其他创新，并有明显效益	1. 设计说明 2. 相关给排水施工图	1. 相关措施或技术的创新点 2. 相关措施或技术的效益点

5.6.2 轨道交通工业建筑给水排水评分标准

轨道交通工业建筑评分项总分为 100 分，分为一星级、二星级及三星级 3 个等级。给水排水专业一星级、二星级、三星级对应的评分项分值分别为 30 分、40 分、50 分。具体的评分项标准、评分加分项标准要求，详见表 5-6 和表 5-7。

表 5-6 轨道交通工业建筑给水排水评分项要求

评分项编号	评分项项目	评分项所需材料	评分项具体内容及要求
1	给水系统超压用水点应采取减压限流节水措施，用水点处供水压力不应大于 0.20MPa，且不小于用水器具要求的最低工作压力 评价分值为 2 分	1. 设计说明 2. 绿色建筑设计说明 3. 给水系统原理图	1. 绿色建筑设计专篇中应明确项目给水分区的入户管静压大于 0.2MPa 时，设置哪种减压限流措施，保证用水点处供水压力不大于 0.20MPa，且不小于用水器具要求的最低工作压力 2. 给水系统原理图中应表达减压措施和供水压力等 3. 用水器具（比如大型洗衣机、软水器、特殊水龙头等）额定用水压力超过 0.20MPa 时不在此条限定范围内，但应在绿建说明中予以表述
2	采取有效措施避免管网漏损，评价总分值为 4 分，并按下列规则分别评分并累计： 1. 选用密闭性能好的阀门、设备，使用耐腐蚀、耐久性能好的管材、管件，得 1 分 2. 室外埋地管道采取有效措施避免管网漏损，得 1 分 3. 设计阶段根据水平衡测试的要求安装分级计量水表，得 2 分	1. 设计说明 2. 给水排水系统图 3. 平面图及大样图 4. 分级水表系统示意图	1. 选用适宜的密闭性能好的阀门、设备，以及耐腐蚀、耐久性能好的管材、管件 2. 系统工作压力不大于管材、阀门的公称压力 3. 室外埋地管道敷设及基础处理方式 4. 合理控制管道的埋设深度 5. 注明项目用水计量仪表的设置情况（按三级设置或二级设置等） 6. 三星级项目应按三级设置（单栋时可按二级设置） 7. 下级水表的设置应完全覆盖上一级水表的所有出流水量，不出现无计量的支路
3	设置用水计量装置，评价总分值为 4 分，并按下列规则分别评分并累计： 按使用用途，对厨房、卫生间、空调系统、绿化、景观等用水分别设置用水计量装置，统计用水量，得 1 分 2. 按付费或管理单元，分别设置用水计量装置，统计用水量，得 1 分 3. 计量装置设置数据传输接口，得 2 分	1. 设计说明 2. 主要设备及材料表	1. 对于隶属同一管理单元，但用水功能多且用水点分散、分项计量困难的项目，可只针对其主要用水部门进行分项计量 2. 宿舍卫生间可以不单独设置水表计量 3. 采用的水表有数据传输接口 4. 有数据传输接口的水表包括项目中的所有水表（包括总水表）

（续）

评分项编号	评分项项目	评分项所需材料	评分项具体内容及要求
4	使用较高用水效率等级的卫生器具，用水效率等级达到 3 级，得 1 分；达到 2 级及以上，得 2 分 　评价总分值为 2 分	1. 设计说明 2. 主要设备及材料表	1. 卫生器具用水效率等级是否满足相关标准及规范的要求 　2. 三星级建筑用水效率等级应达到 2 级及以上标准
5	绿化灌溉采用喷灌、滴灌、渗灌、微喷灌、低压管灌等高效节水灌溉方式： 　1. 采用节水灌溉系统，得 3 分；在此基础上设置土壤湿度感应器、雨天关闭装置等节水控制措施，再得 1 分 　2. 种植无须永久灌溉植物，得 4 分 　评价总分值为 4 分	1. 设计说明 2. 主要设备及材料表 3. 给水排水总平面图 4. 景观给水排水总平面图 5. 景观总平面图	1. 节水灌溉方式以及覆盖的绿化面积比例（应达到 80% 以上） 　2. 浇灌分区是否合理 　3. 雨水处理后的水质达到景观用水标准后方可采用喷灌；灌溉用水采用再生水时，禁止采用喷灌 　4. 注明在采用了高效节水灌溉方式的基础上设置了哪一种节水控制措施 　5. 如采用种植无须永久灌溉植物，应注明种植面积以及覆盖的绿化面积比例，且明确其余部分绿化是否采用了高效节水灌溉方式（无须永久灌溉植物 + 其余高效节水灌溉绿化的面积之和需大于总绿化面积的 80%）
6	公共浴室节水措施，评价总分值为 2 分，并按下列规则分别评分并累计： 　1. 公用浴室采用用者付费节水措施，得 1 分 　2. 采用带恒温控制和温度显示功能的冷热水混合淋浴器；采用带有感应开关、延时自闭阀、脚踏式开关等无人自动关闭装置的淋浴器；或采用单管热水供应系统等一种或一种以上技术措施，得 1 分	1. 设计说明 2. 给水系统图 3. 平面图及大样图	1. 公共浴室采用了哪一种或哪几种节水措施 　2. 节水措施主要包括： （1）用者付费的设施 （2）采用带恒温控制和温度显示功能的冷热水混合淋浴器；采用带有感应开关、延时自闭阀、脚踏式开关等无人自动关闭装置的淋浴器；采用单管热水供应系统等技术措施 　3. 当建筑中无公共浴室时，本条直接得 2 分
7	空调设备或系统采用了节水冷却技术，评价总分值为 4 分，并按下列规则分别评分并累计： 　1. 冷却塔选用节水型产品，循环冷却水量小于或等于 $1000m^3/h$ 的中小型冷却塔飘水率低于 0.015%，冷却水量大于 $1000m^3/h$ 的大型冷却塔飘水率低于 0.005%，得 2 分 　2. 循环冷却水系统设置水处理措施：采取加大集水盘、设置平衡管或平衡水箱的方式，避免冷却水泵停泵时冷却水溢出，得 2 分 　3. 循环冷却水系统补水池与消防水池合用，得 2 分 　4. 采用无蒸发耗水量的冷却技术，得 4 分	设计说明及相关系统图	空调设备或系统设置哪一种或哪几种节水冷却技术，最高得 4 分 　冷却塔的冷却水量以及飘水率等具体参数 　当建筑中无空调系统时，本条直接得 4 分

（续）

评分项编号	评分项项目	评分项所需材料	评分项具体内容及要求
8	采用除卫生器具、绿化灌溉和冷却塔外的节水技术或措施。其他用水中采用节水技术或措施的比例达到50%，得1分 评价分值为1分	设计说明及相关图纸	1. 采用的节水措施以及其应用范围 2. 除卫生器具、绿化灌溉和冷却塔外的节水措施主要有： （1）采用车库和道路冲洗用的节水高压水枪 （2）节水型专业洗衣机 （3）洗车循环用水处理设备 （4）给水深度处理采用自用水量较少的处理设备和措施
9	设置有直饮水系统 评价分值为1分	1. 设计说明 2. 直饮水系统图	1. 直饮水水质满足国家现行相关技术标准 2. 直饮水系统的处理水量应保证建筑内人员的饮水用量 3. 直饮水处理设备耗能和产水率满足国家现行相关技术标准 4. 无直饮水系统本条不得分
10	卫生间采用同层排水方式 评价分值为1分	1. 设计说明 2. 给水排水平面图	1. 相关卫生间是否采用了同层排水方式 2. 两星级及以上工业建筑内的居住用房必须设置同层排水系统 3. 50%及以上卫生间采用同层排水方式方可得分
11	生活饮用水水池（箱）采取措施满足卫生要求 评价分值为1分	1. 设计说明 2. 给水排水系统图 3. 平面图及大样图	1. 生活给水二次供水水池（箱）采用了消毒设施 2. 水箱配管采取了保证贮水不变质的技术措施 3. 二次供水水池（箱）采用符合国家标准《二次供水设施卫生规范》GB 17051 要求的成品水箱
12	按照《建筑给水排水设计规范》GB 50015 的有关规定设计排水系统和通气系统，避免排水系统产生正、负气压而破坏水封 评价分值为2分	1. 设计说明 2. 排水系统原理图	排水系统及通气系统的设置方式，水封设置情况等
13	建筑屋面雨水采用断接方式排至地面雨水资源化利用生态设施 评价分值为2分	1. 设计说明 2. 给水排水系统图 3. 给水总平面图	建筑屋面雨水排水管 70%以上采用了断接方式排至地面雨水资源化利用生态设施

（续）

评分项编号	评分项项目	评分项所需材料	评分项具体内容及要求
14	采取有效措施，合理控制和利用雨水，新建项目场地年径流总量控制率不应小于70%，改扩建项目场地年径流总量控制率不应小于55%，且不低于当地海绵城市专项规划的要求 评价分值为2分	1. 设计说明 2. 给水排水施工图 3. 景观施工图 4. 低影响开发设施平面布置及参数图 5. 汇水分区图 6. 海绵城市专项设计说明书（包括雨水控制计算表及年径流总量控制率达标情况说明等）	1. 注明上位规划、文件对项目海绵城市设计的指标要求 2. 注明年径流总量控制率目标值及对应的设计降雨量 3. 简述场地下垫面情况 4. 场地汇水分区情况、主要低影响开发措施类型、面积、控制容积等主要技术参数 5. 场地年径流总量控制率的达标情况 6. 相关证明材料
15	结合雨水利用设施进行景观水体设计，景观水体利用雨水的补水量大于其水体蒸发量的60%，且采用生态水处理技术保障水体水质，评价总分值为2分，并按下列规则分别评分并累计： 1. 对进入景观水体的雨水采取控制面源污染的措施，得1分 2. 利用水生动、植物进行水体净化，得1分	1. 设计说明 2. 给水总平面图 3. 低影响开发设施平面布置及参数图	1. 注明采用的雨水利用设施情况（如前置塘、缓冲带、下凹式绿地、植草沟、调蓄池等） 2. 注明进入景观水体的雨水采取控制面源污染的措施，新建项目年径流污染物总量（以悬浮物SS计）削减率不小于70%，改扩建项目年径流污染物总量（以悬浮物SS计）削减率不小于40% 3. 明确景观水体是否采用非硬质池底及生态驳岸，为水生动植物提供了栖息条件 4. 针对不同水体标准应选择相适宜的水生动、植物 5. 景观水体包括雨季时为景观水体、枯水季节为旱溪的景观小品 6. 当厂区内无景观水体时，本条直接得2分
16	非工业用水合理使用非传统水源： 1. 绿化浇灌、道路冲洗、洗车用水采用非传统水源的用水量占总用水量的比例不低于4%，得1分 2. 绿化浇灌、道路冲洗、洗车用水、冲厕用水采用非传统水源的用水量占总用水量的比例不低于15%，得2分 评价总分值为2分	1. 设计说明 2.《水系统规划设计评审表》	1. 非传统水源包括雨水、中水及其他非传统水源 2. 非传统水源用水量、总用水量及非传统水源的用水量占总用水量的比例等相关参数 3. 非传统水源的利用必须采取确保使用安全的措施 4. 此条中的总用水量为非工业用水总用水量 5. 相关证明材料

（续）

评分项编号	评分项项目	评分项所需材料	评分项具体内容及要求
17	单位产品取水量达到国内同行业基本水平、先进水平或领先水平： 1. 达到国内同行业基本水平，得5分 2. 达到国内同行业先进水平，得8分 3. 达到国内同行业领先水平，得10分 评价总分值为10分	1. 设计说明 2. 工艺专业施工图 3. 用水量及单位产品取水量计算书	1. 与国内同行业的单位产品取水量进行横向对比的情况，明确单位产品取水量达到国内同行业先进水平或领先水平 2. 三星级项目应达到领先水平
18	水重复利用率达到国内同行业基本水平、先进水平或领先水平： 1. 达到国内同行业基本水平，得5分 2. 达到国内同行业先进水平，得8分 3. 达到国内同行业领先水平，得10分 评价总分值为10分	1. 设计说明 2. 工艺专业施工图 3. 用水量及水重复利用率计算书	1. 与国内同行业的水重复利用率进行横向对比的情况，明确水重复利用率达到国内同行业先进水平或领先水平 2. 三星级项目应达到领先水平
19	蒸汽凝结水利用率达到国内同行业基本水平、先进水平或领先水平： 1. 达到国内同行业基本水平，得4分 2. 达到国内同行业先进水平，得5.5分 3. 达到国内同行业领先水平，得7分 评价总分值为7分	1. 设计说明 2. 工艺专业施工图 3. 用水量及蒸汽凝结水利用率计算书	1. 与国内同行业的蒸汽凝结水利用率进行横向对比的情况，明确蒸汽凝结水利用率达到国内同行业先进水平或领先水平 2. 三星级项目应达到领先水平
20	单位产品废水产水量达到国内同行业基本水平、先进水平或领先水平： 1. 达到国内同行业基本水平，得4分 2. 达到国内同行业先进水平，得5.5分 3. 达到国内同行业领先水平，得7分 评价总分值为7分	1. 设计说明 2. 工艺专业施工图 3. 用水量及单位产品废水产水量计算书	1. 与国内同行业的单位产品废水产水量进行横向对比的情况，明确单位产品废水产水量达到国内同行业先进水平或领先水平 2. 三星级项目应达到领先水平

（续）

评分项编号	评分项项目	评分项所需材料	评分项具体内容及要求
21	生产工艺节水技术及其设施、设备处于国内同行业先进水平或领先水平： 1. 达到国内同行业先进水平，得3分 2. 达到国内同行业领先水平，得4分 评价总分值为4分	1. 设计说明 2. 生产工艺相关图纸	1. 采用了哪些先进的生产工艺或设施、设备等 2. 与国内同行业进行横向对比的情况，明确生产工艺节水技术及其设施、设备处于国内同行业先进水平 3. 三星级项目生产工艺节水技术及其设施、设备处于领先水平
22	设置工业废水再生回用系统，回用率达到国内同行业先进水平或领先水平： 1. 达到国内同行业先进水平，得3分 2. 达到国内同行业领先水平，得4分 评价总分值为4分	1. 设计说明 2. 工业废水再生回用系统相关图纸	1. 采用了哪种工艺的废水再生回用系统 2. 与国内同行业的废水再生回用系统进行横向对比的情况，明确回用率达到国内同行业先进水平或领先水平 3. 三星级项目工业废水再生回用率应达到国内同行业领先水平
23	合理采用其他介质的冷却系统替代常规水冷却系统 评价分值为3分	1. 设计说明 2. 工艺专业施工图	1. 采用的非水冷却介质 2. 采用非水冷却介质系统的分析报告
24	清洗、冲洗工器具等采用节水或无水技术 评价分值为3分	1. 设计说明 2. 冲洗工艺施工图	1. 清洗、冲洗工器具等采用的节水或无水技术 2. 节水清洗水量需进行计量
25	给水处理工艺先进，水质符合国家现行有关法规、政策、规划及标准的规定 评价分值为3分	1. 设计说明 2. 给水处理施工图	1. 给水处理工艺先进，系统设计在节能、对人体健康和环境影响等方面符合国家和行业有关标准要求 2. 设计供水水质符合相关水质标准要求
26	按照用水点对水质、水压要求的不同，采用分系统供水 评价分值为2分	1. 设计说明 2. 分质、分压供水施工图	分质、分压供水系统设置合理
27	生产用水部分或全部采用非传统水源： 1. 生产用水采用非传统水源的用水量占总生产用水量的比例不低于20%，得2分 2. 生产用水采用非传统水源的用水量占总生产用水量的比例不低于50%，得4分。评价总分值为4分	1. 设计说明 2. 工艺专业施工图	1. 生产采用非传统水源的用水量占总生产用水量的比例等相关参数 2. 非传统水源的利用必须采取确保使用安全的措施 3. 生产采用非传统水源的用水量占总生产用水量的比例不低于30% 4. 三星级建筑生产采用非传统水源的用水量占总生产用水量的比例不低于50%

（续）

评分项编号	评分项项目	评分项所需材料	评分项具体内容及要求
28	废水水质分流排水，排放水质符合国家现行有关标准的规定 评价分值为3分	1. 设计说明 2. 排水总平面图 3. 排水工艺施工图	1. 工业废水排水来源清晰，根据废水水质合理设置分流排水 2. 设计排放水质符合相应行业末端处理前水质指标要求
29	污、废水处理系统技术先进，且其排水水质优于国家现行有关标准的规定 评价分值为4分	1. 设计说明 2. 排水总平面图 3. 排水处理工艺施工图	1. 污、废水处理系统技术先进，在节能、对人体健康和环境影响等方面符合国家和行业有关标准要求 2. 排水水质、水量明显优于有关标准要求

表 5-7　轨道交通工业建筑给水排水评分加分项要求

评分项编号	评分项项目	评分项所需材料	评分项具体内容及要求
1	生活及工业给水系统采用智慧管理系统	1. 设计说明 2. 给水系统图 3. 给水平面图	1. 设置生活或工业供水在线监测管控平台系统，对管道、阀门附件、用水量、水质等情况进行在线监测和实时记录，进行数据挖掘和应用 2. 物业管理人员可远程实时监控生活或工业给水系统的流量、压力、功率、水质等运行参数 3. 生活或工业水池（箱）具备溢流报警和进水阀门截断功能 4. 设备商可对供水设备进行远程监测
2	消防水泵房采用物联型消防供水泵房	1. 设计说明 2. 消防系统图 3. 水泵房平面图及大样图	1. 物联型消防供水泵房是基于物联网进行设备信息采集、数据传输的消防供水泵房 2. 物业管理人员可远程实时监控消防水泵机组的流量、压力、功率等运行参数 3. 设备商可对消防供水设备进行远程监测
3	合理规划地表与屋面雨水径流，对场地雨水实施外排径流总量控制，其场地年径流总量控制率比规划要求提高5%及以上	1. 设计说明 2. 相关给水排水施工图 3. 《水系统规划设计评审表》	1. 年径流总量控制率目标值及对应的设计降雨量 2. 场地汇水分区情况、低影响开发措施类型、面积、控制容积等主要技术参数 3. 场地年径流总量控制率的达标情况 4. 相关证明材料
4	采用节水型卫生器具，用水效率等级达到1级的比例不低于80%，其余卫生器具用水效率等级达2级以上	1. 设计说明 2. 主要设备材料表	卫生器具用水效率等级是否满足相关标准及规范的要求
5	采用高能效的给水排水设备	1. 设计说明 2. 主要设备材料表	1. 审查选用的主要给水排水设备的能效等级，能效等级应达到2级及以上 2. 主要给水排水设备是指需经常运行的设备，如生活给水泵、生活热水泵等

（续）

评分项编号	评分项项目	评分项所需材料	评分项具体内容及要求
6	装配式建筑中采用了集成式厨房和卫生间	1. 设计说明 2. 厨卫大样图	1. 采用集成式卫生间的数量占总卫生间数量的比例应达90%以上 2. 采用集成式厨房的数量占总厨房数量的比例应达90%以上
7	建筑内非饮用水场所设置中水利用系统	1. 设计说明 2. 给水排水系统图	1. 中水利用系统设计完整（包括：原水收集、处理和利用等设施；有市政中水系统的项目，应说明市政中水水源情况） 2. 中水系统相关技术说明（包括：用途和水质、原水量和用水量、确保安全的使用措施、用水量比例、设备参数和控制要求等） 3. 使用中水量占总用水量的比例不低于10%
8	采用了节能、节水、保护生态环境、保障安全健康的其他创新，并有明显效益	1. 设计说明 2. 相关给水排水施工图	1. 相关措施或技术的创新点 2. 相关措施或技术的效益点

第6章

城市轨道交通分布式光伏电站建设

　　分布式光伏发电是指利用太阳能光伏电池把太阳辐射能直接转变成电能的发电方式，在用户所在场地附近建设，运行方式以用户侧自发自用为主，多余电量上网，分布式光伏发电遵循因地制宜、清洁高效、分散布局、就近利用的原则，充分利用当地太阳能资源，替代和减少化石能源消耗。

　　在2021年国务院发布的《关于完整准确全面贯彻新发展理念做好碳达峰碳中和工作的意见》中，重点提出了构建绿色低碳循环发展经济体系、提升能源利用效率、提高非化石能源消费比重、降低二氧化碳排放水平、提升生态系统碳汇能力等五个方面的主要目标。面对碳达峰碳中和成为国家战略、国家明确"30·60"双碳目标和行动方案的背景下，我们的行动将对经济和社会发展产生巨大影响，低碳/脱碳行动不仅将导致战略性行业产业链的重构，冲击现存的经济体系，绿色低碳、绿色生活更将成为未来社会生活的主旋律。那么将光伏发电技术与城市轨道交通相结合，就不仅是响应国家节能减排、双碳目标的号召，也是降低城市轨道交通运营成本的需要，同时也可在社会中发挥良好的示范作用，凸显"绿色轨道交通"的新理念。

6.1 分布式光伏电站设计原则

　　首先应满足"安全可靠、经济适用、技术先进、节能环保"的要求，具有通用性、统一性、兼顾性和前瞻性。

　　（1）通过技术、经济等因素综合比较，选用综合指标最优方案。

　　（2）采用技术先进、成熟可靠的新技术、新工艺、新材料、新设备。

　　（3）充分体现环境保护和节能降耗的理念。

　　（4）既有屋顶载荷需进行校验满足要求。

　　（5）符合建筑本身应具有的美学形式，达到建筑设计美观、实用、经济的要求。

6.2 分布式光伏发电系统

6.2.1 系统分类

　　根据国家电网公司《关于印发分布式电源并网相关意见和规范（修订版）的通知》，分布式电源是指：第一类，10kV 及以下电压等级接入，且单个并网点总装机容量不超过 6MW 的分布式电源；第二类，35kV 电压等级接入，年自发自用电量大于 50% 的分布式电源；或 10kV 电压等级接入且单个并网点总装机容量超过 6MW，年自发自用电量大于 50% 的分布式电源。根据这个文件，结合国家电网典型设计成果，本典型设计主要使用于 35kV 及以下电压等级接入电网，并且单个并网点总装机容量小于 6MW 的分布式电源接入方案。

1. 根据安装地点分类

根据轨道交通车站安装地点来分，目前常见分布式光伏发电系统可以分为两类：

（1）屋顶电站 一般厂房屋顶面积大，可建设规模大，而且用电负荷稳定，消纳比例高，比较适合自发自用余电上网的模式，如图 6-1 所示。

图 6-1 上海地铁龙阳路基地光伏电站

（2）BIPV 项目 光伏组件应用在建筑物幕墙及屋顶上，这种项目造价比较高，发电量比较低，比较适合采用全部自发自用的模式。

2. 根据并网电压分类

根据并网电压可以分为两大类：

（1）高压并网模式 电站容量在 400kW ~ 6MW 的光伏项目就近接入 10kV/35kV 环网。

（2）低压并网模式 电站容量在 8 ~ 400kW 的光伏项目就近接入降压变电所 400V 母线。

6.2.2 主要设备选型

1. 组件选型

目前商业化较为成功的光伏组件根据材料和工艺的不同分为几大类，市场应用率相对较高的有如下两大类：晶体硅（单晶，多晶）；薄膜电池（非晶硅，CIGS，CdTe，IBC，HIT 等）；其他电池（染料敏化、钙钛矿、有机薄膜电池）。

（1）根据目前已经商业化的各种太阳电池组件的制造水平、技术成熟度、运行可靠性、未来技术发展趋势等，并结合光伏电站的太阳辐照特征、安装条件和环境条件，经技术经济综合选择太阳电池组件类型，组件选型遵循"性能可靠、技术先进、环境适配、经济合理、产品合规"的基本原则。

（2）性能可靠性和技术先进性。针对分布式光伏电站生命周期内的组件安全和发电性能的要求，组件及其材料和部件的可靠性、耐久性、防火等级认证、一致性应通过严格的测试、认证和实证，组件生产企业对组件及其材料和部件的采购及生产过程应具备质量管控能力。

在保证可靠性的前提下，组件及其材料的性能和稳定性、生产技术及对组件性能与质量的保证能力应达到国内先进水平。

（3）环境适配性和经济合理性。针对当地的地理、太阳能资源和气象条件，组件及其材料和部件的类型、结构、性能的选择，需根据不同地区的环境条件，补充和完善环境适配性方面的特殊要求；另外，应综合考虑项目的投入和产出。

所规定的技术要求要做到技术上可行，环境上适配，经济上合理。除通用的性能要求外，针对当地的条件，选用的组件应通过特定项目的测试、认证或验证。

（4）合规性。组件及其材料和零部件，以及产品的生产企业应满足标准和法规要求、行业的准入条件、产业政策。

（5）不同类型的太阳电池组件由于转化效率不同，使得由其所组成的光伏电站的占地面积不同，电缆用量不同，支架用钢量、支架基础混凝土量等均有所差异。随着组件转化效率的逐渐增加，上述工程量均逐渐减小，故在价格接近的前提下，应优先选用转化效率较高的太阳电池组件。

（6）在可安装组件面积比较紧张的情况下，并且组件价格接近的前提下，应优先选用峰值功率较大的电池组件，以减少占地面积，降低组件安装量。

（7）组件质量。光伏组件的 PID 效应是近年来光伏领域出现较频繁的衰减效应。随着光伏发电系统应用电压的提高，致使组件和边框之间也有高压存在，这个高压会在组件和边框之间激励出漏电流，使组件的功率输出出现衰减。光伏组件应采用抗 PID 衰减光伏组件。

功率保证、组件使用寿命不应低于 25 年，组件企业宜提供 25 年期的质保书及"产品质量及功率补偿责任保险"。质保书中标准测试条件下的最大输出功率可采用阶梯或线性质保。采用阶梯质保应包括质保起始日后的第 2 年、3 年、5 年、10 年、25 年的功率保证值；线性质保应包括质保起始日后第 1 年及其后每年的平均衰减率。

无论采用何种质保形式，标准测试条件下的最大输出功率正偏差交货时，以标称功率为比较基准，参照 GB/T 2828.1—2012 中一般 I 类检验水平进行抽样测试，剔除有明显缺陷的组件，质保起始日（注：宜为组件安装之日）后各时间段的功率衰减不宜超过表 6-1 规定的正常水平。

表 6-1　组件功率平均衰减正常值

	2 年	3 年	5 年	10 年	25 年
单晶硅组件	2.00%	3.00%	5.00%	10%	20%
多晶硅组件	2.00%	3.00%	5.00%	10%	20%
双玻组件	第 30 年不超过 20%				

注：最大输出功率参考正偏差为 0 ～ +3%。

2. 逆变器选型

光伏逆变器的选型总体应该遵循"性能优异，产品可靠，环境适应，系统匹配"的基本原则。逆变器选型应综合考虑使用地的气象条件、地形并与光伏方阵的设计相匹配。电站项目所在地的辐照度、温度影响光伏组件的 I ～ V 特性，进而影响逆变器的输入及工作特性；海拔高度影响逆变器的散热、爬电、电气间隙及降额等级；温度影响逆变器的工作电压范围、满功率工作的最大环境温度以及可稳定运行的最大环境温度,温度同时会影响器件的寿命进而影响逆变器的使用寿命;湿度影响逆变器的污染等级、漏电、防腐、防护等级;风沙、腐蚀影响逆变器的防护等级、散热。光伏逆变器的选择必须与光伏方阵相配合以保证光伏方阵的最大出力,应满足逆变器电压范围与光伏方阵可输出的电压范围相匹配。逆变器直流侧可承受的最大电压应不小于光伏方阵的最大开路电压,逆变器可以跟踪的最大功率点电压范围应涵盖光伏方阵理论输出最大功率的电压范围,保证系统安全高效地输出。

逆变器作为光伏发电系统的核心部件,直接影响系统发电量,应该注意以下几点:

(1)逆变器是将直流电能转变成交流电能的变流装置,是光伏发电系统中的重要部件。对于安装容量比较大,组件安装一致性比较高的分布式光伏电站工程,可以选用大容量集中型并网逆变器。通常单台逆变器容量越大,单位造价相对越低,转换效率也越高,选用单台容量大的并网逆变器,可在一定程度上降低投资,减少维护工作量,并提高系统的可靠性。

(2)对于安装容量较小,组件安装比较分散,角度不一的分布式光伏电站,可选用组串式逆变器,如图6-2所示。

(3)逆变器转换效率越高,则光伏发电系统的系统效率越高,系统总发电量损失越小。故在单台额定容量相同时,应选择转换效率高的逆变器。

(4)逆变器转换效率包括最大效率和欧洲效率。欧洲效率是对不同功率点效率的加权,这一效率更能反映逆变器的综合效率特性。光伏发电系统的输出功率是随太阳辐射强度不断变化的,因此欧洲效率相较最大效率更有实用意义。

(5)逆变器的直流输入电压范围宽,可以将早晨和傍晚太阳辐照度较低的时间段的发电量加以利用,

图6-2 中车组串式光伏逆变器

从而延长发电时间,增加发电量。同时,还可以使逆变器所配用的组件类型多样化。因此应选择直流输入电压范围较宽的逆变器。

(6)太阳电池组件的输出功率随时变化,且具有非线性的特点,因此选择的逆变器应具备最大功率点跟踪功能,不论日照、温度等因素如何变化,逆变器都能通过自动调节实现光伏阵列的最佳运行。

(7)光伏电站接入电网后,并网点的谐波电压及总谐波电流分量应满足GB/T 14549—1993《电能质量公用电网谐波》的规定。光伏电站谐波主要来源是逆变器,因此逆变器必须采取滤波措施使输出的电流能满足并网要求。

(8)《国家电网公司光伏电站接入电网技术规定》中要求大型和中型光伏电站应具备一定的耐受电压异常的能力,避免在电网电压异常时脱离,引起电网电源的损失。因此所选并网逆变器应具有低电压耐受能力,具体要求如下:

1)光伏电站必须具有在并网点电压跌至20%额定电压时仍能够维持并网运行1s的能力。

2）光伏电站并网点电压在发生跌落后3s内能够恢复到额定电压的90%时，光伏电站必须保持并网运行。

3）光伏电站并网点电压不低于额定电压的90%时，光伏电站必须能不间断并网运行。

（9）《国家电网公司光伏电站接入电网技术规定》中要求大型和中型光伏电站应具备一定的耐受系统频率异常的能力，逆变器频率异常时的响应特性至少能保证光伏电站在表6-2所示的电网频率偏离下运行。

表6-2　光伏电站在电网异常频率下的允许运行时间

频率范围	运行要求
≤48Hz	视电网要求而定
48～49.5Hz	每次低于49.5Hz时要求至少能运行10min
49.5～50.2Hz	连续运行
50.2～50.5Hz	每次频率高于50.2Hz时，光伏电站应具备能够连续运行2min的能力，但同时具备0.2s内停止向电网线路送电的能力，实际运行时间由电网调度机构决定；此时不允许处于停运状态的光伏电站并网
>51Hz	在0.2s内停止向电网线路送电，且不允许处于停运状态的光伏电站并网

（10）逆变器应具有一定的抗干扰能力、环境适应能力、瞬时过载能力。如在一定程度过电压情况下，光伏发电系统应正常运行；过负荷情况下，逆变器需自动向太阳电池特性曲线中的开路电压方向调整运行点，限定输入功率在给定范围内；发生故障情况下，逆变器必须自动从主网解列。

（11）系统发生扰动后，在电网电压和频率恢复正常范围之前逆变器不允许并网，且在系统电压频率恢复正常后，逆变器需要经过一个可调的延时时间后才能重新并网。

（12）根据电网对光伏电站运行方式的要求，逆变器应具有交流过压、欠压保护，超频、欠频保护，防孤岛保护，短路保护，交流及直流的过流保护，过载保护，反极性保护，高温保护等保护功能。

（13）逆变器应有多种通信接口进行数据采集并发送到中控室，其控制器还应有模拟输入端口与外部传感器相连，测量日照和温度等数据，便于对相关数据进行处理分析。

（14）综合考虑逆变器MPPT技术的多样性，给电站设计带来了极大的便利。结合实际，进行科学设计，根据不同的地形、光照条件，选择不同的逆变器，以最大限度提高经济效益。

3. 箱式变压器选型

升压变压器原则上推荐采用户外布置，具有体积小、安装方便、维护少等特点的箱式变压器（简称箱变），目前常用的有美式箱变及欧式箱变以及结合美式箱变与欧式箱变特点的华式箱变。原则上推荐使用保护功能更完备的欧式变压器或者华式箱变。

变压器可以为双分裂绕组和双绕组形式，需根据电站容量，以及所选逆变器的特点来确定。典型设计以1MW电站为范例，一般采用双绕组变压器。

（1）原则上，每10台100kW逆变器对应1台1000kVA变压器，具体需根据工程特点进行修正和校验。

（2）电压等级为35kV或10kV，需根据轨道交通内部供电网络的实际工程特点确定。

（3）低压侧电压等级取决于所选逆变器的型号规格，常用电压等级有0.4kV、0.5kV、0.8kV等。

（4）箱变应能进行远程监控，应配置箱变测控装置，具备智能接口，可与逆变器室数据采集装置通信。

（5）箱变自用电源取自箱变内辅助干式变压器，测控装置电源及高压负荷开关操作电源取自箱变高压侧 PT。

（6）箱变应配 UPS，UPS 容量应能确保在失电情况下可保证外部交流电源断电后供电 2h。

4. 电缆选型

光伏系统中电缆的选择主要考虑如下因素：电缆的绝缘性能、电缆的耐热阻燃性能、电缆的防潮防光、电缆的敷设方式、电缆芯的类型、电缆的大小规格等。

（1）电缆导体允许最小截面的选择，应同时满足载流量和通过系统最大短路电流时的热稳定的要求。

（2）电缆载流量的计算应考虑不同地温、不同土壤热阻系数和直埋多根并列敷设时载流量校正系数。

（3）电缆选型时应尽量降低电缆损耗、减少电缆用量，节约投资。

（4）电缆选型时应满足各路电池组串至逆变器直流侧的压降尽量接近，确保远处电池组串至逆变器直流侧总压降不大于 2%，特殊情况可适当放宽。

（5）原则上每个电池组串至汇流箱的电缆应选用同型号电缆，同时推荐采用单芯电缆。

（6）汇流箱出口至直流柜间直流电缆推荐用双芯电缆，可根据输送距离、额定电流及压降限制等因素选择直流电缆截面。汇流箱与直流电缆连接孔应与电缆规格匹配，能保证电缆穿 PVC 管接入，且应保证汇流箱内正负极线芯分开后接线方便，易于施工。

（7）电缆采用直埋敷设及电缆沟敷设方式，电缆埋深应该根据当地土壤冻胀性及相关国家标准确定，光缆应尽可能与电缆同路径，需满足相互间距要求，电缆敷设路径应选择考虑长度、施工、运行和检修方便等因素，电缆走向应清晰简短且尽量同路径以减少开挖量，做到经济适用、安全合理。

6.2.3 光伏方阵

1. 光伏发电系统结构分层

（1）太阳电池组串 由几个到几十个数量不等的太阳电池组件串联起来，其输出电压在逆变器允许工作电压范围之内的太阳电池组件串联的最小单元称为太阳电池组串。

（2）太阳电池组串单元 布置在一个固定支架上的所有太阳电池组串形成一个太阳电池组串单元。

（3）阵列逆变器组 由若干个太阳电池组串单元与一台并网逆变器联合构成一个阵列逆变器组。

（4）太阳电池子方阵 由一个或若干个阵列逆变器组组合形成一个太阳电池子方阵。

（5）太阳电池阵列 由一个或若干个太阳电池子方阵组合形成一个太阳电池阵列。

2. 组件串并联数量

（1）太阳电池组件串联形成的组串，其最高输出电压不允许超过太阳电池组件自身最高允许系统电压，输出电压的变化范围必须在逆变器正常工作的允许输入电压范围内。

（2）太阳电池组件的串联数量选择应考虑逆变器的最佳输入电压、当地的太阳辐射条件、环境温度条件等多种因素。太阳电池组件的输出功率与太阳辐射强度成正比，但与环境温度成反比，其变化规律并非简单的直线关系。另外，环境温度一般又与太阳辐射强度成正比。因此，分析太阳电池组件串联后的电压时，应根据光伏电站所在地的气候特点综合考虑上述关系。

（3）为降低直流损耗，串联后的太阳电池组串输出电压宜在满足第一条且接线方便的前提下，尽可能取高值。

（4）太阳电池组串的并联数量应考虑光伏电站所在地的太阳辐射条件、环境温度条件和其他气象条件（如大风、沙尘天气频率等）以及直流通路上的损耗对光伏阵列实际输出功率的影响。光伏阵列实际输出功率应与逆变器的直流侧最大输入功率相匹配。

3. 组件最佳倾角选择及布置

目前分布式光伏发电系统所采用的光伏阵列运行方式主要有最佳倾角（全年发电量最大时的倾角）固定式以及贴合屋面自身角度的平铺式。

采用最佳倾角方式的主要是有水泥屋面的建筑屋顶，采用平铺式的主要是彩钢瓦屋顶。在进行太阳电池组串的支架上的布置方式设计时，应进行多方案比较，综合考虑各项技术及经济指标，择优布置。

4. 光伏阵列的布置

（1）为降低直流损耗，应以各太阳能组件支架单元到逆变器室的距离均较短为原则，根据各项目不同特点具体分析。

（2）太阳能组件的布置必须考虑前后排及周围的阴影遮挡问题。应通过计算确定阵列支架单元行、列间的距离或组件与遮挡物的距离。一般的确定原则是：冬至日当天早晨9:00（真太阳时）至下午15:00（真太阳时）的时间段内，太阳能组件均不应被遮挡。

（3）光伏阵列的布置，还应考虑施工安装、运行维护的便利性等其他因素。

6.2.4 光伏发电系统站区总平面布置

光伏发电系统站区总平面布置设计规划是光伏系统的基础，其设计主要根据站区用地规划、建设单位的初步设计、规划要求、环境条件、电网条件以及电力系统的设计规范和要求并结合国家相关的新能源产业政策、各地电力建设实情而进行。其主要有：光伏组件基础设计、站区给水排水设计、站区检修通道设计、站区管线布置设计、暖通设计、消防设计、电气系统规划设计、数据传输规划设计等。

（1）分布式电站总平面布置应经过统筹安排、合理布置，实现工艺流程顺畅、检修维护方便、便于组件清洗。

（2）分布式电站总平面的布置应该结合项目地形及特点进行，并应减少对场地的土方平整。

（3）分布式电站应合理选择逆变器室、升压箱变及开关站位置，以运行方便、适宜人员活动为原则。对于有远期规划的要充分考虑将来扩建的需求。

（4）集中式逆变器的逆变器室应布置在靠近光伏子阵的位置。

（5）逆变器室应布置在道路的一侧。

（6）分布式光伏电站相关构筑物应适当结合当地的环境条件适当绿化，以美化环境。

（7）分布式电站管沟布置应尽量利用原有管沟，新增管沟应统筹规划，在平面与竖向上相互协调，远近结合，间距合理，减少交叉，同时应考虑检修和扩建的便利性。

（8）新建电缆沟槽应按0.3%坡度接入排水系统。

6.3 发电系统一次设计

一般配电网是从输电网或者地区发电厂接收电能，通过配电设施就地分配或按照电压逐级分配给各类用户的电力网，是由架空线路、电缆、杆塔、配电变压器、隔离开关、无功补偿电容、计量装置以及一些附属设施组成，一般采用闭环设计、开环运行，其结构呈辐射状。分布式光伏电源接入配电网，在配电系统中发电与用电并存，配电网结构从辐射状结构变为多电源结构，短路电流大小、流向以及分布特性均发生改变，给供电可靠性带来了更大的要求。为避免设备故障的扩大和相互影响，必须严格按照光伏电力接入设计原则及轨道交通供配电网络各级继保的要求，确保供电的可靠性。

6.3.1 设计原则

1. 接入电压等级划分原则

根据分布式光伏电站装机容量划分系统确定接入电压等级及接入点方案。

2. 接入分布式光伏发电系统装机容量

对于单个并网点，应根据分布式光伏发电容量，遵从安全性、灵活性、经济性的原则，综合确定接入的电压等级。

（1）单个并网点容量小于等于400kW时，分布式光伏电站推荐采用380V接入。

（2）单个并网点容量400kW~6MW时，推荐采用10kV/35kV接入，设备和线路等电网条件允许时，也可采用380V多点接入。

（3）整体设计要力求安装简单，可靠性高，便于维护。

6.3.2 主要设备选择原则

1. 升压站主变

升压用变压器容量宜采用1000kVA、1250kVA、1600kVA、2000kVA或多台组合，电压等级为0.5kVA/10kV、0.8kVA/35kV。若变压器同时为负荷供电，可根据实际情况选择容量。容量一般为光伏发电峰值功率的1~1.25倍。

（1）变压器阻抗选择：变压器阻抗的大小主要决定于变压器的结构和采用的材料，各侧阻抗值的选择必须从电力系统稳定、潮流方向、无功分配、继电保护、短路电流、系统内的调压手段和并联运行等方面进行综合考虑。双绕组普通变压器，一般按标准规定值进行选择。

（2）变压器电压调整方式的选择：35kV及以上供电电压正、负偏差绝对值之和不超过标称电压的10%。电网任意一点的运行电压，在任何情况下严禁超过电网最高电压。变压器可选择有载调压方式，调整范围可达 30%。

2. 送出线路导线截面

分布式光伏发电送出线路导线截面选择应遵循以下原则：

（1）根据所需送出的容量、并网电压等级，并考虑分布式电源发电效率等因素选取。

（2）按持续极限输送容量进行选择。

（3）应满足轨道交通的使用环境，要求能在恶劣环境条件下使用，并具备抗臭氧、抗紫外线、耐酸碱、耐高温、耐严寒、耐凹痕、无卤、阻燃等特性。

3. 开关设备

（1）分布式光伏发电并网点应安装易操作、具有明显开断点、具备开断故障电流能力的开关设备。断路器可选用微型、塑壳式或万能断路器，根据短路电流水平选择设备开断能力，并需留有一定裕度，应具备电源端与负荷端反接能力。

（2）分布式光伏发电并网点应安装可闭锁、带接地功能的开关设备。

4. 无功配置

（1）通过低压并网的光伏发电系统应保证并网点处功率因数在超前 0.98 至滞后 0.98 范围内。

（2）高压并网的分布式发电系统的无功功率和电压调节能力应满足相关标准的要求，选择合理的无功补偿措施；分布式发电系统无功补偿容量的计算，应充分考虑逆变器功率因数、汇集线路、变压器和送出线路的无功损失等因素；通过高压等级并网的分布式发电系统功率因数应实现超前 0.95 至滞后 0.95 范围内连续可调；分布式发电系统配置的无功补偿装置类型、容量及安装位置应结合分布式发电系统实际接入情况确定，优先利用逆变器的无功调节能力，必要时也可安装动态无功补偿装置。

6.4 发电系统二次设计

发电系统二次设计是指导典型设计的总纲，描述典型设计的内容和要求，以及明确在设计中所执行的主要技术原则。

系统继电保护及安全自动装置包括：线路保护、母线保护、频率电压异常紧急控制装置、孤岛检测和防孤岛保护等。

系统调度自动化包括：调度管理、远动系统、对时方式、通信协议、信息传输、安全防护、功率控制、电能质量监测。

系统通信包括：通道要求、通信方式、通信设备供电、通信设备布置等。

计量与结算包括：计费系统、关口点设置、设备接口、通道及规约要求等。

6.4.1 系统继电保护及安全自动装置

分布式光伏发电的继电保护及安全自动装置配置应满足可靠性、可选择性、灵敏性和速动性的要求，其技术条件应符合现行国家标准《继电保护和安全自动装置技术规程》（GB/T 14285—2006）、《3kV～110kV电网继电保护装置运行整定规程》（DL/T 584—2007）和《低压配电设计规范》（GB 50054—2011）的要求。

6.4.2 系统调度自动化

系统调度自动化包括调度管理关系确定、系统远动配置方案、远动信息采集、通道组织及二次安全防护、线路同期、电能质量在线监测等内容。

（1）根据配电网调度管理规定，结合发电系统的容量和接入配电网电压等级确定发电系统调度关系。

（2）根据调度关系，确定是否接入远端调度自动化系统并明确接入调度自动化系统的远动系统配置方案。

（3）根据调度自动化系统的要求，提出信息采集内容、通信规约及通道配置要求。

（4）根据调度关系组织远动系统至相应调度端的远动通道，明确通信规约、通信速率或带宽。

（5）提出相关调度端自动化系统的接口技术要求。

（6）根据本工程各应用系统与网络信息交换、信息传输和安全隔离要求，提出二次系统安全防护方案、设备配置需求。

（7）根据相关调度端有功功率、无功功率控制的总体要求，分析发电系统在配电网中的地位和作用，确定远动系统是否参与有功功率控制与无功功率控制，并明确参与控制的上下行信息及控制方案。

（8）明确电能质量监测点和监测量。

6.4.3 系统通信

明确调度管理关系、介绍通信现状和规划、分析通道需求、提出通信方案、确定通道组织方案、提出通信设备供电和布置方案等。

（1）根据配电网调度管理、发电系统的容量和接入配电网电压等级明确分布式光伏发电系统与调度关系。

（2）叙述与分布式光伏发电相关的电力系统通信现状，包括传输形式、电路制式、电路容量、组网路由、设备配置、相关光缆情况等。

（3）根据调度组织关系、运行管理模式和电力系统接线，提出线路保护、安全自动装置、调度自动化等相关信息系统对通道的要求，以及分布式光伏电站至调度等单位的信息通道要求。

（4）根据一次接入系统方案及通信系统现状，提出分布式光伏发电系统通信方案，包括电路组织、设备配置等。一般需提出多方案进行比较，并明确推荐方案。

（5）根据分布式光伏发电的信息传输需求和通信方案，确定各业务信息通道组织方案。

（6）提出通信设备供电和布置方案。

6.4.4 计量与结算

包括计费关口点设置、电能表计量配置、装置精度、传输信息及通道要求等。

（1）提出相关电能量计费系统的计量关口点的设置原则。

（2）根据关口点的设置原则确定分布式发电系统的计费关口点。

（3）提出关口点电能量计量装置的精度等级以及对电流互感器、电压互感器的技术要求。

（4）提出电能量计量装置的通信接口技术要求。

（5）确定向相关调度端传送电能量计量信息的内容、通道及通信规约。

6.5 光伏发电站的建筑及结构设计要求

6.5.1 建筑设计总则

1. 总体设计要求

光伏一体化的建筑应结合建筑功能、建筑外观以及周围环境条件进行光伏组件类型、安装位置、安装方式和色泽的选择，使之成为建筑的有机组成部分。

安装光伏系统的建筑不应降低建筑本身或相邻建筑的建筑日照标准。

应合理规划光伏组件的安装位置，避免建筑周围的环境景观与绿化种植遮挡投射到光伏组件上的阳光。

在既有建筑上增设或改造光伏系统，必须进行建筑结构安全、建筑电气安全的复核，并满足光伏组件所在建筑部位的防火、防雷、防静电等相关功能要求和建筑节能要求。

光伏一体化建筑应符合《建筑设计防火规范》GB 50016 及《光伏发电站设计规范》GB 50797 的规定。

2. 建筑安全要求

在既有建筑物上增设光伏发电系统时，应根据建筑物的种类分别按照现行国家标准《工业建筑可靠性鉴定标准》GB 50144 和《民用建筑可靠性鉴定标准》GB 50292 的规定进行可靠性鉴定。

位于抗震设防烈度为 6~9 度地区的建筑还应依据其设防烈度、抗震设防类别、后续使用年限和结构类型，按照现行国家标准《建筑抗震鉴定标准》GB 50023 的规定进行抗震鉴定。经抗震鉴定后需要进行抗震加固的建筑应按现行行业标准《建筑抗震加固技术规程》JGJ 116 的规定设计施工。

直接构成建筑屋面面层的建材型光伏组件，除应保障屋面排水通畅外，安装基层还应具有一定的刚度。

3. 建筑防水设计

光伏发电系统各组成部分在建筑中的位置应满足其所在部位的建筑防水、排水和保温隔热等要求，同时便于系统的维护、检修和更新。

在建筑屋面上安装光伏组件，应选择不影响屋面排水功能的基座形式和安装方式。在建筑屋面上安装光伏组件支架，应选择点式的基座形式，以利于屋面排水。特别要避免与屋面排水方向垂直的条形基座。

在屋面防水层上安装光伏组件时，若防水层上没有保护层，其支架基座下部应增设附加防水层。附加层宜空铺，空铺宽度不应小于 200mm。为防止卷材防水层收头翘边，避免雨水从开口处渗入防水层下部，应按设计要求做好收头处理。卷材防水层应用压条钉压固定，或用密封材料封严，如图 6-3 所示。

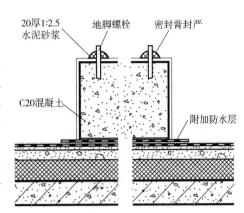

光伏组件基座与结构层相连时，防水层应包到支座和金属埋件的上部，并在地脚螺栓周围作密封处理，如图 6-4 所示。

图 6-3 轻型基础防水层上没有保护层的防水做法（单位：mm）

坡屋面上安装光伏组件宜采用顺坡镶嵌或顺坡架空安装方式。

光伏组件的引线穿过屋面处应预埋防水套管，并作防水密封处理。防水套管应在屋面防水层施工前埋设完毕，如图 6-5 所示。

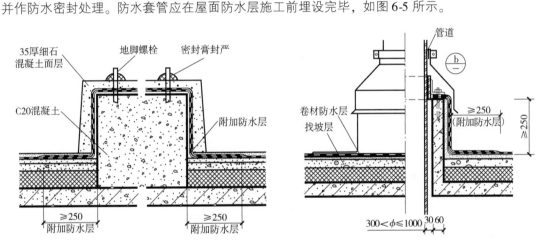

图 6-4 设备基础与结构相连的防水做法（单位：mm）

图 6-5 防水套管的防水做法（单位：mm）

光伏组件安装应考虑设置维修、人工清洗的设施与通道。光伏组件周围屋面、检修通道、屋面出入口和光伏方阵之间的人行通道上部应铺设屋面保护层。

4. 光伏组件设计

建筑一体化光伏组件的构造及安装应采取通风降温措施，保证光伏电池温度不高于85℃。安装光伏组件时，应采取必要的通风降温措施以抑制其表面温度升高。一般情况下，组件与安装面层之间设置50mm以上的空隙，组件之间也留有空隙，以便有效控制组件背面的温度升高。顺坡架空在坡屋面上的光伏组件与屋面间宜留有大于100mm的通风间隙。

建筑设计应为光伏发电系统的安装、使用、维护、保养等提供条件，在安装光伏组件的部位应采取安全防护措施。在人员有可能接触或接近光伏发电系统的位置，应设置防触电警示标识。

光伏组件不应跨越建筑变形缝设置。建筑主体结构在伸缩缝、沉降缝、防震缝的变形缝两侧会发生相对位移，光伏组件跨越变形缝时容易遭到破坏，造成漏电、脱落等危险。所以光伏组件不应跨越主体结构的变形缝，或采用与主体建筑的变形缝相适应的构造措施。

光伏组件安装宜按最佳倾角进行设计，支架安装型光伏方阵中光伏组件的间距应满足冬至日不遮挡太阳光的要求。

6.5.2 结构设计总则

1. 总体设计原则

（1）光伏方阵支架设计应结合工程实际，合理选用材料、结构方案和构造措施，保证结构在运输、安装和使用过程中满足强度、稳定性和刚度要求，符合抗震、抗风和防腐等要求。

（2）支架构件宜采用钢材，材料的选用和设计指标应符合现行《钢结构设计标准》GB 50017 的规定。

（3）支架应按承载能力极限状态计算结构和构件的强度、稳定性以及连接强度，按正常使用极限状态计算结构和构件的变形。

（4）支架的荷载和荷载效应计算应考虑风荷载、雪荷载和温度荷载，按现行《建筑结构荷载规范》GB 50009 取 25 年一遇的荷载值。

（5）支架的防腐应符合下列要求：

1）支架在构造上应便于检查和清刷。

2）钢支架防腐宜采用热镀浸锌，镀锌层厚度不应小于 65μm。

3）当铝合金材料与除不锈钢以外的其他金属材料或与酸、碱性的非金属材料接触、紧固时，应采用合适材料隔离。

4）铝合金支架应进行表面防腐处理，可采用阳极氧化处理措施，阳极氧化膜的厚度应符合表 6-3 的要求。

表 6-3　氧化膜的最小厚度

腐蚀等级	最小平均膜厚/μm	最小局部膜厚/μm
弱腐蚀	15	12
中等腐蚀	20	16
强腐蚀	25	20

2. 屋面光伏结构设计

（1）混凝土屋面光伏支架结构设计原则　在满足国家现行规范的前提下，混凝土屋面光伏支架结构设计方案的选择和确定，首先以满足工艺安全生产、操作检修为前提，同时兼顾其他各有关专业的需要。对不同条件的支架，选择合理的连接形式，力求结构设计符合安全、适用、经济、合理、美观的原则，以适应和体现现代工业文明生产的要求，同时尽可能地降低工程造价，使有限的投资尽快形成生产能力，获得最佳经济效益。混凝土屋面光伏支架结构设计所遵循的基本原则为：

1）结构设计使用年限不应小于 25 年。预埋件属于难以更换的部件，其结构设计使用年限宜按 50 年考虑。

2）屋顶光伏电站结构可按弹性方法分别计算施工阶段和正常使用阶段的作用效应，并进行作用效应组合。

3）屋顶光伏电站结构系统的构件和连接应按各效应组合中最不利组合进行设计。

4）需要验算原屋面结构的结构承载能力，结构的承载能力应能满足新增光伏结构荷载的承载要求。

5）支架结构的设计应满足承载力的要求，风荷载和雪荷载的取值按 50 年一遇的要求取值；设计方案应能完全满足并能完全覆盖整个屋面光伏组件区域运维过程中的清洗、检修等工作。

6）支架基础的设计应能保证光伏组件支架在风荷载作用下，不会滑移和倾覆，确保整体结构的稳定性。

7）支架结构及其基础的施工不应破坏原有建筑的防水层，不影响正常的生产工作。

（2）钢结构屋面光伏支架结构设计原则

1）光伏支架的设计使用年限为 25 年。

2）根据钢结构建筑原有土建竣工图计算屋面承载能力，评估在屋面安装光伏支架及太阳能电池板的可行性。

3）根据屋面形式选择适用的夹具，并设计合适的光伏支架方案。

4）支架夹具、导轨等应满足强度及变形等要求。

（3）分布式屋面选型 分布式屋面的选型要求详见表 6-4。

表 6-4 分布式屋面选型

屋面形式	类型	安装方式	适用范围	安装照片（参考）
混凝土屋面	H-101	基础采用预制混凝土块，在混凝土块顶面预埋地脚螺栓，方便与支架连接；支架梁通过膨胀螺栓或化学螺栓与女儿墙拉结	风荷载大的地区；承载能力较小的屋面	
	H-102	基础采用较大预制混凝土块，在混凝土块顶面预埋地脚螺栓，方便与支架连接	风荷载小的地区；承载能力较好的屋面	
	H-103	基础采用预制混凝土块，在混凝土块顶面预埋地脚螺栓，方便与支架连接；采用水泥块或石块等重物再次负重，以抵抗风荷载	风荷载大的地区；承载能力较好的屋面	

（续）

屋面形式	类型	安装方式	适用范围	安装照片（参考）
彩钢瓦屋面	G-101（直立锁边型彩钢瓦）	根据直立锁边彩钢瓦的锁边选择合适的夹块，用预安装好的夹块卡住锁边，拧紧螺栓固定；根据屋顶载荷要求等选择合适的导轨	适用于直立锁边型的彩钢瓦形式	
	G-102（梯形彩钢瓦）	用4颗钻尾螺钉将梯形彩钢瓦屋顶固定座固定在屋顶上；根据屋顶载荷要求等选择合适的导轨，用偏心螺母和内六角螺栓将铝轨固定在挂钩上；将预安装好的压块插入导轨中，放置好组件后，拧紧螺栓即可固定组件	适用于梯形彩钢瓦形式。（由于此种安装方式需在屋面开孔，故不建议采用）	
	G-103（波形彩钢瓦）	在定位好的彩钢瓦屋顶上钻孔，拧紧法兰螺母，将双头螺杆固定；根据屋顶载荷要求等选择合适的导轨，用T形螺栓和法兰螺母将导轨固定在双头螺杆上；将预安装好的压块插入导轨中，放置好组件后，拧紧螺栓即可固定组件	适用于波形彩钢瓦形式。（由于此种安装方式需在屋面开孔，故不建议采用）	
其他屋面	其他不上人屋面	在定位好的屋顶上打胶粘贴，将组件固定；也可以根据屋顶载荷要求等选择合适的导轨安装。该种轻质柔性组件在大部分的场景下可以实现	适用于荷载不够的彩钢瓦或者混凝土预制板结构形式。（此种安装方式无须屋面开孔），其他立面或者不规则结构屋面	

6.6 光伏发电站消防系统的设计要求

6.6.1 建（构）筑物及电气设备防火

光伏发电站建（构）筑物火灾危险性分类及耐火等级应符合现行《光伏发电站设计规范》

GB 50797 的规定。

建（构）筑物构件的燃烧性能和耐火极限应符合现行国家标准《建筑设计防火规范》GB 50016 的规定。

电站内的建（构）筑物与电站外的民用建（构）筑物及各类厂房、库房、堆场、储罐之间的防火间距应符合现行国家标准《建筑设计防火规范》GB 50016 的规定。

电站内的建（构）筑物及设备的防火间距应符合《光伏发电站设计规范》GB 50797 的规定。

控制室室内装修应采用不燃材料。变压器室、电缆夹层、配电装置室的门应向疏散方向开启，当门外为公共走道或其他房间时，该门应采用乙级防火门。配电装置室的中间隔墙上的门应采用不燃材料制作的双向弹簧门。建筑面积超过 250㎡ 的主控室、配电装置室、电缆夹层，其疏散出口不宜少于两个。当配电装置室的长度超过 60m 时，应增设一个中间疏散出口。

6.6.2 电缆防火

当控制电缆或通信电缆与电力电缆敷设在同一电缆沟内时，宜采用防火槽盒或防火隔板进行分隔。

电缆从室外进入室内的入口处，穿越控制室、配电装置室处，电缆沟道每隔 100m 处，电缆沟道分支引接处，控制室与电缆夹层之间，应设置防火分隔措施。并用防火材料封堵电缆通过的孔洞。

集中敷设于沟道、槽盒中的电缆宜选用同一级别的阻燃电缆。

规范电站内部电气线路的敷设和设备的安装，尽量选择优质的施工单位，在项目的施工过程中要严格规范施工，确保电站建设质量。减少在项目过程中出现组件隐裂，接线不好等可能引起火灾的隐患。应做好防雷接地系统，避免受雷击损坏设备。

6.6.3 消防设施

逆变器室、就地升压变压器的光伏方阵区不宜设置消防水系统，应布置干粉灭火器。灭火器的设置应符合现行国家标准《建筑灭火器配置设计规范》GB 50140 的规定。

灭火器的摆放应稳固，便于取用，其铭牌应朝外，若灭火器设置在灭火器箱内，灭火器箱不得上锁。灭火器顶部距离地面高度不大于 1.5m。底部距离地面高度不宜小于 0.08m，灭火器数量每处均为两具。应依照国家相关灭火器检验标准对灭火器进行检查更换。

应急照明可采用蓄电池作备用电源，其连续供电时间不应小于 20min。电站主控室、配电装置室和建筑疏散通道应设置应急照明。人员疏散用的应急照明的照度不应该低于 0.5lx，连续工作应急照明不应低于正常照明照度值的 10%。应急照明灯宜设置在墙面或顶棚上。

6.7 光伏发电站防雷与接地系统的设计要求

结合建筑工程按《建筑物防雷设计规范》要求标准设置防雷设施。

光伏组件、支架等设备接地为共用接地装置,接地装置与建筑接地装置连接。

(1) 防直接雷击 沿屋面构架设计的避雷带向各光伏组件方阵的金属支架顶端引接避雷带,形成与光伏组件方阵的布局相对应的网格。避雷带采用 −40×4 的镀锌扁铁沿光伏组件支架敷设。所有凸出屋面的金属物［如:金属管道(含水管、煤气管)、铁爬梯、金属支架、冷却塔金属构件等］均应用镀锌圆钢与屋面防雷装置焊接。

利用建筑中设计的结构柱内主筋上下焊通,作为防雷引下线,每组引下线应利用两根直径为 16mm 以上的结构主筋,引下线间距不大于 18m。

(2) 防雷电波侵入 进出建筑物的各种线路及管道采用全线埋地引入(出),在进入建筑处应将电缆的金属外皮、金属管道、金属套管等经地下室配变电所内的总等电位联结板与建筑物防雷装置相连。

(3) 接地装置 防雷接地与强电弱电电气设备接地共用基础接地装置,其冲击接地电阻要求不大于 1Ω,基础施工完毕后,应实测各引下点的接地电阻值,如不满足要求则应外引加设人工接地体。应将建筑物内的各种竖向金属管道、金属构架经就近的预埋件与防雷装置及总等电位联结板相连。避雷带、避雷网、引下线、预埋件、接地装置等的连接均为焊接,焊接应满足焊缝长度的要求。

利用现有屋顶的防雷接地网接入接地网络的,接地网络的布置有可能需要重新布局,经技术计算后确认。

6.8 光伏发电站工程施工

6.8.1 总体要求

为保证光伏电站工程的施工质量,促进工程施工技术水平的提高,确保光伏发电站建设的可靠性,各项施工应符合《光伏发电站施工规范》GB 50794 及国家现行有关标准的规定。光伏发电站施工前应编制施工组织设计文件,并制定专项应急预案。

(1) 开工前应具备的条件

1)在工程开始施工之前,建设单位应取得相关的施工许可文件。

2)施工现场应具备水通、电通、路通、电信通及场地平整的条件。

3)施工单位的资质、特殊作业人员资格、施工机械、施工材料、计量器具等应报监理单位或建设单位审查完毕。

4)开工所必需的施工图应通过会审;设计交底应完成;施工组织设计及重大施工方案应已审批;项目划分及质量评定标准应已确定。

5)施工单位根据施工总平面图要求布置施工临建设施应已完毕。

6)工程定位测量基准应已确立。

(2) 设备和材料的规格应符合设计要求,不得在工程中使用不合格的设备材料。

(3) 进场设备和材料的合格证、说明书、测试记录、附件、备件等均应齐全。

(4) 设备和器材的运输、保管,应符合规范要求;当产品有特殊要求时,应满足产品要求的专门规定。

（5）隐蔽工程应符合的要求

1）隐蔽工程隐蔽前，施工单位应根据工程质量评定验收标准进行自检，自检合格后向监理方提出验收申请。

2）应经监理工程师验收合格后方可进行隐蔽，隐蔽工程验收签证单应按照现行行业标准《电力建设施工质量验收及评定规程》DL/T 5210 要求的相关格式进行填写。

（6）施工过程记录及相关试验记录应齐全。

6.8.2 电站主体施工

1. 光伏支架安装

轨道交通光伏项目的屋顶主要类型有钢筋混凝土屋顶、彩钢板屋顶等，不同的屋顶类型，有着不同的支架结构和安装固定方法。

（1）钢筋混凝土屋顶的安装 在混凝土平面屋顶安装光伏支架，主要有两种安装方式：一种是固定预埋件基础方式；另一种是混凝土配重基础方式。当采用固定预埋件基础方式时，如果是新建屋顶，可以在建屋顶的同时，将基础预埋件与屋顶主体结构的钢筋牢固焊接或连接，并统一做好防水处理。如果是已经投入使用的屋顶，需要将原屋顶的防水层局部切割掉，刨出屋顶的结构层，然后将基础预埋件与屋顶主体结构的钢筋牢固焊接或通过化学植筋等方法进行连接，然后进行基础制作，完成后再将切割过防水层的部位重新进行修复处理，做到与原屋顶防水层浑然一体，保证防水效果。

当屋顶受到结构限制无法采用固定预埋件基础方式时，应采取混凝土块配重基础方式，通过重力和加大基础与屋顶的附着力将光伏支架固定在屋顶上，或者采用铁线拉紧法或支架延长固定法等措施对支架进行加强固定。特别是在东南沿海台风多发地，配重基础直接关系到光伏发电系统的安全，如果光伏方阵抗台风能力不足，就存在被大风掀翻的安全隐患。所以，配重块基础的设计施工都要再增加负重，并进一步加固，也可以在支架后立柱区域及支架边缘区域多使用混凝土配重压块增加负重，使这些区域的配重质量达到其他区域的 1.3 倍以上。负重不足的配重基础还有被局部移动的风险，可能会导致支架变形、组件损坏等。屋顶基础制作完成后，要对屋顶被破坏或涉及部分按照现行国家标准《屋面工程质量验收规范》（GB 50207）的要求做防水处理，防止渗水、漏雨现象发生。

光伏支架按照连接方式的不同，可分为焊接和拼装式两种。焊接支架对型钢（槽钢和角钢）生产工艺要求低，连接强度较好，价格低廉，但焊接支架也有一些缺点，如连接点防腐难度大，如果涂刷油漆，则每 1~2 年油漆层就会发生剥落，需要重新涂刷，后续维护费用较高。焊接支架一般采用热镀锌钢材或普通角钢制作，沿海地区可考虑采用不锈钢等耐腐蚀钢材制作。热镀锌钢材镀锌层平均厚度应大于 65μm。支架的焊接制作质量要符合现行国家标准《钢结构工程施工质量验收规范》（GB 50205）的要求。普通钢材支架的全部及热镀锌钢材支架的焊接部位，要进行涂防锈漆等防腐处理。

拼装式支架以成品型钢或铝合金作为主要支撑结构件，具有拼装、拆卸方便，无须焊接，防腐涂层均匀，耐久性好，施工速度快，外形美观等优点，是目前普遍采用的支架连接方式。

光伏支架的安装顺序：

1）安装前后立柱底座及立柱，立柱要与基础垂直，拧上预埋件螺母，吃上劲即可，先不要拧紧。如果有槽钢底框时，先将槽钢底框与基础调平固定或焊接牢固，再把前后立柱固定在槽钢底框相应的位置上。

2）安装斜梁或立柱连接杆。安装立柱连接杆时应将连接杆的表面放在立柱外侧，无论是斜梁还是连接杆，都要先把固定螺栓拧至6分紧。

3）安装前后横梁。将前后横梁放置于钢支柱上，与钢支柱固定，用水平仪将横梁调平调直，再次紧固螺栓，用水平仪对前后梁进行再次校验，没有问题后，将螺栓彻底拧紧。

不同类型的支架其结构及连接件款式虽然有所差异，但安装顺序基本相同，具体安装方法可参考设计图纸或支架厂家提供的技术资料。

光伏支架与基础之间应焊接或安装牢固，立柱底面与混凝土基础接触面要用水泥浆填灌，使其紧密结合。支架及光伏组件边框要与保护接地系统可靠连接。

需要特别注意的是，在光伏方阵基础与支架的施工过程中，要杜绝出现支架基础没有对齐，造成支架前后立柱不在一条线上以及组件方阵横梁不在一个水平线上，出现弧形或波浪形的现象。还应尽量避免对相关建筑物及附属设施的破坏，如因施工需要不得已造成局部破损，应在施工结束后及时修复，如图6-6、图6-7所示。

图6-6　上海地铁龙阳路基地混凝土配重基础方式

图6-7　上海地铁封浜基地固定预埋件基础方式

（2）彩钢板屋顶的安装　在彩钢板屋顶安装光伏方阵时，光伏组件可沿屋顶面坡度平行铺设安装，也可以设计成一定倾角的方式布置。目前的彩钢板屋顶多为坡面形，常见的坡度为5%和10%，屋面板为压型钢板或压型夹芯板，下部为檩条，檩条搭设在门式三角形钢架等支撑结构上。组件方阵支架一般都是通过不同的夹具、紧固件与屋顶彩钢板的瓦楞连接，夹具的固定位置要尽可能选择在彩钢板下有横梁或檩条的位置，尽量通过屋顶钢结构承受光伏方阵的重量。两个夹具之间的固定间距一般在 0.8m 左右，两根横梁之间的间距根据电池组件长度的不同，在 1~1.1m（60 片板）或 1.2~1.4m（72 片板）之间，具体尺寸要根据设计图纸要求来确定。

彩钢板屋顶支架安装的步骤是，根据设计图纸进行测量放线，确定每一个夹具的具体位置，逐一安装固定夹具，然后进行方阵横梁的安装。在安装过程中要保证横梁在一条直线上。在屋顶边缘区域，受风情况下容易产生乱气流，可通过增加夹具数量来增强光伏方阵的抗风能力。

常见的彩钢板屋顶瓦楞有直立锁边型、角驰（咬口）型、卡扣（暗扣）型、明钉（梯形）型等。其中直立锁边型、角驰型和卡扣型都可以通过夹具夹在彩钢板楞上，不会对彩钢板造成破坏。明钉型则需要用固定螺钉穿透彩钢板表面对夹具进行固定。在选用夹具时，不仅要确定夹具类型，还需要将夹具带到现场进行锁紧测试，以确认夹具与屋顶瓦楞的尺寸是否合适。

在彩钢板屋顶安装光伏组件方阵时，其安装方式与支撑彩钢板屋顶的钢架结构、屋顶架结构、檩条强度与数量及屋面板形式等有着直接的关系，对于不同承重结构的彩钢板屋顶将采取不同的安装方式。

1）钢架、屋顶支架、檩条的承重强度和屋顶板刚性强度都能满足安装要求。这种情况是最合理的安装条件，光伏支架及方阵可以直接进行安装。把光伏支架采用夹具连接件与屋顶板连接，并尽可能靠近檩条位置进行固定。

2）钢架、屋顶支架、檩条的承重强度能满足安装要求，但屋顶板刚性强度较小，变形较大。这种类型的彩钢屋顶主要应用在简易车间、车棚、公共候车厅、养殖场等一些要求程度不太高的场所。光伏支架可以采用夹具连接件与檩条处的屋顶板直接连接，也可以采用将连接件通过穿透屋顶板与檩条进行连接。

3）仅钢架和屋顶支架能满足安装要求，檩条和屋顶板承载能力小。这种情况，只能采用连接件直接与钢架或屋顶支架连接，具体连接安装方式也是将连接件通过穿透屋顶板的方式进行。还有一种方式是将固定支架位置的屋顶板割开，用角钢槽钢等作支柱焊接到钢架或屋顶支架上。

在上述几种方式中，凡是涉及穿透屋顶的连接方式，如明钉型连接件，必须带有防水垫片或采用密封结构胶进行防水处理，保证防水能力。若钢架、屋顶支架、檩条和屋顶板强度均不能满足安装要求时，是不能进行光伏方阵安装的。如果非要安装，就需要先对彩钢屋顶的整个钢结构重新进行加固，如图 6-8 所示。

图 6-8　上海地铁九亭基地彩钢瓦支架安装实例

2. 光伏组件安装

1）光伏组件在运输、吊装、存放、搬运、安装等过程中，应轻搬轻放，不得受到强烈的冲击和振动，不得碰撞或受损，特别要注意防止组件玻璃表面及背面的背板材料受到硬物的直接冲击。禁止抓住接线盒来搬运或举起组件。

2）光伏组件进场后，要先检查外包装完好，无破损现象。在安装过程中，要边开包边检查光伏组件边框有无变形，玻璃有无破损，背板有无划伤及裂纹，接线盒有无脱落等现象。

3）组件安装前应根据组件生产厂家提供的出厂实测技术参数和曲线，对光伏组件进行分组，将峰值工作电流相近的组件串联在一起，将峰值工作电压相近的组件并联在一起，以充分发挥光伏组串的整体效能。需要对光伏组件进行现场测量时，最好在正午日照最强的条件下进行。如组件厂商提供的是经过生产线测试调配好的组件，可直接进行安装。

4）如果光伏组件接线盒没有正负极引出线时，还需要先连接好引出线，再进行安装。正负极引出线要用专用直流线缆制作，一般正极用红色，负极用黑色或其他颜色。一端连接到组件接线盒正负极压线处，另一端接专用连接器，连接器引线要用专用压线钳压接。正负极引出线的长度根据光伏方阵布置的具体需要确定。

5）光伏组件的安装应自下而上逐块进行，螺杆的安装方向为自内向外，将分好组的组件依次摆放到支架上，并用螺杆穿过支架和组件边框的固定孔，或通过组件专用压块，将组件与支架固定。固定时要保持组件间的缝隙均匀，横平竖直，组件接线盒方向一致。组件固定螺栓应有弹簧垫圈和平垫圈，紧固后应将螺栓露出部分及螺母涂刷防锈漆，做防松动处理。

6）地面或平面屋顶安装组件的时候若单排组件比较长，可以从中间往两边依次安装，这样可以将组件安装得更水平。

7）光伏组件安装面的平度调整。首先调整一组支架内左右两边各一块光伏组件固定杆，使其呈水平状态并紧固，将放线绳拉直固定在两边组件表面并绷紧，然后以放线绳为基准，分别调整其余组件的固定杆，使其在一个平面内，紧固所有螺栓。当方阵面积较大时，可以同时多放几根放线绳进行调整。当个别组件的边框固定面与支架固定面不吻合或缝隙大时，要用垫片垫平后方可紧固固定螺母。不能靠强行拧紧螺栓的方式紧固吻合，这样会造成组件边框变形，甚至会因长时间的扭曲应力造成组件玻璃破损。

8）按照具体项目光伏方阵组件串并联的设计要求，用专用直流线缆将组件的正负极进行连接，在作业时需认真按照操作规范进行，先串联后并联。对于接线盒直接带有线缆和连接器的组件，在连接器上都标注有正负极性，只要将连接器接插件直接插接即可。每串组件连接完毕，应检查整个光伏组串的开路电压是否正常，若没有问题，可以先断开组串中某一块组件的连接线，以保证后续工序的安全操作。电缆连接完毕，要用绑带、钢丝卡等将电缆固定在支架上，以免长期风吹摇动造成电缆磨损或接触不良。

9）斜面彩钢板屋顶和瓦屋顶安装组件时要提前考虑好组件串的连接方式和组串数，在安装下一块组件时要先将这块组件与上一块组件的连接器端子提前插接好，即边安装边连接，否则组件安装好后，有些区域就无法连接组件之间的连线了。

10）安装中要注意方阵的正负极两输出端不能短路，否则可能造成人身事故或引起火灾。在阳光下安装时，最好用黑塑料薄膜、包装纸片等不透光材料将光伏组件遮盖起来，并戴上绝缘手套，以免输出电压过高影响连接操作或造成施工人员触电的危险。

11）安装斜坡屋顶的建材一体化光伏组件时，互相间的上下左右防雨连接结构必须严格施工，严禁漏雨、漏水，外表必须整齐美观，避免光伏组件扭曲受力。屋顶坡度超过10°时，要设置施工脚踏板，防止人员或工具物品滑落。严禁下雨天在屋顶面施工。

12）光伏组件安装完毕之后要先测量各组串总的电流和电压，如果不合乎设计要求，就应该对各个支路分别测量。当然为了避免各个支路互相影响，在测量各个支路的电流与电压时，各个支路要相互断开。

13）光伏方阵中所有光伏组件的铝边框之间都要用专用的接地线进行连接，光伏方阵的所有金属件都应可靠接地，防止雷击可能带来的危害，同时为工作人员提供安全保证。光伏方阵仅通过组件的铝边框和支架的接触间接地时，接地电阻大且不可靠，铝边框有漏电的危险。在实际工程中，多数光伏系统的负极都接到设备的公共地极上。系统其他的绝缘及接地要求可参考相应的设计方案和国家标准相关内容。

3. 逆变器安装

1）逆变器在安装前同样要进行外观及内部线路的检查，检查无误后先将逆变器的输入开关断开，然后进行接线连接。接线时要注意分清正负极极性，并保证连接牢固。接线内容包括：直流侧接线、交流侧接线、接地连接、通信线连接等。接线顺序为：先连接保护接地线 PE，再连接交流输出线，再连接通信线，最后连接直流输入线。

2）接线完毕，可接通逆变器的输入开关，待逆变器自检测正常后，如果输出无短路现象，则可以打开输出开关，检查温升情况和运行情况，使逆变器处于试运行状态。

3）逆变器的安装位置确定可根据其体积、重量大小分别放置在工作台面、地面等，若需要在室外安装时，要考虑周围环境是否对逆变器有影响，应避免阳光直接照射，并符合密封防潮通风的要求。过高的温度和大量的灰尘会引起逆变器故障和缩短使用寿命。同时要确保周围没有其他电力电子设备干扰。

4）逆变器的安装应与其周围保持一定的间隙，方便逆变器散热，同时便于后期逆变器的维护操作。如果逆变器本身无防雷功能，还要在直流输入侧配置防雷系统，并且保持良好接地。

5）逆变器安装要合理选择并网点，在某一区域安装 3 台以上逆变器时，要选择接入不同相位的火线并网，防止用电低峰时因电网电压高造成逆变器过压保护而间歇工作。在农村电网末端严禁安装大容量光伏发电系统。

6）安装中所使用的线缆质量必须合格，连接要牢固，直流光伏线缆连接器必须用专用压线钳压制，以避免后期因接触不良引起故障或着火事故。

根据光伏系统的不同要求，各厂家生产的逆变器的功能和特性都有差别。因此欲了解逆变器的具体接线和调试方法，施工前一定要详细阅读随机附带的技术说明文件。

4. 并网柜

1）光伏并网柜，作为光伏电站的总出口存在于光伏系统中，是连接光伏电站和电网的配电装置，其主要作用是作为光伏发电系统与电网的分界点。对于低压并网的光伏电站，光伏并网柜中还可以加装计量、保护等功能器件。

容量涵盖范围广，可涵盖 2000A 以下用户并网需求。

重量轻、安装方便，外观美观大气。

可选配兼有压合闸、失压跳闸等功能，实现无人化管理。

可预留独立铅封计量室，光伏发电一目了然。

具有 RS485 通信接口，使用 ModBus-RTU 通信协议。

可根据客户需求配用国内外知名品牌厂家元件。

2）光伏并网柜柜体设计满足自然通风要求，散热性能良好，方便现场安装。柜顶四角配备可拆卸的起吊环；柜底配备可供叉车搬运的基座；柜体外表面应装有临时重心指示标志（安装后可去掉），柜内安装件均作镀锡处理，柜体采用厚度不低于 2.0mm 的冷轧钢板制作。

5. 电线、电缆施工

光伏发电系统工程的线缆工程建设费用也较大，线缆敷设方式直接影响着建设费用。所以合理规划、正确选择线缆的敷设方式，是光伏项目线缆设计选型工作的重要环节。

光伏发电系统的线缆敷设方式要根据工程条件、环境特点和线缆类型、数量等因素综合考虑，并且要按照满足运行可靠、便于维护的要求和技术经济合理的原则来选择。光伏发电系统线缆的敷设方式主要有直埋敷设、穿管敷设、桥架内敷设、线缆沟敷设等。无论哪种敷设都要根据设计图纸及规范的要求，结合项目现场实际情况事先考虑好走线方向，确定好敷设方式，然后开始线缆的敷设。当地下管线沿道路布置时，要注意将管线敷设在道路行车部分以外。

（1）线缆敷设注意事项

1）在建筑物表面敷设光伏线缆时，要考虑建筑的整体美观。明线走线时要穿管敷设，线管要做到横平竖直，应为线缆提供足够的支撑和固定，防止风吹等对线缆造成机械损伤。线管较长或弯较多时，宜适当加装接线盒。不得在墙和支架的锐角边缘敷设线缆，以免切割、磨损伤害线缆绝缘层引起短路，或切断导线引起断路。

2）线缆敷设布线的松紧度要均匀适当，过于张紧会因四季温度变化及昼夜温差热胀冷缩造成线缆断裂。线缆敷设的最小弯曲半径应根据线缆直径 D 确定：一般多芯线缆在（10~15）D，单芯线缆在（15~20）D。

3）考虑环境因素影响，线缆绝缘层应能耐受风吹、日晒、雨淋、腐蚀等。

4）线缆接头要特殊处理，防止氧化和接触不良，必要时要镀锡或锡焊处理。同一电路馈线和回线应尽可能绞合在一起。

5）线缆外皮颜色选择要规范，如相线、零线和地线等颜色要加以区分。敷设在柜体内部的线缆要用色带包裹为一个整体，做到整齐美观。

6）线缆的规格选型要与其线路工作电流相匹配。规格过小，可能使导线发热，造成线路损耗过大，甚至使绝缘外皮熔化，产生短路甚至火灾。特别是在低电压直流电路中，线路损耗尤其明显。规格过大，又会造成不必要的浪费。因此，系统各部分线缆规格要根据各自通过电流的大小进行确定。

（2）线缆的铺设与连接　光伏发电系统的线缆铺设与连接主要以直流布线工程为主，而且串联、并联接线场合较多，因此施工时要特别注意正负极性。

1）在进行光伏方阵与组串式逆变器之间的线路连接时，所使用线缆的规格要满足最大短路电流的需要。各组件方阵串的输出引线要做编号和正负极性的标记，然后引入组串式逆变器直流侧。

2）线缆在进入接线箱或房屋穿线孔时，要做防水弯，以防积水顺线缆进入屋内或机箱内。当线缆铺设需要穿过楼面、屋面或墙面时，其防水套管与建筑主体之间的缝隙必须做好防水密封处理，建筑表面要处理光洁。

3）对于组件之间的连接电缆及组串与组串式逆变器之间的连接电缆，一般都是利用专用连接器连接，线缆截面面积小、数量大，通常情况下，敷设时尽可能利用组件支架作为线缆敷设的通道支撑与固定依靠。

4）在敷设直流线缆时，有时需要在现场进行连接器与线缆的压接。连接器压接必须使用专用的压接钳进行，不能使用普通的尖嘴钳或者老虎钳压接，以免留下隐患。连接器压接后从外观上检查，应该无断丝和漏丝，应无毛边，左右匀称。

5）当光伏方阵在地面安装时要采用地下布线方式，地下布线时要对导线套线管进行保护，掩埋深度距离地面在0.5m以上。

6）交流逆变器输出的电气方式有单相二线制、单相三线制、三相三线制和三相四线制，要注意相线和零线的正确连接，具体连接方式与一般电力系统连接方式相仿。

7）线缆敷设施工中要合理规划线缆敷设路径，减少交叉，尽可能地合并敷设以减少项目施工过程中的土方开挖量以及线缆用量。

8）线缆与热力管道平行安装时应保持不小于2m的距离，交叉安装时应保持不小于0.5m的距离。线缆与其他管道平行或交叉安装时均要保持不小于0.5m的距离。

9）对于电压为1~35kV的线缆，直埋安装时，其直埋深度应不小于0.7m。

10）电压为10kV及以下线缆平行安装时相互间净距离不得小于0.1m；电压为10~35kV的线缆平行安装时相互间净距离不得小于0.25m，交叉安装时，距离不得小于0.5m。

6. 变压器安装

光伏电站工程中常用油浸式变压器（常见箱变）、干式变压器。

（1）变压器安装前应做的准备

1）安装场所必须运输方便、道路平坦，有足够的宽度，地面应坚实并干燥，远离烟囱和水塔，与附近建筑物距离要符合防火要求。

2）变压器在光伏电站施工中属于重量超大型设备，吊装前应编制《变压器专项安装方案》，严格按照方案做好充足准备。

3）安装前检查变压器各外部、零部件及各部件接触部分，应完好无损，接触良好。

4）安装前检查变压器的绝缘及其是否漏油（油变）。

5）安装前检查变压器的基础承台强度是否达到要求，且牢固可靠。

（2）变压器安装及调整要求 变压器安装应严格执行《电气装置工程电力变压器、油浸式电抗器、互感器施工及验收规范》GB 50148，变压器安装及调整应符合下列要求：

1）针对变压器的安装专门编制施工组织设计。

2）变压器安装过程中应严防严控，避免变压器翻倒。

3）变压器与基础承台应接触密实可靠。

4）安装过程中不应磨损变压器的面漆，不应产生零星磕碰。

（3）变压器接线前应确认上级电网及逆变器侧有明显断开点。

（4）变压器的进出接线应严格按照电缆头制作安装要求施工，螺栓连接牢固可靠。

7. 二次设备安装

1）二次设备、盘、柜安装及接线严格执行现行国家标准《电气装置安装工程盘、柜及二次回路接线施工及验收规范》GB 50171 的相关规定和设计文件要求。

2）通信、运动、综合自动化、计量等装置的安装应符合产品的技术要求。

3）安防监控设备的安装应符合国家现行标准《安全防范工程技术规范》GB 50348 的相关规定。

4）直流系统（应急直流电源）的安装应符合现行国家标准《电气装置安装工程 蓄电池施工及验收规范》GB 50172 的相关规定。

8. 其他电气设备安装

1）高压电气设备的安装应符合现行国家标准《电气装置安装工程 高压电器施工及验收规范》GB 50147 的相关规定。

2）低压电器的安装应符合现行国家标准《电气装置安装工程 低压电器施工及验收规范》GB 50254 的相关规定。

3）母线装置的施工应符合现行国家标准《电气装置安装工程 母线装置施工及验收规范》GBJ 149 的相关规定。

4）环境监测仪等其他电气设备的安装应符合设计文件及产品的技术要求。

5）针对用户侧并网电站涉及业主配电室的交叉使用，应与业主单位协商，尽可能经过简单的改造，按照业主要求及设计要求施工。

6）所有盘柜及配电室电缆进出口处应进行防火封堵，并安装防暑防虫网，改造部分的桥架、穿线管、电缆应按规范施工，做到外观整齐。

第7章

城市轨道交通车站绿色建造技术

7.1 绿色建造概述

　　绿色建造是指按照绿色发展的要求，通过科学管理和技术创新，采用有利于节约资源、保护环境、减少排放、提高效率、保障品质的建造方式，实现人与自然和谐共生的工程建造活动。绿色建造着眼于施工图设计和施工过程的绿色化，是国际通用的建造模式；是基于国家和社会的整体利益，着眼于微观行业实施控制的先进方法；是一种实现建筑品质提升，促进建筑业可持续发展并与国际接轨的科学模式。

　　根据住建部发布的《绿色建造技术导则（试行）》，绿色建造应将绿色发展理念融入工程策划、设计、施工、交付的建造全过程，充分体现绿色化、工业化、信息化、集约化和产业化的总体特征。

1. 提升建筑品质

　　绿色建造应统筹考虑建筑工程质量、安全、效率、环保、生态等要素，实现工程策划、设计、施工、交付全过程一体化，提高建造水平和建筑品质。

2. 提升绿色化水平

　　绿色建造应全面体现绿色要求，有效降低建造全过程对资源的消耗和对生态环境的影响，减少碳排放，整体提升建造活动的绿色化水平。

3. 提供工业化水平

　　绿色建造宜采用系统化集成设计、精益化生产施工、一体化装修等方式，加强新技术推广应用，整体提升建造方式的工业化水平。

4. 提升信息化水平

　　绿色建造宜结合实际需求，有效采用 BIM、物联网、大数据、云计算、移动通信、区块链、人工智能、机器人等相关技术，整体提升建造手段的信息化水平。

5. 提升集约化水平

　　绿色建造宜采用工程总承包、全过程工程咨询等组织管理方式，促进设计、生产、施工深度协同，整体提升建造管理的集约化水平。

6. 提升过程产业化水平

绿色建造宜加强设计、生产、施工、运营全产业链上下游企业间的沟通合作，强化专业分工和社会协作，优化资源配置，构建绿色建造产业链，整体提升建造过程的产业化水平。

7.2 绿色施工部署

7.2.1 绿色施工方案的编制及目标

绿色施工作为建筑全寿命周期中的一个重要阶段，是实现建筑领域资源节约和节能减排的关键环节。首先进行总体方案优化，在规划、设计阶段，充分考虑绿色施工的总体要求，为绿色施工提供基础条件。其次是对施工方案、材料采购、现场施工、工程验收等各阶段进行控制，加强整个施工过程的管理和监督。通过科学合理的规划，采用智能先进的施工技术和绿色节能的材料、设备设施，最终实现施工全过程的绿色化建造，达到环境保护、主材节约、水资源节约、能源消耗节约及土地节约等目标。

7.2.2 绿色建造总体框架

绿色施工总体框架由施工管理、环境保护、节材与材料资源利用、节水与水资源利用、节能与能源利用、节地与施工用地保护六个方面组成，如图 7-1 所示。

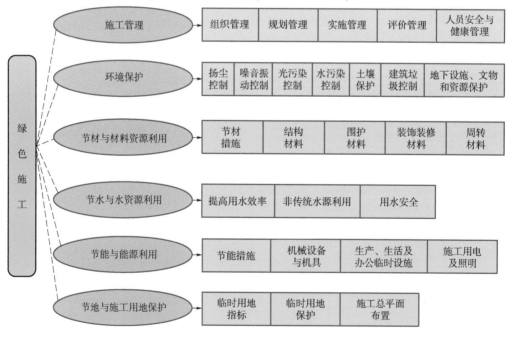

图 7-1　绿色施工总体框架图

7.2.3 绿色建造组织机构

为了全面落实《绿色施工导则》和当地政府对绿色施工的要求，减少建筑施工对环境的负荷和破坏，做到"四节一环保"，项目部需设立绿色施工领导小组。绿色施工领导小组成员由项目经理、技术负责人、生产副经理以及各分组长组成，领导小组中设置七个小分组，即：环境保护小组、节材管理小组、节能管理小组、节水管理小组、节地管理小组、绿色施工技术研究小组、绿色施工数据收集研究小组组成，分别按项目进行绿色施工的管理和落地实施。

绿色施工组织管理机构如图 7-2 所示。

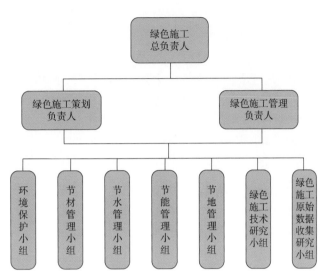

图 7-2　绿色施工组织管理机构图

7.3 城市轨道交通车站绿色施工

绿色施工指在保证工程质量、施工安全等基本要求的前提下，以人为本，因地制宜，通过科学管理和技术进步，最大限度地节约资源，减少对环境负面影响，实现节材、节能、节水、节地、环境保护（"四节一环保"）的建筑工程活动。

7.3.1 "四节一环保"措施的实施

1. 节材

应根据施工进度、材料使用时点、库存情况等制定材料的采购和使用计划。现场材料应堆放有序，并满足材料储存及质量保证的要求。工程施工使用的材料宜就地取材，选用绿色、环保材料。现场临建设施应采用可拆迁、可回收材料，充分利用既有建筑物、市政设施和周边道路。现场临建设施、安全防护设施应定型化、工具化、标准化。

2. 节水

现场应结合给水排水点位置进行管线线路和阀门预设位置的设计，并采取管网和用水器具防渗漏的措施。施工现场办公区、生活区的生活用水应采用节水器具，节水器具配置率应达到100%。宜建立雨水、中水或其他可利用水资源的收集利用系统，基坑降水应储存使用。施工现场生活用水与工程用水应分别计量。施工现场喷洒路面、绿化浇灌不宜使用自来水。冲洗现场机具、设备、车辆用水，应设立循环用水装置。

3. 节能

应合理安排施工顺序及施工区域，减少作业区机械设备数量。选择功率与负荷相匹配的施工机械设备，机械设备不宜低负荷运行，不宜采用自备电源。应制定施工能耗指标，明确节能措施。建立施工机械设备档案和管理制度，机械设备应定期保养维修。生产、生活、办公区域及主要机械设备宜分别进行耗能、耗水及排污计量，并做好相应记录。临时用电设施应采用节能型设施和自动控制装置，合理布置临时用电线路，采用声控光控和节能灯具；照明照度宜按最低照度设计。宜利用太阳能、地热能、风能等可再生能源。施工现场宜错峰用电，尽量减少夜间作业和冬期施工的时间。

4. 节地

施工总平面布置应紧凑，并应尽量减少占地。应根据工程规模及施工要求布置施工临时设施。施工临时设施不宜占用绿地、耕地以及规划红线以外场地。施工现场应避让、保护好场区及周边的古树名木。

5. 环境保护

施工现场环境保护主要通过扬尘控制、噪声控制、光污染控制、水污染控制、垃圾处理等方式实现。

（1）施工现场扬尘控制　施工现场宜搭设封闭式垃圾站。细散颗粒材料、易扬尘材料应封闭堆放、存储和运输。施工现场出口应设冲洗池，施工场地、道路应采取定期洒水抑尘措施。土石方作业区内扬尘目测高度应小于1.5m，结构施工阶段目测扬尘高度应小于0.5m，不得扩散到工作区域外。不得在施工现场融化沥青或焚烧油毡、油漆以及其他产生有毒、有害烟尘和恶臭气体的物质。

（2）噪声控制　施工现场宜对噪声进行实时监测；施工场界环境噪声排放昼间不应超过70dB（A），夜间不应超过55dB（A）。噪声测量方法应符合现行国家标准《建筑施工场界环境噪声排放标准》GB 12523的规定。施工过程宜使用低噪声、低振动的施工机械设备，对噪声控制要求较高的区域应采取隔声措施。施工车辆进出现场时不宜鸣笛。

（3）光污染控制　应根据现场和周边环境采取限时施工、遮光和全封闭等避免或减少施工过程中光污染的措施。夜间室外照明灯应加设灯罩，光照方向应集中在施工范围内。在光线作用敏感区域施工时，电焊作业和大型照明灯具应采取防光外泄的措施。

（4）水污染控制　污水排放应符合现行行业标准《污水排入城镇下水道水质标准》CJ 343的有关要求。使用非传统水源和现场循环水时，宜根据实际情况对水质进行检测。施工现场存放的油料和化学溶剂等物品应设专门库房，地面应做防渗漏处理。废弃的油料和化学溶剂应集中处理，不得随意倾倒。易挥发、易污染的液态材料，应使用密闭容器存放。施工机械设备使用和检修时，应控制油料污染；清洗机具的废水和废油不得直接排放。食堂、盥洗室、淋浴间的下水管线应设置过滤网，食堂应另设隔油池。施工现场宜采用移动式厕所，并应定期清理，固定厕所应设化粪池。隔油池和化粪池应做防渗处理，并应进行定期清运和消毒。

（5）施工现场垃圾处理　垃圾应分类存放、按时处置。制订建筑垃圾减量计划，建筑垃圾的回收利用应符合现行国家标准《工程施工废弃物再生利用技术规范》GB/T 50743的规定。有毒有害废弃物的分类率应达到100%；对有可能造成二次污染的废弃物应单独储存，并设置醒目标识。现场清理时，应采用封闭式运输，不得将施工垃圾从窗口、洞口、阳台等处抛撒。施工使用的乙炔、氧气、油漆、防腐剂等危险品、化学品的运输和储存应采取隔离措施。

7.3.2　前期工程准备阶段的绿色举措

1. 基本要求

在施工总平面设计时，应针对施工场地、环境和条件进行分析，制定具体实施方案。施工总平面布置宜利用场地及周边现有和拟建建筑物、构筑物、道路和管线等。施工前应制订合理的场地使用计划；施工中应减少场地干扰，保护环境。临时设施的占地面积可按最低面积指标设计，有效使用临时设施用地。

2. 施工总平面布置

（1）施工现场平面布置应符合下列规定：

1）在满足施工需要的前提下，减少施工用地。

2）应合理布置起重机械和各项施工设施，统筹规划施工道路。

3）应合理划分施工分区和流水段，减少专业工种之间的交叉作业。

（2）施工现场平面布置应根据施工各阶段的特点和要求，实行动态管理。

（3）施工现场生产区、办公区和生活区应实现相对隔离。

（4）施工现场作业棚、库房、材料堆场等布置宜靠近交通线路和主要用料部位。

（5）施工现场的强噪声机械设备宜远离噪声敏感区。

3. 场区围护及道路

施工现场大门、围挡和围墙宜采用可重复利用的材料和部件，并应工具化、标准化。施工现场入口应设置绿色施工制度标识牌。施工现场道路布置应遵循永久道路和临时道路相结合的原则，并应充分利用拟建道路为施工服务。施工现场主要道路的硬化处理宜采用可周转使用的材料和构件。施工现场围墙、大门和施工道路周边宜设绿化隔离带。

4. 临时设施

临时设施的设计、布置和使用，应采取有效的节能降耗措施。应充分利用场地自然条件，临时建筑的体形宜规整。应有自然通风和采光，并应满足节能要求。临时设施宜选用由高效保温、隔热、防火材料制成的复合墙体和屋面，以及密封保温隔热性能好的门窗。不宜使用一次性墙体材料。

办公和生活临时用房应采用可重复利用的房屋。严寒和寒冷地区外门应采取防寒措施。夏季炎热地区的外窗宜设置外遮阳。

7.3.3　车站基坑工程的绿色举措

1. 围护结构工程

围护结构工艺应根据围护结构的类型、使用功能、土层特性、地下水位、施工机械、施工环境、施工经验、材料供应条件等，按安全适用、经济合理的原则选择。现场使用泥浆时，应采取

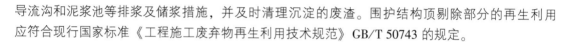
导流沟和泥浆池等排浆及储浆措施，并及时清理沉淀的废渣。围护结构顶剔除部分的再生利用应符合现行国家标准《工程施工废弃物再生利用技术规范》GB/T 50743 的规定。

2. 降水工程

基坑降水宜采用基坑封闭降水方法，基坑施工排出的地下水应加以利用。采用井点降水施工时，地下水位与作业面高差宜控制在 500mm 以内，并应根据施工进度进行水位自动控制。当无法采用基坑封闭降水，且基坑抽水对周围环境可能造成不良影响时，应采用对地下水无污染的回灌方法。

3. 土石方工程

土石方工程开挖前应进行挖、填方的平衡计算，在土石方场内尽可能实现有效利用、运距最短和工序衔接紧密。工程渣土应分类堆放和运输，其再生利用应符合现行国家标准《工程施工废弃物再生利用技术规范》GB/T 50743 的规定。土石方工程开挖宜采用逆作法或半逆作法施工，施工中应采取通风和降温等改善地下工程作业条件的措施。在受污染的场地施工时，应对土质进行专项检测和治理。

土石方工程爆破施工前，应进行爆破方案的编制和评审；并采取防尘和飞石控制措施。4 级风及以上天气，严禁土石方工程爆破施工作业。

7.3.4　车站地基处理工程的绿色举措

回填土施工应采取防止扬尘的措施，4 级风及以上天气严禁回填土施工。施工间歇时应对回填土进行覆盖。当采用砂石料作为回填材料时，宜采用振动碾压。灰土过筛施工应采取避风措施。开挖原土的土质不适宜回填时，应采取土质改良措施后再加以利用。

高压喷射注浆法、水泥土搅拌法施工的浆液应有专用容器存放，置换出的废浆应收集清理。

采用砂石回填时，砂石填充料应保持湿润。

基坑支护结构采用锚杆（锚索）时，宜采用可拆式锚杆。

喷射混凝土施工宜采用湿喷或水泥裹砂喷射工艺，并采取防尘措施。喷射混凝土作业区的粉尘浓度不应大于 $10mg/m^3$，喷射混凝土作业人员应佩戴防尘用具。

7.3.5　主体结构工程的绿色举措

预制装配式结构构件，宜采取工厂化加工；构件的存放和运输应采取防止变形和损坏的措施；构件的加工和进场顺序应与现场安装顺序一致，不宜二次倒运，主体结构施工应统筹安排垂直和水平运输机械。施工现场宜采用预拌混凝土和预拌砂浆。现场搅拌混凝土和砂浆时，应使用散装水泥；搅拌机棚应有封闭降噪和防尘措施。

1. 钢筋工程

钢筋宜采用专用软件优化放样下料，根据优化配料结果确定进场钢筋的定尺长度。钢筋工程宜采用专业化生产的成型钢筋。钢筋现场加工时，宜采取集中加工方式。钢筋连接宜采用机械连接方式。进场钢筋原材料和加工半成品应存放有序、标识清晰、储存环境适宜，并应制定保管制度，采取防潮、防污染等措施。钢筋除锈时，应采取避免扬尘和防止土壤污染的措施。钢筋加工产生的粉末状废料，应收集和处理，不得随意掩埋或丢弃。钢筋安装时，绑扎丝、焊剂等材料应妥善保管和使用，散落的余废料应收集利用。箍筋宜采用单支箍或焊接封闭箍。

2. 模板工程

模板安装精度应符合现行国家标准《混凝土结构工程施工质量验收规范》GB 50204 的要求。

应选用周转率高的模板和支撑体系。模板宜选用可回收利用高的塑料、铝合金等材料。宜使用大模板、定型模板等工业化模板及支撑体系。当采用木或竹制模板时，宜采取工厂化定型加工、现场安装的方式，不得在工作面上直接加工拼装。在现场加工时，应设封闭场所集中加工，并采取隔声和防粉尘污染的措施。

脚手架和模板支撑宜选用承插盘扣式等管件合一的脚手架材料搭设。模板及脚手架施工应回收散落的铁钉、铁丝、扣件、螺栓等材料。短木方应叉接接长，木、竹胶合板的边角余料应拼接并加以利用。

模板脱模剂应选用环保型产品，并派专人保管和涂刷，剩余部分应加以利用。

模板拆除宜按支设的逆向顺序进行，拆除时不得硬撬或重砸。拆除平台楼层的底模，应采取加设临时支撑、支垫等防止模板坠落和损坏的措施。并应建立维护维修制度。

3. 混凝土工程

在混凝土配合比设计时，应减少水泥用量，增加工业废料、矿山废渣的掺量；当混凝土中添加粉煤灰时，宜充分利用其后期强度。

混凝土宜采用泵送、布料机布料浇筑；地下大体积混凝土宜采用溜槽或串筒浇筑。超长无缝混凝土结构宜采用滑动支座法、跳仓法和综合治理法施工；当裂缝控制要求较高时，可采用低温补仓法施工。混凝土振捣应采用低噪声振捣设备，也可采取围挡等降噪措施；在噪声敏感环境或钢筋密集时，宜采用自密实混凝土。

混凝土宜采用塑料薄膜加保温材料覆盖保湿、保温养护；当采用洒水或喷雾养护时，养护用水宜使用回收的基坑降水或雨水；混凝土竖向构件宜采用养护剂进行养护。混凝土结构宜采用清水混凝土，其表面应涂刷保护剂。

混凝土浇筑余料可制成小型预制件，或采用其他措施加以利用，不得随意倾倒。

清洗泵送设备和管道的污水应经沉淀后回收利用，浆料分离后可作室外道路、地面等垫层的回填材料。

混凝土结构安装所需的预埋件和连接件应准确预留、预埋。

7.3.6　城市轨道交通车站防水技术

轨道交通车站大部分位于地下，若结构发生渗漏，不仅影响混凝土的耐久性能，还将影响结构内机电设备的正常使用，渗漏严重时会导致车站无法运营，因此其防水效果十分重要。根据国家现行规范规程，车站主体及附属结构防水等级为一级。

车站防水遵循"以防为主、刚柔结合、多道设防、因地制宜、综合治理"的原则，以混凝土自防水为主，以附加防水层为辅，加强接缝处防水设计。排水型暗挖车站遵循"以堵为主、防排结合、多道设防、因地制宜、综合治理"的原则。本节将分混凝土自防水、附加防水层、混凝土接缝及细部构造防水等三个方面进行阐述。

1. 混凝土自防水

地下车站迎水面必须采用防水混凝土，根据工程埋深，防水混凝土分为 P6、P8、P10、P12 等数个等级，在轨道交通工程中，一般混凝土抗渗等级不得低于 P8。但是对防水混凝土来说，不应单纯追求混凝土的抗渗等级，根据国内多年的轨道交通工程经验，混凝土抗裂性能更为关键。据有关数据统计，90% 以上渗漏水发生在结构开裂处。

混凝土产生裂缝的原因有多种，但根本原因是混凝土中的拉应力超过了混凝土的抗拉强度。对于轨道交通车站来说，主要有混凝土温度应力、干燥收缩以及人为因素导致的开裂。因此在设计文件中，需要对混凝土原材料、配合比、施工及养护要求做出一系列详细规定。但在此种情况下，现场混凝土控制开裂情况仍然不甚理想，因此，采用混凝土内掺型自修复外加剂改善混凝土开裂性能成为近些年来混凝土研究方向之一。本文涉及的内掺型自修复外加剂主要有水化温升抑制剂和水泥基渗透结晶型防水剂。

（1）混凝土水化温升抑制剂　混凝土水化温升抑制剂能够调节水泥水化放热速率，掺入混凝土中可以随着温度历程梯度释放抑温组分，抑制水化放热速率，从而降低混凝土的最高温升，最终起到降低结构混凝土温度收缩开裂的作用。

（2）水泥基渗透结晶型防水剂　水泥基渗透结晶型防水剂与水作用后，材料中含有的活性化学物质以水为载体在混凝土中渗透，与水泥水化产物生成不溶于水的针状结晶体，填塞毛细孔道和微细缝隙，从而提高混凝土的致密性与防水性。二者技术性能汇总见表 7-1。

表 7-1　内掺型自修复外加剂性能汇总表

名称	水化温升抑制剂	水泥基渗透结晶型防水剂
主要性能	1. 减缓水化热释放，使放热曲线趋于平缓 2. 降低混凝土最高温升 3. 改善混凝土和易性，提高抗压、抗渗性能 4. 使用简便，无毒环保 5. 商品混凝土站掺入，可控性强	1. 遇水结晶，0.4mm 以内裂缝自愈合 2. 减少混凝土开裂，提高抗渗性能 3. 使用简便，无毒环保 4. 商品混凝土站掺入，可控性强

注：1. 内掺型自修复外加剂混凝土的生产、运输和浇筑过程均应专项监管。

2. 混凝土带模养护时间不得小于 72h。

2. 附加防水层

为适应混凝土基层的变形，车站结构外侧采用柔性防水层包覆，以达到刚柔结合、多重设防的目的。附加防水层常用的防水材料主要包括防水卷材、防水涂料、天然钠基膨润土防水毯等。

防水卷材主要有沥青类和高分子类两种。其中，为满足环保及可持续发展要求，高分子类材料应用越来越广泛，目前预铺类高分子防水卷材主要有塑料防水板、HDPE 非沥青基高分子自粘胶膜防水卷材、EPO（TPO）非沥青基高分子自粘胶膜防水卷材、三元乙丙丁基橡胶防水卷材等。自粘式高分子类防水卷材主要有 EPO（TPO）非沥青基高分子自粘胶膜防水卷材、三元乙丙丁基橡胶防水卷材等。

相较于防水卷材，防水涂料能形成整体包覆无接缝的防水膜，阴阳角、细部构造节点及搭接容易处理，其防水效果更有保证，在保证实施性的前提下，应优先选用防水涂料。车站采用的防水涂料主要有聚氨酯防水涂料、橡胶沥青防水涂料、聚脲防水涂料、聚合物水泥防水涂料等。

天然钠基膨润土防水毯是一种高性能土工防渗材料，是经针刺工艺把膨润土固定在两层土工织物之间而制成的毯状防水卷材，主要有针刺型和针刺覆膜型。

（1）明挖车站防水设计及防水材料应用 明挖车站防水设计典型断面如图7-3和图7-4所示，常用防水材料见表7-2。

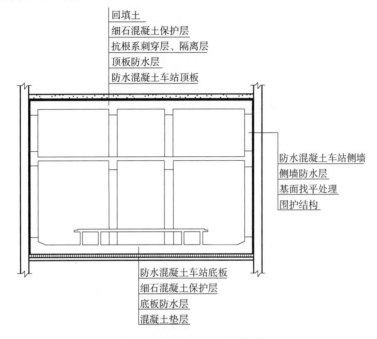

图7-3 密贴式车站防水断面图

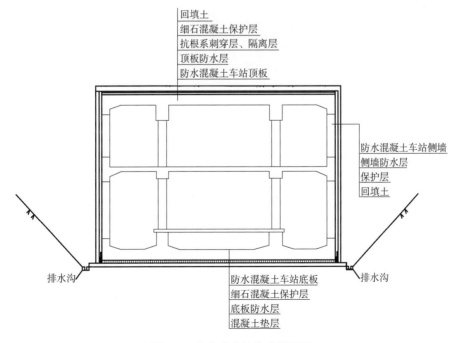

图7-4 分离式车站防水断面图

表 7-2　明挖车站防水材料汇总表

部位	密贴式车站	分离式车站
侧墙	1. 卷材类 预铺式防水卷材（改性沥青类、塑料类或橡胶类） 2. 涂料类 背衬材料＋喷涂橡胶沥青防水涂料 背衬材料＋喷涂超强韧性单组分聚氨酯防水涂料	1. 卷材类 自粘聚合物改性沥青防水卷材（有胎或无胎类）、湿铺用改性沥青防水卷材等 2. 涂料类 单组分聚氨酯防水涂料（Ⅰ型，抗流挂型）；超强韧性单组分聚氨酯防水涂料（Ⅲ型）；喷涂橡胶沥青防水涂料等 3. 防水毯，天然钠基膨润土防水毯 （侧墙防水层迎水面需设置保护层）
顶板	1. 卷材类 自粘聚合物改性沥青防水卷材（有胎或无胎类）、湿铺用改性沥青防水卷材等 2. 涂料类 单组分聚氨酯防水涂料（Ⅰ型）、超强韧性单组分聚氨酯防水涂料（Ⅲ型）、喷涂橡胶沥青防水涂料等 3. 防水毯，天然钠基膨润土防水毯 （防水层上方需设置隔离层，当有种植要求时增设耐根穿刺层）	
底板	1. 卷材类 预铺式防水卷材（改性沥青类、塑料类或橡胶类） 2. 涂料类 背衬材料＋喷涂橡胶沥青防水涂料 背衬材料＋喷涂聚脲防水涂料 背衬材料＋喷涂超强韧性单组分聚氨酯防水涂料	

（2）暗挖车站防水设计及防水材料应用　暗挖车站防水设计典型断面如图 7-5 和图 7-6 所示，暗挖车站常用防水材料见表 7-3。

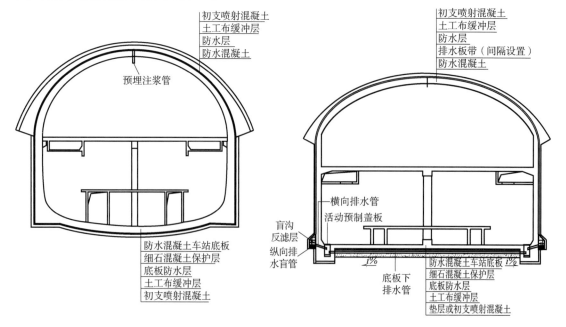

图 7-5　暗挖车站防水断面图（非排水型）　　图 7-6　暗挖车站防水断面图（排水型）

表7-3 暗挖车站防水材料汇总表

部位	暗挖车站
非排水型车站	1. 卷材类 土工布缓冲层 + 预铺式防水卷材（改性沥青类、塑料类或橡胶类） 土工布缓冲层 + 塑料防水板（PVC、EVA、ECB 等），并设置分区注浆系统 2. 涂料类 背衬材料 + 喷涂橡胶沥青防水涂料 背衬材料 + 喷涂超强韧性单组分聚氨酯防水涂料
排水型车站	1. 卷材类 土工布缓冲层 + 预铺式防水卷材（改性沥青类、塑料类或橡胶类） 土工布缓冲层 + 塑料防水板（PVC、EVA、ECB 等），并设置分区注浆系统 2. 涂料类 背衬材料 + 喷涂橡胶沥青防水涂料 背衬材料 + 喷涂超强韧性单组分聚氨酯防水涂料 车站结构壁后设置可检修排水系统，并需核算车站排水设备是否满足排水要求

3. 混凝土接缝及细部构造防水

混凝土接缝及细部构造防水措施见表7-4 所示。

表7-4 混凝土接缝及细部构造防水措施汇总表

部位	防水措施
施工缝	1. 采用中置式止水带 + 遇水膨胀止水胶（条）（或注浆管，也可二者均设）+ 界面剂或水泥基渗透结晶型防水涂料，水平纵向施工缝浇筑混凝土前应铺设 30～50mm 厚水泥净浆 2. 车站与区间或附属结构接口环梁处施工缝：遇水膨胀止水胶（条）+ 界面剂或水泥基渗透结晶型防水涂料 + 可重复注浆管，富水地段缝内背水侧增设压缩橡胶密封条
变形缝	采用中置式止水带及缝内衬垫材料，迎水面设密封胶或外贴式止水带，背水面设接水槽。富水地段缝内背水侧增设压缩橡胶密封条
诱导缝	采用中置式止水带 + 遇水膨胀止水条 + 界面剂或水泥基渗透结晶型防水涂料，迎水面设置外贴式止水带或密封胶
穿墙管	采用直埋或预埋防水套管，管周采用止水钢环或遇水膨胀止水条止水。管周迎水侧可采用预制管根套做好防水层收口和密封
桩头	桩头钢筋根部采用密封胶或遇水膨胀止水条，新旧混凝土界面采用界面剂或水泥基渗透结晶型防水涂料处理
降水井	采用钢板压封，并用补偿收缩混凝土补浇
临时型桩	采用止水钢板或遇水膨胀止水胶（条）止水
中板排水	离壁沟采用柔性防水涂料 + 聚合物防水砂浆，中板开孔周边设置挡水坎
道床排沟	采用涂刷防结晶环氧类涂料防止水沟内壁结晶

（1）混凝土施工缝防水 由于施工步骤、适应地基沉降及控制裂缝的要求，混凝土浇筑需分期完成。此时在新旧混凝土之间需留设施工缝，并采取有效止水措施进行止水。根据现行

《地下工程防水技术规范》和《地铁设计规范》规定，施工缝、变形缝应做好缝间止水。

施工缝缝间止水措施一般采用中埋式止水带、外贴式止水带、遇水膨胀止水产品及可重复注浆管等材料，单一或复合设置。止水带的主要作用是阻断或延长水的渗流路径，使渗水在渗流路径上动能逐渐减小，最终停止流动，从而达到止水的目的。中置式止水带包括橡胶止水带（含钢边橡胶止水带）、钢板止水带、丁基橡胶镀锌钢板止水带、高分子自粘密封止水板等。

高分子自粘密封止水板采用高分子材料作为芯板，外覆丁基胶或高分子胶，可实现与后浇混凝土粘结，达到止水、防蹿水的目的。止水板断面、安装及搭接如图 7-7 ~ 图 7-9 所示。

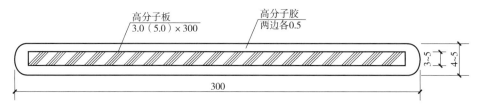

图 7-7　高分子自粘密封止水板断面图

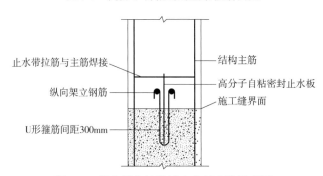

图 7-8　高分子自粘密封止水板安装示意图

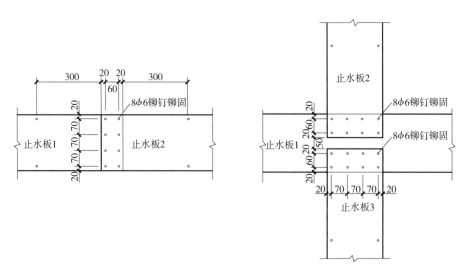

图 7-9　高分子自粘密封止水板"一"字、"十"字形搭接示意图

不同结构接口处（如车站与区间、车站与附属结构）可视为特殊施工缝，由于结构梁柱布置的关系，此处无法设置中埋式止水带，一般采用遇水膨胀类产品与可重复注浆管作为止水措施，并做好界面处理。

（2）混凝土变形缝防水　车站主体一般不设变形缝，仅在结构形式变化较大或地质条件变化较大的部位以及车站与区间、附属结构的接口处设置。当为长大车站时，可在站台范围外设置变形缝。变形缝宽度一般采用20mm。

由于变形缝两侧结构可能产生横向或纵向相对变形，因此变形缝内需要采用橡胶等柔性材质止水带。但在实际工程中变形缝处经常发生渗漏水，因此，在结构变形缝内侧往往还需设置不锈钢或镀锌钢板接水槽。

采用压缩橡胶密封胶条可有效减少变形缝渗漏水现象。压缩密封胶条具有"圆形"截面，由均匀分布的、封闭的、"细胞腔"微观结构组成，柔韧可弯曲，构造简单。在显微镜下，圆形截面上各个方向"细胞腔"分布均匀。

（3）道床水沟防结晶涂料及工艺　车站和隧道排水沟主要用于排放结构渗漏水和道床清洁及消防用水，该系统是保证隧道渗水通畅排放、实现运营和结构安全的重要保障。近年来我国隧道修建数量和运营里程逐年增多，隧道排水系统中出现结晶和泥砂淤堵的情况也时有发生，以致造成渗水漫流，严重影响隧道的运营安全。国内部分城市如贵阳、厦门、大连、深圳等地的地铁区间隧道中，在排水沟中出现结晶堵塞的情况也较为普遍，对后期的维护工作造成了一定困难。

综合现场的调研及分析可知，结晶固结物主要为方解石（$CaCO_3$），其与水沟混凝土基面粘结牢固，后期难以清理，其关键就在于碳酸钙结晶层与混凝土层之间的紧密粘结。因此，从削弱碳酸钙结晶与水沟混凝土粘附的思路着手，可在水沟表面涂刷一层防结晶涂料，将碳酸钙结晶物与水沟混凝土基面进行隔离，如图7-10所示。

该防结晶涂料主要成分为环氧树脂，由黑色底涂和白色面涂组成，可以形成光滑、坚硬的固化层，将沟内结晶层与混凝土基面进行隔离，并具有一定的疏水、导水的功能。

（4）预制管根套　轨道交通车站机电、信号系统复杂，站内与站外需要风、水、电及通信信号连通，一般在土建施工时预埋穿墙管，后期机电安装时再从预留管中穿越，如图7-11所示。

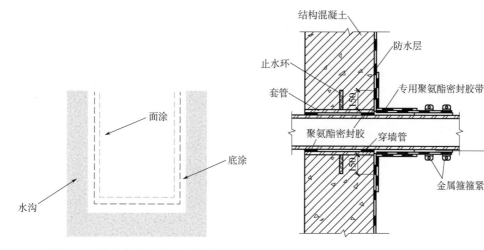

图7-10　排水沟基面处置示意图　　　图7-11　常规穿墙管防水构造示意图

由于穿墙管需穿透防水层，因此穿孔处防水层的收口与封闭是保证防水效果的关键。工程中常因此处施工不善，造成管根渗漏水。主要原因在于：

1）穿管处防水卷材收口困难。穿管处卷材被破坏，茬口参差不齐，不易密封。

2）环管周的防水卷材与大面防水层难以做到无缝搭接，其与管周间密封性不易达到理想。

3）施工难度较大，对工人操作水平要求高。

预制管根套可达到与防水层和穿墙管的双重封闭，能较好地实现密封防水，如图 7-12 所示。管根套为三元乙丙橡胶材料经模铸压制而成，形似圆台状"礼帽"，如图 7-13 所示。

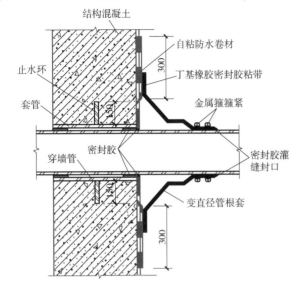

图 7-12　预制穿墙管管根套防水构造示意图（单位：mm）

图 7-13　预制管根套照片

4. 防水防渗创新技术及工艺应用

（1）现浇混凝土抗裂防渗成套技术　从全国范围内已建和在建城市轨道交通系统的调研结果来看，地下车站主体结构容易在施工阶段就出现裂缝，由此引起渗漏并影响结构耐久性能问题，如图 7-14 所示。城市轨道交通地下车站现浇混凝土抗裂防渗成套技术是通过抗裂性设计、材料优选、施工工艺等多个环节控制，精准调控混凝土开裂风险，抑制混凝土收缩裂缝，提升混凝土刚性自防水性能。抗裂性设计主要涉及结构尺寸及形式、混凝土材料、施工环境；材料方面主要涉及混凝土原材料控制和优选、配合比设计优化以及抗裂功能材料应用；施工方面主要涉及施工缝设置、混凝土浇筑、温度控制、养护技术等。最终控制由混凝土收缩引起的拉应力和混凝土抗拉强度的比值不超过 0.70，如图 7-15 所示，抑制混凝土收缩裂缝，提升结构混凝土的刚性自防水性能。

图 7-14　轨道交通地下车站开裂渗漏

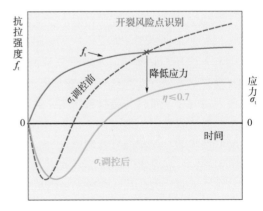

图 7-15　裂缝控制原则

通过采取高抗裂混凝土降低开裂风险，提升刚性自防水性能。在控制原材料质量，并辅以工艺措施的基础上,建议在开裂风险较高的侧墙、顶板结构中掺加8%～10%的抗裂剂。混凝土抗裂性能指标见表7-5。高效抗裂剂包含水化热调控和补偿收缩两个主要组分,其性能参数见表7-6。

表7-5 混凝土抗裂性能指标

结构部位	控制指标		
	绝热温升/(℃)	7d 自生体积变形/($\times 10^{-6}$)	28d 自生体积变形/($\times 10^{-6}$)
底板	≤48	≥ -100	≥ -250
侧墙、顶板	≤45	≥ +200	≥ +50

表7-6 抗裂剂性能指标

项目		性能指标	
		Ⅰ	Ⅱ
细度	比表面积/(m^2/kg)	≥250	
	1.18mm 方孔筛筛余(%)	≤0.5	
含水率(%)		≤1.0	
水化热降低率(%)	24h	≥30	
	7d	≤15	
限制膨胀率(%)	20℃水中 7d	≥0.035	≥0.050
	20℃空气中 21d	≥ -0.010	≥0.000
	60℃水中 28d 与 3d 之差	≥0.015, ≤0.060	
抗压强度/MPa	7d	≥22.5	
	28d	≥42.5	

本技术已应用于常州、徐州、南京、南通、无锡、苏州、青岛等多个城市的轨道交通地下车站工程。以苏博特 HME®-V 混凝土(温控、防渗)高效抗裂剂为例,可在侧墙和顶板混凝土中掺加胶凝材料用量8%的高效抗裂剂,即每 m^3 混凝土掺加抗裂剂的量为 30～32kg。

抗裂防渗成套技术及产品的应用,增加的成本和单次裂缝修补费用相当,可降低混凝土最大温升 5～10℃、温降阶段收缩40%以上,能够实现混凝土无贯穿裂缝。与此同时,抗裂防渗成套技术抑制混凝土开裂,减少混凝土原生缺陷,降低了有害介质传输速率,提升钢筋混凝土的耐久性,大幅度延长构筑物的服役寿命,从根本上减少了砂石等自然资源的消耗,以及水泥、钢材的用量,促进了可持续发展。

(2)高分子自粘胶膜防水卷材及预铺反粘技术 地下工程预铺反粘防水技术是采用高分子自粘胶膜防水卷材(P 类),空铺在基面上或机械/热熔固定于支护结构侧面,然后浇筑结构混凝土,使后浇混凝土浆料与卷材紧密结合的预铺反粘工法的施工技术。以东方雨虹 PMH-3080 高分子自粘胶膜防水卷材为例(图 7-16),是以特制的高密度聚乙烯膜为主防水层、主防水层上设置塑性凝胶层和防粘耐候层复合制成。

采用预铺反粘法施工时,在卷材表面的胶粘层直接浇筑混凝土,液态混凝土与整体合成胶相互勾锁,混凝土固化后,与胶粘层形成完整连续的粘接。PMH-3080 高分子自粘胶膜防水卷材防水层具有抗冲击性、耐穿刺、耐腐蚀的优良性能;高分子自粘胶层可与后浇混凝土发生物理化学结合以提升高分子自粘胶与混凝土的粘结力,具有缓冲、抗变形、自愈性及破损限制和疏水功能;防粘耐候层具有耐污染、防晒、耐老化、可上人施工的特殊性能,在混凝土固化后卷材与混

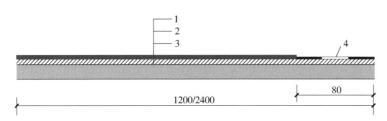

图 7-16　PMH-3080 高分子自粘胶膜防水卷材构造图

1—防粘颗粒层　2—高分子自粘胶膜层（非沥青基）　3—高密度聚乙烯（HDPE）底膜　4—自粘搭接边隔离膜

凝土之间能形成牢固连续的粘接，以实现对结构混凝土直接的防水保护。

采用高分子自粘胶膜防水卷材预铺反粘工法施工，一、二级防水工程单层使用时可达到防水要求，简化工序、降低防水工程造价。该体系因卷材与混凝土结构主体的反粘结，而具有优异的防窜水能力；卷材 HDPE 底膜性能优异，可有效地抵抗初衬、基面不平带来的划伤；塑性胶膜层能吸收部分因为外力冲击和混凝土结构变形带来的对片材主体的损伤（如绑扎钢筋时可能出现的物理破坏）；即便卷材受到尖锐凸起物的破坏，破坏处也不会因为应力集中而继续扩大。卷材的物理力学性能执行标准 GB/T 23457—2017 P 类指标，见表 7-7。

表 7-7　PMH-3080 高分子自粘胶膜防水卷材物理力学性能指标

序号	项目			标准值
1	拉伸性能	拉力/（N/50mm）	≥	600
		拉伸强度/MPa	≥	16
		膜断裂伸长率（%）	≥	400
		拉伸时现象	≥	胶层与主体材料无分离现象
2	钉杆撕裂强度/N		≥	400
3	抗穿刺强度/N		≥	350
4	撕裂强度/（N/mm）		≥	100
5	抗冲击性能			0.5kg·m，无渗漏
6	抗静态荷载			20kg，无渗漏
7	耐热性			80℃，2h 无滑移、流淌、滴落
8	低温弯折性			主体材料 -35℃，无裂纹
9	低温柔性			胶层 -25℃，无裂纹
10	渗油性/张数			1
11	抗窜水性（水力梯度）			0.8MPa/35mm，4h 不蹿水
12	不透水性			0.3MPa，120min 不透水
13	与后浇混凝土剥离强度/（N/mm）	无处理	≥	1.5
		浸水处理	≥	1.0
		泥沙污染表面	≥	1.0
		紫外线处理	≥	1.0
		热处理	≥	1.0
14	与后浇混凝土剥离强度/（N/mm）		≥	1.0
15	卷材与卷材剥离强度（搭接边）①/（N/mm）	无处理	≥	0.8
		浸水处理	≥	0.8
16	卷材防粘处理部位剥离强度②/（N/mm）		≤	0.1 或不粘合

（续）

序号	项目			标准值
17	热老化（80℃，168h）	拉力保持率（%）	≥	90
		伸长率保持率（%）	≥	80
		低温弯折性		主体材料 –32℃，无裂纹
		低温柔性		胶层 –23℃，无裂纹
18	尺寸变化率（%）		≤	±1.5

①仅适用于卷材纵向长边采用自粘搭接的产品
②颗粒表面产品可以直接表示为不粘合

1）地下室底板选用：地下室底板防水设计选用 PMH-3080 高分子自粘胶膜防水卷材，底板垫层表面修整抹平，卷材自粘面朝上空铺于基层，设计防水等级为一级防水，可采用 1.5mm 厚预铺反粘达到一级设防要求。卷材自粘面朝上，施工后无须施工保护层，直接绑扎钢筋浇筑混凝土，完成底板施工。

2）侧墙选用：复合墙结构侧墙，采用外防内贴工艺，在围护结构上先挂铺缓冲层，再施工预铺反粘防水层。可以达到外设柔性防水层整体外包设置。

该项技术已在国内众多城市轨道交通及地下综管廊项目上使用，效果效益显著。在苏州地铁 3 号线、厦门地铁 1 号线、北京地铁 6 号线、呼和浩特地铁 2 号线、西安地铁 3 号线、重庆地铁 4 号线、南京地铁 4 号线、青岛地铁 4 号线、苏州地铁 4 号线、杭州地铁 2 号线等全国近 29 个城市地铁建设中得以应用。

（3）天然钠基膨润土防水毯 天然钠基膨润土防水毯（Geosynthetics Clay Liners，简称 GCL 或防水毯）是一种高性能土工防渗材料，常用类型为针刺加强型，是经针刺工艺把膨润土固定在两层土工织物之间而制成的毯状防水卷材。

防水毯防渗主要是利用膨润土遇水膨胀的性质，膨润土遇水水化，使其主要成分蒙脱石吸水发生层间膨胀，在两层土工织物构成的受限空间内形成致密凝胶态防水层。此外，可以通过在 GCL 的土工织物上覆土工膜、喷涂涂层，或对膨润土进行改性处理，以进一步提升 GCL 防渗性能和应用范围。防水毯中膨润土为主要防水物质，两侧的土工织物夹持膨润土并提供力学性能。防水毯施工简单方便，防渗隔离性能优异，渗透系数 $\leq 5 \times 10^{-9}$ cm/s，适用于地下工程的防渗隔离。

以中联格林防水毯为例，主要类型如图 7-17 所示。其中针刺法 GCL：是由两层土工布包裹钠基膨润土颗粒/粉末针刺而成的毯状材料，用 GCL-NP 表示。针刺覆膜法 GCL：是在针刺法 GCL 的非织造土工布外表面上复合一层高密度聚乙烯薄膜，用 GCL-OF 表示。GCL 物理性能指标见表 7-8。

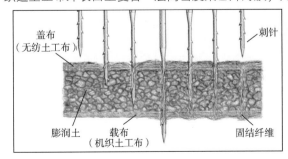

针刺加强型GCL

颗粒型GCL

覆膜型GCL

图 7-17 GCL 防水毯类型

表7-8 天然钠基膨润土防水毯的物理力学性能指标

项目名称	技术指标		
	GCL-NP		GCL-OF
	颗粒型	粉末型	
单位面积总质量/(g/m²)	≥4000		
膨润土膨胀系数/(ml/2g)	≥24		
吸水量/(g/100g)	≥30		
滤失量/(ml)	≤18		
膨润土耐久性/(mL/2g)	≥20		
拉伸强度/(N/10cm)	≥800		
最大负荷下伸长率(%)	≥10		
剥离强度/(N/10cm) 无纺布与机织布	≥40		
PE膜与盖布无纺布	—		≥40
渗透系数/(cm/s)	≤5.0×10⁻⁹	≤2.0×10⁻⁹	≤5.0×10⁻¹⁰
100次冻融循环后渗透系数/(cm/s)	≤5.0×10⁻⁸		≤5.0×10⁻⁹
顶破强力/kN	≥1.6		

7.4 绿色智能建造新技术的应用

7.4.1 暗挖施工机械化

城市轨道交通传统暗挖工艺流程为采用超前支护，之后施工初支结构，最后在初支结构保护下施工主体结构。传统暗挖工艺多采用人工开挖，机械化程度较低，并且施工效率较低，施工大断面车站结构时施工风险较大。采用机械化施工能极大地降低工程风险，提高工程机械化率，加快工程施工进度。常用的暗挖施工机械化工法如下。

1. 新型管幕初支法

管幕作为初支结构，具有精度高、刚度大、适用性广等特点。管幕工法可以在周边管线复杂、交通流量大的繁华城区内进行浅埋暗挖车站的施工，可以减少对现状交通及周边商业环境的影响，具有良好的社会效益。

传统的管幕法施工车站，先施工工作井，通过工作井沿车站纵向施工纵向管幕，最后在管幕结构的保护下采用逆作法施工车站结构。传统的管幕工法在富水地层中适用性较差；对于较长车站，长距离顶推精度难以保证；针对沿道路方向敷设的车站，施工工作井过程对交通仍然会产生较大影响。

新型管幕初支法机械化程度较高，完全不影响路面交通；施工过程中能形成止水帷幕，适用于富水地层施工；横向管幕顶推距离较短，精度控制较好，并且刚度相对较大。该工法思路为：

①在空地处施工竖井并顶推顶管横通道；②利用顶管横通道作为始发接收场地；③在横导洞内始发顶管以施工纵向导洞；④顶管在接收横通道内平移后吊出；⑤在顶管内施工横向管幕及围护结构；⑥在管幕保护下进行逆作开挖。某新型管幕初支法施工示意图如图7-18所示。

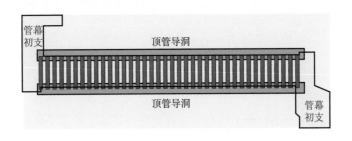

图7-18 某新型管幕初支法施工示意图

2. 顶管盖挖法

顶管盖挖法思路为：①明挖施工工作井，并利用工作井顶推顶管；②在顶管保护下施工主体结构顶板以及围护结构；③在顶板保护下采用盖挖逆作法施工车站主体。

顶管盖挖法机械化程度较高，完全不影响路面交通；施工过程中能形成止水帷幕，适用于富水地层施工；顶管直接形成初支，施工相对安全。某顶管盖挖法施工示意图参见图7-19。

3. 矩形顶管法

地铁车站施工在具备始发场地条件的情况下，通过采用大断面矩形顶管施工，可一次性形成车站结构。其思路为：①在车站两侧空地施工明挖竖井；②顶管施工横通道；③在横通道内施工2个分离式顶管直接形成车站。

矩形顶管施工车站机械化程度高，通过厂家制作能做到标准化，并且节约人力物力，适用于城市轨道交通的建设与发展。顶管法施工可不封路，不影响道路运行及地下管线。某侧式车站矩形顶管法施工示意图如图7-20所示。

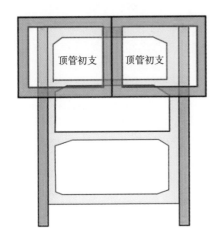

图7-19 某顶管盖挖法施工示意图

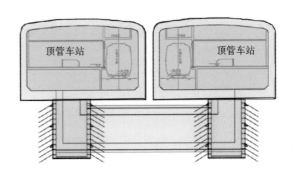

图7-20 某侧式车站矩形顶管法施工示意图

7.4.2 明挖车站装配化

1. 车站结构装配化

城市轨道交通地下区间采用装配式的盾构技术已经较为成熟，但车站仍以明挖、盖挖施工为主。传统的明挖作业圬工量大、工人众多、环节复杂，同时受施工条件限制，明挖车站多采用平板、直墙的梁板柱结构。这种作业方式工业化程度低，建设效率低，施工周期长。利用传统的施工工艺建造地铁车站还存在材料、资源和能源消耗较大，建筑垃圾量大、施工环境差、现场粉尘污染大等问题，不能满足高质、高效、节能、环保的可持续发展建设要求。

装配式结构相较于明挖结构，构件形状可根据受力和建筑空间进行调整，工业化程度高，可提高建设速度，减少施工劳动力。构件工厂化生产，现场智能拼装装配式车站结构，是城市轨道交通地下车站发展的方向。装配式车站可以实现建筑空间结构一体化，使环境更好，轨道站台结构一体化使品质更优，装修管线结构一体化使效率更高，最终实现全新的一体化装配式车站。

整个车站装配式主体结构为单拱无柱结构，横断面分为底板 A 块、底角板 B 块、侧墙 C 块、中板 D 块、顶角板 E 块以及顶板 F 块。其中，底板中部与站台板组成一体化箱梁结构，两侧与整体道床组合为一体结构；中板充分利用圆形车体限界外净空与吊顶管线层空间，采用鱼腹弦杆 + 上层平板的空间结构，利用结构空腔设置轨顶风道；顶板采用拱形结构解决大跨受力，采用中空的 "T" 形断面减轻自重，充分利用拱脚外侧空间设置结构风道，使空间利用最大化。装配式车站断面示意图如图 7-21 所示。

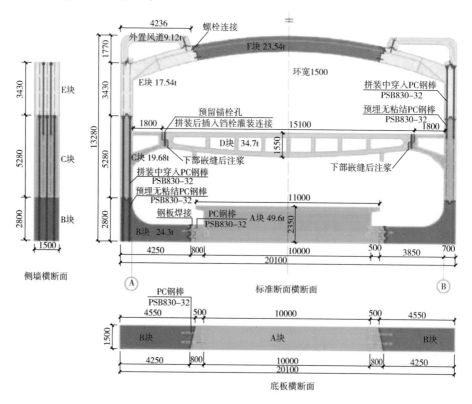

图 7-21 装配式车站断面示意图（单位：mm）

2. 围护结构装配化

城市轨道交通工程常采用的围护结构形式有围护桩、地连墙、钢板桩等，其中地连墙是运用最广泛的围护结构之一，虽然技术方面已经成熟，但是也存在工序烦琐，容易塌槽，起重吊装重量大，占用场地多，对地下管线和周围环境影响均较大，水下混凝土现浇质量不易保证等问题。

采用装配式围护结构具有以下优势：

1）预制墙幅长度减小，避免了大型钢筋笼现场吊装的风险。

2）采用工厂化预制加工，质量有保证，接缝处理更加可靠。

3）可提高混凝土等级，墙体耐久性更好。

4）节省工期，减少现场人工劳动力。

其中，由于钢支撑和混凝土支撑的诸多劣势，装配式钢管混凝土支撑技术，取得了满意效果。主要适用于明挖基坑内支撑施工，尤其适用于控制变形要求严格的长条形深基坑。

7.4.3 工艺设备创新升级

1. 盾构机械功能综合化及自动化

对于城市轨道交通上软下硬和软硬交替的复合地层，通过选用双模盾构机，配备复合式刀盘、大功率主驱动和推进系统，实现 2 个模式的独立运行或便捷切换，解决硬岩非爆破问题。部分特殊情况下可以使用三模盾构机，通过强化盾构机结构、提升刀盘结构刚度及预防滞排能力，提高盾构机对于复杂地质工况的适应性。这些模式包括适用于透水系数较大、地表敏感、上软下硬地段及存在未探明孤石地层的泥水模式，适用于风化程度较高的岩层、土层掘进的土压模式，以及全断面硬岩及岩层破碎带发育段的泥水式模式。

通过在盾构机上配置钻注"一体式"超前钻机，对盾构机前方水平方向以及圆周方向进行超前探测、超前加固，可对溶洞等不良地层进行有效处理。相比传统"龙门吊＋洞内机车编组"的出渣模式，通过在盾构机后方配套水平（皮带）、垂直（波纹挡边）渣土输送机，解决机械快速掘进、深井 90°提升等出渣问题，满足了机械出渣运行平稳、可靠、噪声小等需求。

2. 区间联络通道机械法施工工艺

城市轨道交通 2 条单线区间隧道之间设置有大量联络通道，联络通道是盾构施工过程中的关键部位，是在"洞中打洞"，作业面小，不便于使用大型工具设备。目前国内联络通道施工多采用预加固＋矿山法施工，预加固方式普遍采用地面垂直加固和洞内冷冻加固技术以及洞内深孔注浆加固等，存在妨碍地面公共设施、工程造价较高、工期较长、加固质量难以保证、安全风险较高等缺陷。

机械法联络通道工艺包含盾构机及其配套、始发和接收套筒、快速支撑体系三大部分。盾构机采用锥形刀盘，通过特殊设计满足狭小空间内的始发、掘进、接收；始发套筒采用分段设计并在内部设置密封刷，接收套筒内部带压灌注泥浆；始发及接收影响范围内设置一体化的内支撑台车系统，支撑系统由液压控制，通过伺服控制的千斤顶支撑，达到施工全过程隧道结构保护的目的，实现高安全、高效率、低扰动的联络通道施工。

联络通道机械法工艺可以在狭小空间内快速施工，对地层进行微加固，具有安全、优质、高效、环保等技术优势，不仅是城市轨道交通盾构隧道联络通道施工更好的技术选项，也可以拓展至地铁出入口及风井，长隧道中间风井，联络线等地下连接工程中。联络通道机械法施工示意图如图 7-22 所示。

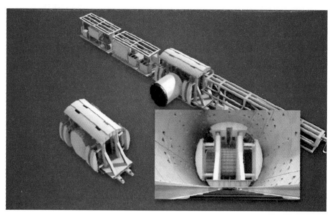

图 7-22　联络通道机械法施工示意图

3. 大直径盾构隧道内部结构同步施工技术

在盾构机开挖过程中，可以通过合理的施工安排，在不影响整体盾构开挖施工的前提下，通过施工工艺和材料运输方式的改良，同步完成盾构隧道内部结构的施工安装。比如创新中隔墙的施工方法采用模板台车一次成型和采用科学的内部运输方式规划从而提高盾构工程的施工进度，提高了工程施工效率。

该技术主要适用于应用盾构法的轨道交通、市政等隧道工程的内部结构施工，能较好保障施工进度。

4. 口型件在隧道工程中的拼装施工技术

本技术的口型件采用预制加工，与管片一起运至洞内，利用盾构机上特制的吊装支架将口型件直接安装固定。口型件的安装伴随盾构掘进、管片拼装同步进行，拼装前需对底部破损管片进行修补、螺栓复紧及基底清理工作，测量放线后进行拼装，口型件安装就位、调平，连接牢固后用快干水泥将最前端头的口型件下的空隙封堵，然后灌浆，口型件节段之间的环缝内外嵌缝槽采用防火密封胶填塞密实。

该技术主要适用于城市地铁、泥水盾构、土压盾构等隧道工程的口型件安装，应注意保障其口型件的安装精度。

7.4.4　节能环保与集成技术

1. 密闭式防尘棚技术

防尘棚技术由基础、主体框架、封闭面板及其配套设施组成，防尘棚尺寸根据需要确定。

防尘棚基础采用独立基础，标准间距为 6m，局部采用 5.5m，基础采用人工开挖并进行夯实，主体框架采用门式钢架体系，构件之间均采用 M20 高强螺栓连接；各门架结构采用檩条连接，并固定封闭面板；防尘棚封闭面板采用 0.6mm 彩钢板 HPD + 75mm 玻璃丝绵 + 0.5 彩钢板 PE 涂层（银灰色），玻璃丝绵具有良好的保温隔声降噪及防火减震的效果，同时配色可与周围环境相协调。防尘棚顶部每间隔 6m 设置一道采光板，保证棚内采光，同时中部起拱 2m，四周施做女儿墙及天沟，利用落水管将水引至地面排水沟，如图7-23和7-24所示。

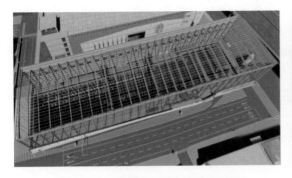

图7-23 车站明挖基坑防尘棚布置图　　图7-24 防尘棚结构断面示意图

为保证防尘棚内道路畅通，在合适位置设置大门。防尘棚侧面2层开窗顶部布置采光板进行采光，防尘棚内照明采用3排LED节能灯，保证夜间施工照明，电气线路通过桥架固定于钢结构桁架上。沿防尘隔离棚内部四周布置消防管道及消火栓。

防尘棚内配套设施包括除尘系统（移动式焊接烟尘净化器）、降尘系统（沿防尘棚顶部钢梁间隔设置自动喷淋系统，重点部位采用喷雾达60m的可移动式降尘雾炮机降尘）、冲洗系统（出入口位置配置循环水利用洗车池，洗车用水可循环利用）、新能源新材料节能应用（内部运输车辆均采用电动车，同时采用湿喷法喷射混凝土，减少现场混凝土制拌产生的扬尘）、环境监测系统（防尘隔离棚内部及室外均设置空气及噪声监测系统，能够有效监测罩棚内外的空气质量及噪声值，从而对施工现场采取相应的有效措施），如图7-25所示。

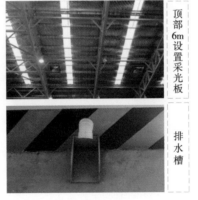

图7-25 内部消防设置

2. 预拌喷射混凝土技术

预拌喷射混凝土是用于加固和保护结构或岩土表面的一种具有速凝性质的预拌混凝土干料。该技术是借助喷射机械，利用压缩空气或其他动力，将一定配合比的水泥、砂、石子、水及外加剂等拌合料，通过喷管喷射到受喷面上，在很短的时间内凝结硬化而成型的混凝土加固材料。

与普通商品混凝土相比，预拌喷射混凝土技术施工速度快、工艺简单、喷射混凝土早期强度高、成本较低；且预拌混凝土具有健康环保、质量稳定等优点。预拌喷射混凝土有以下技术要点：

（1）喷射风压　喷射风压直接影响到喷射的质量，同时影响到回弹率、喷射强度等指标。

在进行喷射混凝土作业时，应保证风压稳定，使物料在管内畅通无阻。

（2）水灰比　水灰比会影响到喷射混凝土的强度、耐久性、水密性、抵抗开裂性、保护钢材的性能等。

（3）喷射水压　协调好喷射水压和输料风压之间的关系，一般喷射水压要高于输料风压。

对于明挖工程，可将喷射机直接置于移动筒仓下的连续混浆机出料口下，由连续混浆机混出的干硬性浆料直按落入喷射机内，再用压缩空气通过输送管道输送至喷嘴，与压力水二次混合后喷射至受喷面上，快速凝结成硬化体。

对于采用矿山法施工的工程，可在移动筒仓后配套适宜的地面输送设备；使用溜管下料时，应在其下设置防扬尘防离析的卸料装置。

3. 预埋槽道支架系统

轨道交通应用预埋滑槽的技术替代传统后置锚栓开孔固定的安装方式，对隧道结构零损伤，能延长工程使用寿命；可以提高设备安装效率，改善安装环境，节省费用，缩短工期；运营期间设备及管线的更换、增加等更加方便。由于预埋滑槽的免维护、免更换，在隧道的全生命周期可节省大量费用，具有很好的经济性，如图 7-26 所示。

该系统由坚朗五金研究开发，已在国内众多轨道交通项目上得到采用，如隧道内各类管线支架固定、站厅各类设备设施固定、站外幕墙及附属设施的固定方面，都得到了良好的应用，如图 7-27 所示。比较典型的如无锡地铁 S1 线锡澄段一期工程，采用了坚朗弧形铆接预埋槽道 30 ~ 20 型约 111900m。具有如下显著的效果和效益：

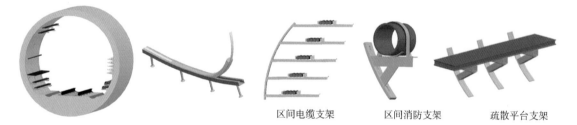

区间电缆支架　　区间消防支架　　疏散平台支架

图 7-26　预埋槽道三维结构图　　　　图 7-27　支架应用

1）代替钻孔安装模式，不破坏混凝土结构。

2）可以安装在混凝土抗拉区域。

3）可承受动荷载和静荷载。

4）防锈蚀保护设计（多元合金渗层加封闭层）。

5）安全安装，无灰尘、无噪声、无振动。

6）可调节安装位置；使用螺栓连接，无须焊接。

7）安装工具简单，节省费用。

8）采用预制构件，减少了现场施工时间。

9）产品种类丰富，可适用于多种不同需求。

4. 站台门整体模块化预组装技术

目前，站台门安装主要采用阵列式预留预埋或现场打孔，以零部件为单元现场拼装的实施方案，此方案工业化程度低、施工质量稳定性差、建设效率低、劳动力需求量大、材料损耗和能源消耗较大，不能满足装配式车站节能、环保的要求。

基于此,结合装配式车站对机电设备安装的总体要求,开发出一种基于装配式地铁车站的站台门模块化装配设计方案,如图7-28所示。

该方案将站台门以模块为单元进行划分,模块单元部件均在厂内进行组装测试,并通过特殊的运输托盘和工装设备运至施工现场进行安装、调试。从而有效减少了现场施工量,提升了站台门系统的稳定性,节省现场施工时间,缩短整个项目建设周期,节约了人工及安装成本,如图7-29所示。

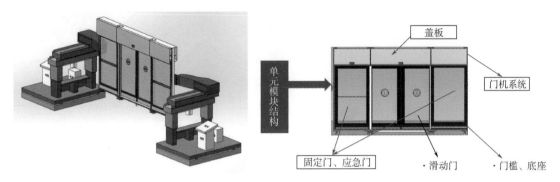

图7-28 站台门整体模块化预组装示意图   图7-29 单元模块组成图

安装设备为站台门模块从工程车上搬到站台的执行机构,能够实现 X、Y、Z 三维方向的自动控制调节,快速实现模块化在站台上的定位。安装设备在工程车上快速移动定位,在执行过程中的防倾覆能力,控制失效机械冗余补充、安全自锁等方面都进行了充分的论证与设计,如图7-30所示。

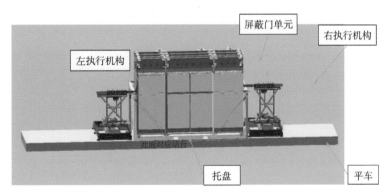

图7-30 安装设备示意图

该技术由中车时代电气研发,在宁波轨道交通5号线布政站部署安装了48个门单元,取得了良好的应用和示范效果。

5. 基于复合材料的站台门整体绝缘技术

目前,站台门基本采用金属结构设计,并通过绝缘件与土建的通风梁、站台进行局部绝缘。因地铁车站的环境中湿度变化较大,而且受活塞风引起的粉尘、轮轨摩擦产生的铁屑的影响下,导致立柱上部和底座的绝缘垫片和绝缘衬套截面的灰尘、湿气积累到一定程度时,使得站台门的绝缘失效,甚至出现"打火"现象,导致站台门设备受损、降低了乘客的乘车安全系数,如图7-31所示。

基于此，通过研究以取消接轨线为理念，基于绝缘材料的模块一体化的站台门设计理论和方法研究，采用基于绝缘材料的整体绝缘设计方式，在解决站台门绝缘失效问题的同时，也降低了运维成本。

该方案基于绝缘材料的整体绝缘研究理论，配合金属件与绝缘材料整体成型的生产工艺，采用模块一体化的设计方式，研制出具备绝缘技术的站台门装置。以提升站台环境安全系数为目标，通过采用整体绝缘技术的站台门设计，攻克了轨道交通系统站台门整体绝缘与

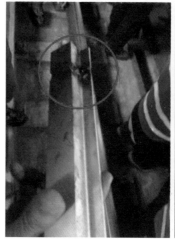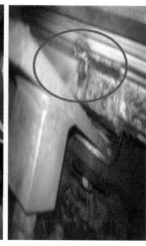

图 7-31　现场"打火"图

部件整体成型关键技术，实现了设计、建设和运营全生命周期内资源的合理配置。

该复合材料采用的是玻纤 + 丙烯腈纤维 + 预氧纤维作为增强纤维，为聚氨酯型材挤拉体系的改良纤维，使用寿命达 30 年以上。

该技术由中车时代电气研发，在广州地铁等项目上成功应用。其中，以广州地铁 8 号线北延段工程设计为结构平台，在取消接轨线及等电位线的基础下，采用复合材料与金属件相结合的新型结构，有效保障了站台门的安全系数。

6. 站台门智能运维系统

基于大数据时代与智慧城轨的发展需求，轨道交通行业已逐步进入智能运维时代和无人驾驶时代，提前预测未来运行状态，预防故障发生，将"计划修"和"故障修"变成"状态修"，可以避免传统维修模式中所存在的问题，降低维护成本，提高运营维保的实时性和有效性。基于大数据的分析与决策可以为未来行业发展提供更多的有效信息。

该系统关键技术在于利用列车运行时产生的各类数据，经过信号处理和数据分析等运算手段，实现对复杂系统的健康状态检测、预测和管理，如图 7-32 所示。

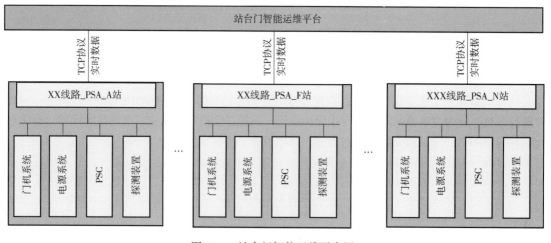

图 7-32　站台门智能运维平台图

智能运维系统包含数据采集单元、服务器、网络设备、客户终端等。系统为模块化、易扩展和高可靠性智能诊断系统，能实时更新数据，如图 7-33 所示。

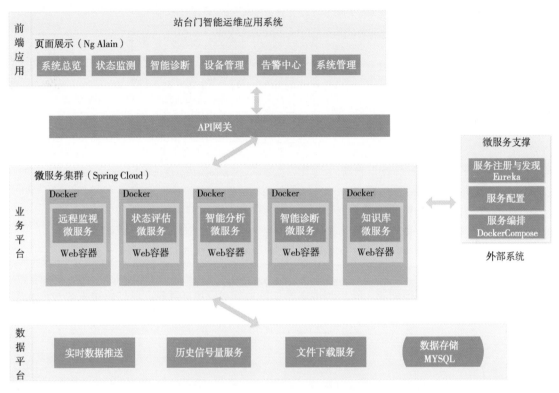

图 7-33 站台门智能运维应用系统图

站台门智能运维应用软件需实现对站台门系统的全方位监控，获取各个站点 PSC、门机系统 (含 DCU、电动机、门头锁)、电源系统、探测装置的数据，对数据进行接入、处理、存储等操作，基于获取的数据进行数据应用，实现全线级设备的远程状态监视、健康管理、设备数据统计分析、故障诊断专家辅助等功能。

7.4.5 信息化技术

1. 安全风险控制及信息化管理平台

根据城市地下工程建设的特点，在勘察设计阶段，调查受施工影响的环境建（构）筑物，并进行分级，针对高等级风险进行专项保护设计。在施工阶段制定监测、巡视预警标准。在信息化系统的辅助下，实现监测数据即时上传、自动预警、巡视预警 APP 上传、平台共享及时响应、各方实时参与的动态风险管理。解决了地下工程建设中由于岩土力学性质复杂，围岩稳定性不易通过数值方法计算等困难导致工程建设中围岩坍塌、周边建（构）筑物受损等事故多发的问题。适用于城市轨道交通工程地下工程安全风险管控，对其他工程领域的风险管控工作也有借鉴意义。

该平台的安全风险管控模式贯穿规划科研、勘察设计、施工、施工完成后等全过程，涵盖各种工法和各参建方，主要内容见表 7-9。

表 7-9　风险管控措施表

序号	阶段	目标	措施
1	规划科研阶段	规避重大风险	通过线路调整，规避重大风险
2	勘察与环境调查阶段	排查风险	勘察，环境调查，重大风险源检测
3	总体设计阶段	识别、控制风险	1. 特一级风险工程（清单）识别及审定 2. 总体或方案设计文件及审查论证
4	初步设计阶段	识别、控制风险	1. 风险全面识别、分级与特级、重要一级环境影响风险工程专项设计（形成安全风险评估报告）及审查论证 2. 降水初步设计及专项论证 3. 地下工程抗震设计及专项论证
5	施工图设计阶段	控制风险	1. 特级、重要一级环境风险工程施工前评估及审查论证 2. 施工图设计文件及审查论证 3. 设计文件及工程风险的交底说明和施工配合
6	施工准备期	控制风险	1. 环境核查和地层空洞普查、环境核查 2. 风险深入识别、分级调整与评估 3. 关键部位识别 4. 开工条件核查验收
7	施工阶段	控制风险	1. 工程重要部位和关键环节条件验收 2. 施工风险的预警、施工风险的响应与处置
8	施工完成后	消除风险	存在问题的风险工程，施工完成后检测评估与修复

　　该平台建立了轨道交通风险分级原则及分级标准，建立了专项设计及评估方式控制设计阶段的静态风险。根据自身工法施工风险的高低将自身风险分为一、二、三共 3 个等级。根据不同工法以及隧道与周边建（构）筑物的位置关系、建（构）筑物的重要性、地质水文条件等因素将周边环境分为特、一、二、三共 4 个等级。

　　风险信息采集及动态控制：施工阶段制定监测预警、巡视预警、综合预警的黄、橙、红三级预警标准及响应机制（包括对应不同预警级别的响应时限、响应人员的要求，并在紧急情况下启动应急预案），对现场风险采取动态控制，如图 7-34 和图 7-35 所示。

　　采用信息化系统：系统集成监测数据即时上传、盾构数据自动上传、视频远程

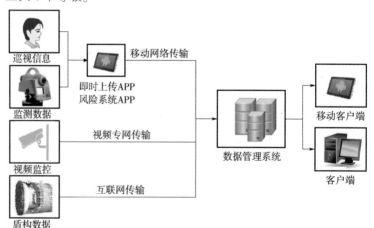

图 7-34　风险信息实时采集模式

监控、预警远程发布等实现数据快速采集，预警即时发布响应。系统提供勘察报告、风险设计文件、施工方案、工程进度、监测数据及巡视报告等方面各单位分析、处置风险，如图 7-36 和图 7-37 所示。

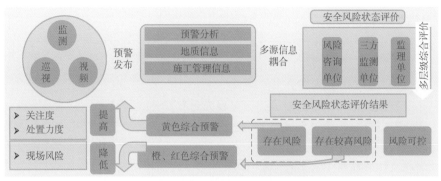

图 7-35　现场动态风险评判机制

图 7-36　信息化系统首页

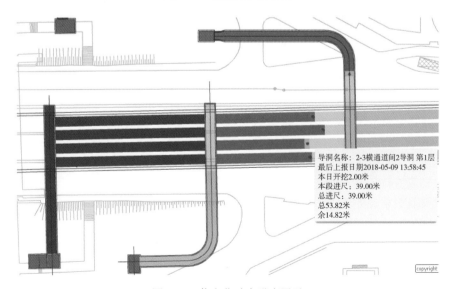

图 7-37　信息化动态进度展示

2. 安全隐患排查治理体系及信息化系统

建立轨道交通建设工程隐患管控体系：一是制订安全质量隐患管理办法，完善隐患排查治理的工作制度和规范；二是完成包括轨道交通建设工程隐患分类分级标准、隐患排查要点、隐患考核办法在内的一系列关键技术研究工作。

研发基于"互联网＋"的轨道交通建设工程隐患管控信息化技术平台：以轨道交通工程建设为对象，以隐患排查与治理的全过程为主线，开发出"隐患排查、隐患治理、态势分析、考核管理、工程报告"等工作业务处置模块，通过 B/S 方式实现系统功能，完成安全质量隐患排查、治理与考核工作的标准化、规范化和信息化管理。同时系统内预留与政府主管部门和公司内部各业务系统的接口，实现建设方内部与政府相关部门的数据整合，如图 7-38 所示。

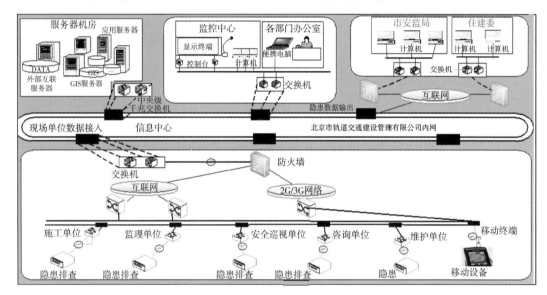

图 7-38　系统网络架构图

该系统主要技术特点如下：

（1）隐患管理体系完善　隐患排查与治理工作实行"分层管理机制"，即公司层（项目管理层）和项目实施层，明确参建各方隐患管理职责，通过系统建立的提示信息主动推送机制，实现参建单位隐患管理体系的联合联动。同时，有利于提高公司各部门之间的协调管理。

（2）隐患管理标准统一　根据国内相关法律法规、技术标准、规范以及整合大量专家经验，梳理建立了轨道交通工程安全质量隐患排查要点库与隐患分类分级标准库。

（3）隐患管理闭环留痕　建立隐患排查治理分级管控机制，设计了不同级别隐患的治理流程，对于施工现场的隐患实行分层响应，明确整改、复核、消除责任岗位和相应操作时限，并在系统上保留相应的影像文字记录，实现了隐患管理的闭环留痕，见图 7-39。

（4）考核评分机制完善　创建隐患排查、响应、整改与消除量化考核模型，能够按周、月、季、年生成评分报告，实现对参建单位隐患管理的自动考核评分管理。

（5）系统统计分析与报表生成功能　能够按隐患类型、隐患等级、线路、单位等信息自动生成统计报表，并且根据不同参建单位类型生成周报、监理通知单、整改通知单等报表。

（6）手机 APP　建立了移动端口，利用移动互联技术，通过手机、平板电脑等移动终端现场开展隐患排查工作，以及随时随地对隐患信息开展处置与消除工作。

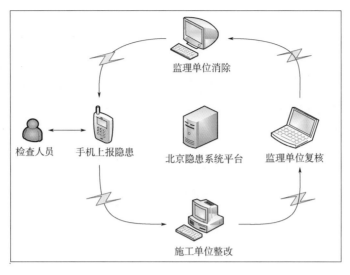

图 7-39 隐患排查治理闭环留痕

3. 施工现场安全质量管理信息终端

该终端适用于城市轨道交通、电气化铁路等施工项目的一线安全质量管理。终端以云、端、大数据为系统构架,将工程项目建设过程中的人员管理、安全管理、质量控制、数据统计、知识共享、文件流转等项目管理工作流程化、标准化。

(1) 人员管理 实现了从业人员信息动态化、可视化管理,建立了从业人员及劳务单位信用评价系统,见图7-40。

(2) 安全质量督导 终端充分体现了"PDCA 闭环管理"思想,依托手机 APP 实时记录推送,解决了传统安全质量检查环节多、流转慢的难点,安全隐患闭环管理时效性、便捷性大大加强,见图7-41 和图7-42。

图 7-40 人员管理工具

图 7-41 安全质量检查记录实时推送　　图 7-42 整改情况实时验证

(3) 信息共享 终端中的知识平台、技术标准、样板工程、文件流转等功能模块,覆盖了项目安全质量管理的主要环节和过程,增强信息共享的全面性、便捷性和时效性,有利于对全员的作业指导和安全指导。

（4）大数据管理　终端采用大数据引擎驱动，将海量的用户信息和安全质量检查数据高效关联并生成智能数据视图，便于对公司总体安全质量情况进行分析总结，开展科学、高效的管理决策，见图7-43。

7.4.6　BIM 技术

1. 前期规划阶段的应用

在城市轨道交通建设的前期规划阶段，需全面掌握与了解城市经济与社会方面的资料，包括城市经济结构、经济规划、经济规模以及城市用地情况人口数量、城市土地使用规划、交通资料以及市民出行需求等内容，并在此基

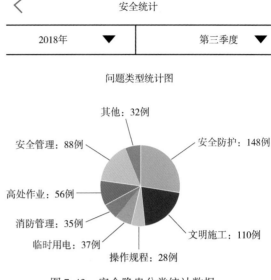

图 7-43　安全隐患分类统计数据

础上进行合理的项目建设规划。当前，在城市规划领域中，使用率最高的要数三维仿真系统，通过在城市规划三维平台中引入 BIM，建立起一个城市交通的三维模型，通过对模型信息的计算与分析，如轨道线网平均运距、线网规模计算、日客运量计算等内容，并结合模糊决策法或层次分析法来优选城市线网规划方案，从而对城市轨道交通的科学规划发挥重要的作用。

2. 设计阶段的应用

通常情况下，城市轨道交通设计主要包括参数化设计以及建筑性能分析两方面内容。其中参数化设计包含了算法几何、生成设计以及关联性模型等概念。近年来，随着我国城市轨道交通规模的不断扩大，车站的空间关系以及建筑功能日渐复杂，引入 BIM 技术能够理性地设计与分析轨道交通复杂的建筑几何，并用几何学的角度来对三维空间以及建筑平面生成准确的定义。而关联性模型是由调节控制模块、参数输入模块、数据输出模块以及逻辑技术模块等模块化单元构成，是实现参数化设计的重要方式。建立起管理模型后，计算机便可自动进行精细、复杂的运算，从而实时将设计成果输出。此外，建筑性能是决定工程内在质量的重要指标，可以结合现有的 BIM 模型或参数化模型来进行温度模拟、运行模拟、能耗模拟等方面性能分析。

3. 施工阶段的应用

在施工阶段应用 BIM 来建立起虚拟的 3D 城市轨道交通模型，将轨道交通所有信息数据都包含其中。由于 3D 模型能够精准获得工程量，所以将时间、成本与 3D 模型相结合，就能够科学分析施工工序的合理性，从而可以进行直观的 4D 工程建设管理。此外，在施工过程中，将施工进度计划与 BIM 相连接，能够将时间与空间信息整合到一个可视化的 4D 模型中，从而可以将整体工程建设过程准确、直观地呈现出来，有助于施工技术的科学制订与调整、实时掌握施工进度施工场地的优化配置，进而实现统一统筹与管控工程建设资源、进度与质量，从而有效减少施工周期，降低工程建设成本，提升工程建设质量。

4. 运营阶段的应用

在城市轨道交通运营阶段应用 BIM，可以实施获取列车运行记录、维修情况等信息，并通过

对该类信息数据的分析与处理来对运行成本进行实时分析。同时，在该阶段应用 BIM，还能够结合具体的车站客流情况来调整行车计划，提高城市轨道交通的运行效率。不仅如此，在运营阶段应用 BIM，能够给运营企业提供有效的决策参考，以促进运营企业更好更快地发展。

7.5 绿色建造管理及技术创新

7.5.1 绿色建造过程控制和监督

1. 严抓过程把控，做好施工衔接

以精细化理念助推高效能施工管理机制，总过程以工程质量检查为手段，既要检查实体质量，更要注重过程控制，混凝土现场随机抽检，不规范作业行为及混凝土后期养护控制，质量问题跟踪检查，督促整改。加强原材料控制，进入现场的构配件、半成品等按规定的检测频率检验。推行项目标准化管理，进一步强化安全生产红线意识。以现行的《建筑工程绿色施工规范》GB/T 50905 为标准，狠抓现场安全文明施工管理。不断提升项目部标准化管理水平。综合评定提高施工生产效率高，降低工程建设成本；满足工程质量和安全生产、文明施工要求；以绿色施工"四节一环保"的要求助推项目发展。

2. 全面实施监测监控，实现信息化管理

立足于各阶段施工特点，制订了一系列隐患排查及安全防护体系，建立轨道交通隐患排查系统、远程监控平台、监测监控管理平台，既能有效地掌握现场实际情况，又可根据现场条件迅速做出处置。工地门口及基坑梯笼均设置有模块化的门禁系统，所有进出人员使用二代身份证打卡并留下影像资料。按照规范要求对基坑设置沉降、位移、倾斜等监测点，并按照监测频率实施动态化监测，根据监测数据进行实时分析。保证基坑施工全过程的信息化、数据化，使其更好指导现场施工，控制基坑变形；在钢支撑安装时，注意钢支撑的壁厚、钢楔的规格、钢支撑和地墙的密实程度、焊缝的密实程度、螺栓的松紧程度等都对钢支撑轴力损失有影响，在检查上述条件的同时，不容忽视复加轴力对减小轴力损失的作用，但复加至一定程度后对钢支撑轴力损失的作用已微乎其微，此时应重点控制钢支撑的架设质量，正确认识基坑整体变形的影响，注重活动头端钢楔的重点拼装，保证反力计的轴线型及复加轴力的影响，实现轴力损失最小化，保证基坑施工的稳定性。

7.5.2 绿色施工技术的创新

满足绿色建筑建设及生态环保需要的绿色施工技术，是施工企业在当今激烈的市场竞争中脱颖而出的必备能力，施工技术创新是提高技术水平的重要途径。同时，技术创新能力也是施工企业核心竞争力的重要组成部分，在企业内构建绿色施工技术创新体系，是进行施工技术创新科学而有效的途径。

绿色施工技术创新体系由主体要素、功能要素和环境要素三个层次组成。

1. 主体要素

主体要素为创新活动的行为主体，主要包括施工企业、设计单位、建设单位、政府部门、高校科研机构、关联企业与产业等，构成了创新体系的骨架。

2. 功能要素

功能要素为各主体之间的管理与运行机制，它保证了信息、知识等社会资源在各主体之间的顺利流通和交换，对体系的顺利运行起到筋骨脉络的作用。

3. 环境要素

环境要素是企业创新活动的基本背景，是维系和促进创新的保障因素。一般可分为硬环境和软环境两个方面。其中硬环境主要是指资源支持，可以通过人才培养、资金的投入来加以完善。而软环境则包括市场环境、政策经济环境等，可以通过提高社会环境意识，加强政府支持力度等途径来加以完善。总之处理好各要素之间的结合关系对于发挥创新体系的功能，提高体系效率至关重要。

7.5.3 绿色建造效果评价及验收

在贯彻"标准引领，科学规划，精细化建设轨道绿色施工精品工程"的管理理念下，正确认清工程管理的重点、难点、优化施工组织方案，加强过程管控，高水平快速地完成施工任务，合同履约率达100%，职业病事故伤亡为零，工程质量优良，特别是工地的节能减排、防尘降噪、环境保护等绿色施工方面的措施，有效地减少了对周边环境的影响，获得业主和相关单位的一致好评，全面实现了项目综合管理的目标。

1. 组织验收

工程建立以建设、监理和公司组成的专家评审团，针对绿色施工的生活区和施工区域进行评价管理，并按照以下三个阶段进行评价验收：

1）基坑施工阶段。

2）地基处理阶段。

3）主体施工阶段。

在以上三阶段的工程完成15d内，邀请评审团进行评价、指导，并认真按照评审团的意见改进，将绿色施工措施逐步推进并不断完善，坚决实施，确保实现绿色施工工地的各项指标要求。

2. 验收程序

1）绿色施工方案的审查、评价。

2）按照施工阶段（如基坑、地基处理、主体）进行绿色施工评价，在工程完工后进行综合评价。

3）项目部在公司绿色施工监督小组的监督下验收合格后，报请主管部门进行正式验收。

第8章

城市轨道交通车站绿色装饰装修

8.1 绿色装饰装修概述

气候变化是人类面临的全球性问题，21 世纪我国已成为碳排放大国，2020 年以来，我国在多个重大国际场合提出"碳达峰"和"碳中和"的目标，为绿色低碳的转型指明了前进的方向。因此，可持续发展的绿色建筑已成为必然趋势。而装饰装修作为建筑密不可分的组成，作为与人密切接触的空间，发展绿色装饰装修对于人的安全、健康、舒适至关重要，也对整个装饰装修行业的发展有着深远的意义。

绿色建筑的基本内涵可归纳为：减轻建筑对环境的负荷，即节约能源及资源，为人类提供安全、健康、舒适的良好生活空间；与自然环境亲和，做到人与建筑、环境的和谐共处，实现可持续发展。因此，要实现绿色装饰装修目标，首先要建立绿色装饰装修的设计理念，对于空间建立正确的评价体系与社会引导，不提倡无节制的追求奢华，满足各种欲望与享受。其次，需要节约能源与资源，因地制宜，适度设计。另外，在装饰装修材料的选用方面，应选择低碳排放、绿色环保的材料。

8.2 车站绿色装饰装修设计

8.2.1 车站装饰设计的绿色理念

地下空间可有效节约地面资源，保护地面景观环境，是城市可持续发展的重要途径，地铁车站的建设是城市地下空间开发的核心动力，可以提高土地利用的集约化程度和使用效率，缓解城市用地压力，满足城市可持续发展的要求。现在全国地铁处于高速发展时期，截至 2021 年 7 月，全国（不含港澳台）共有 48 个城市开通运营城市轨道交通线路 246 条，运营里程 7961 公里。车站装修无论是对于建设阶段还是运维阶段都是一项庞大的工程，节能、节材是未来地铁装修的必然趋势。无论是新建车站，还是老旧车站都可以通过改造，完善使用功能的同时，遵循当下绿色装饰设计的理念。

8.2.2 车站装饰设计要点

车站装饰设计主要包括以下区域的设计：车站出入口、风井、冷却塔、无障碍电梯等附属设施外装饰设计；出入口通道内装饰设计；站厅公共区、站厅设备管理用房内装饰设计；站台公共区、站台设备管理用房；车站有效轨行区内装饰设计。

车站绿色装饰装修设计应符合现行的《建筑内部装修设计防火规范》GB 50222、《地铁设计规范》GB 50157、《民用建筑工程室内环境污染控制标准》GB 50325、《建筑材料放射性核素限量》GB 6566、《建筑地面工程防滑技术规程》JGJ/T 331、《民用建筑隔声设计规范》GB 50118、《绿色建筑评价标准》GB/T 50378 及《公共建筑节能设计标准》GB 50189。装修应简洁、明快、大方、适度，充分利用结构美，体现现代交通建筑的特点，装饰装修应采用防火、防潮、防腐、耐久、易清洁的环保材料。考虑施工与维修，尽可能采用标准化设计、装配式施工，同时也兼顾吸声。地面材料应防滑、耐磨。

车站公共区为车站乘客可使用的公共空间，根据功能区域的不同可分为站厅、站台公共区域，如图 8-1 所示。由于地铁空间的特殊性，站厅、站台顶面及墙面装修一般采用预制板材拼装组合而成。顶面以预加工金属板模块组合为主，要求拆装便捷。墙面及柱面应考虑防划痕、耐冲击性要求，一般采用干挂搪瓷钢板、烤瓷铝板、干挂石材、干挂瓷砖等坚硬的材料。此类装饰工厂化程度高，要求施工人员现场精准放样，厂家精准施工。搪瓷钢板、烤瓷铝板等金属类板材，在现场几乎无须切割二次加工。对于墙面孔

图 8-1　苏州地铁 3 号线车站公共区

洞，只要事先精准定位均可在厂家完成开孔。地面由于使用功能的局限性，可使用的建材很少，目前仍然以天然花岗石为主。虽然是不可再生资源，但考虑价格优势和性能优势，天然花岗石大面积使用还是有不可替代性。

车站设备区可以分为设备用房（无人房间）、管理用房（有人房间）、走廊等区域，如图 8-2 所示。管理用房因为有运营人员长期使用如车控室、站长室、交接班室，装修需要更为温馨及舒适，绿色装修更多地考虑无污染、无排放的环保材料。顶棚还需要有防潮和吸声性能，如果顶面采用金属板，建议使用穿孔吸声板。走廊由于管线集中，空间往往比较低矮，可以采用无吊顶即裸露管线的形式。

图 8-2　上海地铁 15 号线车站设备区走廊及弱电机房

8.3 车站室内环境与出地面建筑的绿色实践

8.3.1 车站内空间集约化利用

地铁车站作为城市地下公共空间同时承载了更多的需求。因此在空间布局上要求更为集约化地利用好车站的空间，使其富于更多的功能，成为城市功能的一个延展。

站厅公共区分为付费区和非付费区，其主要功能为售票、安检、进出站。随着智能化、信息化程度越来越高，大部分的通勤客流已采用电子扫码进站，车站的售票空间已经大大压缩，人工票亭只有在极个别的车站才会出现而自助售票设备也大量减少。因此站厅可以释放更多的空间为商业、公共艺术展示创造条件。

根据现行的地铁设计防火标准GB 51298，每个车站在站厅非付费区的乘客疏散区外可设置不大于总面积100m² 的商业服务空间，同时单个商业服务空间不超过 30m²。因此，前期空间布局时，建议因地制宜，在不影响地铁使用功能的前提下嵌入一些超市、零售等商业服务空间。虽然每个车站占用面积不大，但是给乘客创造了便利也给地铁营运收益带来一些增量。另外，一些乘客便民服务设施也可以嵌入地铁公共空间中。如各类的商业售贩机、微型书店、自助查询机等。上海地铁新线设计中站厅、站台均考虑 8 台自助设备的放置，并且采用嵌入式安装，如图 8-3 ~ 图 8-5 所示。

图 8-3　杭州地铁站厅小型便民商业空间

图 8-4　上海地铁 15 号线公共艺术墙

图 8-5　上海地铁 15 号线公共区雕塑

乘客的客服中心，也由简单的票务服务、问询服务向复合功能转变，如无障碍服务、轮椅租借、雨伞租借、旅游推广等功能都可以结合乘客服务中心设置，而且越来越趋于智能化，如图 8-6 所示。

车站站台层相对空间比较狭长，公共区满足上下客流功能外还需要提供信息服务、休息座椅、公共卫生间等人性化服务设施。因此，如何最大化地利用好空间是装修设计的首要任务。公共卫生间为了增加空气流通，均采用无门式设计，这样就需要在有限的站台空间通过合理的布局形成迂回空间遮挡视线，同时也要满足男、女及无障碍厕位的数量及尺度需求；信息服务屏（PIS 屏）常常在站台与悬挂式导向及摄像头位置冲突，最新的一些设计将此系统与屏蔽门进行整合，释放出更多的顶部空间，值得推广，如图 8-7 所示。

由于站台空间的局限性可以设置座椅的区域有限，装修可以打破传统的 4 连座金属座椅的形式，通过个性化设计满足更多的乘客使用，同时也要尽量采用装配式结构，方便运输安装，如图 8-8 所示。

图 8-6　上海地铁 15 号线客服中心

图 8-7　苏州地铁 5 号线荷花荡站 PIS 系统与屏蔽门集成

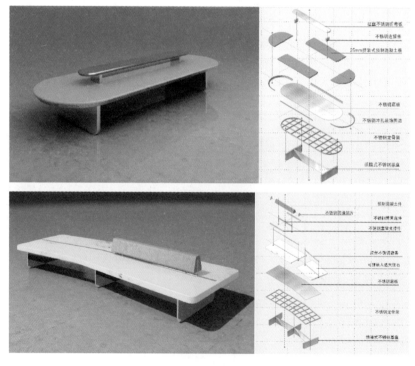

图 8-8　上海地铁 15 号线拼装式座椅

另外，无柱型车站空间也值得探索，通过建造技术的创新，如今的车站空间也存在了更多的可能性，无柱车站的形成更有利于站内空间的使用，特别是站台，可以获得更加开阔的视野及为乘客释放更多的通行空间，从而可以减小车站的体量，达到节能环保的目的，如图8-9所示。

图8-9　上海地铁15号线吴中路无柱车站

8.3.2　车站装饰与集成设计

地铁空间设计是一项综合性系统工程，涉及各专业之间的协同配合，传统的装饰设计就像给车站表面加了一层"皮"，对机电设备进行一个遮蔽。近几年在上海的地铁装修实践中发现有些界面可以完全没必要去"包裹"，裸露的顶棚、裸露的柱面，不但减少了装修的用材，也大大降低了后期的维护。不过需要前期设计过程中装饰、土建、机电多个专业更为紧密的协作，特别是装饰需要比以往项目更早地介入总体设计中去。

例如，上海9号线金吉路和金桥路车站，空间装饰设计在土建阶段就开始介入，与建筑专业共同确定了柱体采用清水混凝土形式，并且设计了个性化的截面，机电专业也同步进行点位提资，最后结构专业才能完成管线预埋，将清水混凝土柱的想法付诸实施；而顶面精细化的管线集成则体现了艺术性与功能性的协调统一。摒弃了传统的吊顶，让地铁特有的机电设备、管线、安装工艺成为视觉的主体，通过装饰设计对管线布局及走向进行优化调整，最终产生出一种地铁空间独有的艺术性。这个项目的意义在于重新定义了装饰的美学，在交通建筑中传递了朴素的审美观，地铁装饰不再是单一的通过外加烦琐的装饰构件去彰显空间的个性化，而是更加关注内在，回归地铁本身，如图8-10和图8-11所示。

图8-10　上海地铁9号线金吉路车站

图 8-11　上海地铁 9 号线金桥路车站

8.3.3　车站室内声环境的绿色实践

轨道交通所引起的环境噪声问题越来越受到关注，如何改善车站声环境、营造相对和谐安静的车站环境，车站装修设计具有重要的意义。

现行地铁噪声评价的主要依据为《城市轨道交通车站站台声学要求和测量方法》GB 14227，其规定车站站台最大容许噪声限值为 80dB。地铁站内的噪声主要来源于列车进站或出站过程中车轮与轨道的碰撞和摩擦、空调、排风等设备运行、车站广播及乘客交谈等。站内噪声级与车站内装修材料是否吸声密切相关，装修设计过程中需要在站内公共区墙面装饰面、天花吊顶以及站台轨行区做相应的吸声处理，以减少声的反射和混响，有条件的可增加声学专项设计。

装修设计上加强站内噪声控制的方法主要包括以下几方面：其一，微孔金属吸声板可实现车站室内空间装饰效果的同时实现吸声降噪的功能需求。微穿孔吸声结构，对高频和低频的声音均具有优异的吸收效果。其构造结构为穿孔面板背板贴上一层吸声布，可有效阻止空气流动，使声波受到阻碍，从而提高吸声系数，并且可以根据室内效果设计控制穿孔孔径、孔距，进行不同的穿孔率调整，在一定的范围内控制组合结构的吸声系数。金属板的吸声效果也可从改变表面形状、表面机理变化，如铝合金方通、V 形折面、水波纹等，使声音在凹凸不平的反射面上产生散射，而散射的声波互相交叉，造成互相消耗能量，从而起到减弱声音的反射作用。其二，地铁车站设备区机房内通常会产生比较大的噪声，在噪声大的设备机房内例如新风机房、排风机房、消防水泵房、制冷机房、环控机房等，采用表面铝合金穿孔吸声板、穿孔预涂板内填岩棉的吸声构造作为机房墙面、隔声材料或者装修饰面板都能有效地降低噪声。其三，在有效的轨行区范围结构墙顶面涂料实施拉毛工艺，增加其表面粗糙度，降低声音漫反射。

8.3.4　车站室内光环境的绿色实践

随着轨道交通的建设与完善，乘客在车站内停留的时间和人流数量都在不断增加，绿色车站的建设和设计仅仅满足照度值、安全性等基本功能的传统照明已经不能满足轨道交通环境照明的需求，明亮、舒适、方便和个性化的车站环境成了新的追求，这就对光源、照明效果提出了更高的要求。

室内光环境的营造主要是自然光源和人工光源两种，光环境的设计首先应考虑利用天然光，但是轨道交通车站大部分为地下车站，较难获得自然采光，所以合理设计室内人工光源营造良好的室内光环境是必不可少的。其次是考虑人工照明的舒适性，保证足够的显色性，限制眩光、减少光污染。灯具的选择应与整体装修风格保持一致，既能满足一般照明要求，又能结合设计方案凸显文化和艺术氛围。最后，需考虑照明的节能环保，其基本要求为车站公共区、出入口、洗手间等环境灯具的地面平均照度可参照表8-1摘自《城市轨道交通照明》GB/T 16275，也可结合设计需要适当调整照度。

表8-1 城市轨道交通各类场所正常照明的标准值

类别	场所	参考平面及其高度	照度/lx	统一眩光限值 UGR_L	显色指数 R_a	备注
车站	出入口门厅\楼梯\自动扶梯	地面	150		80	考虑过渡照明
	通道	地面	150		80	
	站内楼梯\自动扶梯	地面	150		80	
	售票室\自动售票机	台面	300	19	80	
	检票处\自动检票口	台面	300		80	
	站厅（地下）	地面	200	22	80	
	站台（地下）	地面	150	22	80	

1. 地铁车站引入自然光

人的本能是亲近自然的，在地下车站中庭合理地将自然光引入地下，通过采光天窗或下沉式广场等设计。自然光引入车站，不但可以优化建筑空间，同时也体现了节能环保、以人为本的理念。

上海轨道交通11号线迪士尼站建筑主体为地下二层14m宽双岛式站台车站，结合园区场地原有的2m高差，巧妙地设计成一个浅埋式的、屋顶全绿化覆盖的建筑形象。站厅层中部120m长、7.5m宽的ETFE充气膜结构系天窗将自然元素融入室内，将天窗引入车站设计，合理运用了自然光，解决了地下建筑自然采光的难题。使车站整体风格连续协调，设计还充分表现出现代建筑空间环保、节能的绿色理念，充分考虑了人性化设计、并融入站点的地域文化，以自身特色打造出其站点特色，形成了有独具迪士尼特色的一体化室内设计，如图8-12、图8-13所示。

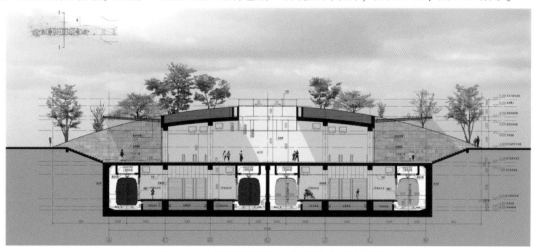

图8-12 上海轨道交通11号线迪士尼站剖面

图 8-13　上海轨道交通 11 号线迪士尼站实景照片

　　上海轨道交通 15 号线上海南站通过与下沉式广场连接，把一层的绿色花园通过下沉式广场引入开放的地下空间，使地下与地面的差异减小，打破了空间界限，达到了空间创新的目的，如图 8-14 所示。通过下沉式广场和商业中心相连接，在进行地下空间光环境提升时，融艺术、活动、消闲、观光等为一体为乘客提供了全方位的生活体验。绿色发展，离不开创新技术的开发和应用。深圳地铁 9 号线深圳湾公园站除了在车站公共区域引入自然光，还加入了光导管技术，车站中部开了两个巨大的采光天井，两侧还分别建有 3 个 2.6m 直径的阳光导入系统。自然光覆盖范围能达到 500m^2，大大减少了车站灯具数量，降低了日间照明用电。

图 8-14　上海轨道交通 15 号线上海南站下沉式广场

2. 室内人工光环境设计的主要原则与方法

　　灯光是一个较灵活及富有趣味的设计元素，可以是空间的焦点及主题，可以是加强车站装修设计的层次感所在，也可以是气氛的催化剂，各式各样的灯光贯穿其中，缔造出不同的氛围。人工光环境的设计成为地铁室内设计的重要一环，设计过程中需结合照度、色温、显色性、均匀度、眩光及光效等因素进行灯具、光源的合理布局。

　　间接照明，即将光源隐藏起来，通过光源、传递光线的承载面以及承载面的材质，来达成光的传递。这是一种模仿自然光照的手法，旨在对整个灯光设计中运用最少量的照明设备营造出最理想的灯光效果。灯具点亮时，人眼迎着灯光、视线垂直于灯具正面，看不到 LED 光源颗粒。苏州 3 号线及上海 9 号线三期均采用了二次反射的条形连续无缝拼接灯带作为主照明，减少了眩光，增强了空间照明的舒适度，发光面无面罩设计也减少了光源能耗损失，同时便于检修，如图 8-15、图 8-16 所示。

　　引入室内智能阳光系统，在地下车站中自然采光的设计对于改善车站内部环境具有多方面

图 8-15　苏州轨道交通 3 号线实景照片

图 8-16　上海轨道交通 9 号线三期实景照片

的作用，不仅局限于满足照明和节能要求，更重要的是满足人们的心理和生理要求。对长期在地下工作的人员来说，缺少阳光照射，对身体健康十分不利，甚至还会影响人的生命节律以及造成心理抑郁等诸多心理问题。当无法利用天然光进行照明时，人工照明可实现在照度、颜色、色温、视觉感受等各方面充分模拟天然光中对于人体生理和心理健康有益的因素，智能控制系统可以模拟阳光在不同地区、不同季节、每天不同时间的光色变化，以符合人体自然的用光需求，有利于调节人体生物钟，促进身心健康，从而构建地下空间适宜的光环境，提高空间光环境质量，保证车站地下空间工作人员的身心健康，如图8-17所示。

图 8-17　室内智能阳光系统案例示意

3. 绿色照明设计

轨道交通普遍具有运量大、安全舒适、准点率高和节能环保等优点，但同时常伴随着较高的前期投资、技术要求和维护成本。轨道交通也是能耗大户，随着 LED 照明新技术的应用和发展，轨道交通照明的节能减排方案已经日趋成熟，从传统光源灯具替换为 LED 灯具可大幅度降低照明能耗。照明设计的可持续发展应合理选择照度标准，从使用实际需要出发，力求节能。车站光环境还可以考虑白天、夜晚、繁忙、非繁忙及维保时段对照明布置和智能化调光要求，以满足不同的使用需要，通过调光在人流高峰时候正常照明，人流高峰过后，降低功率运行，达到二次节能的目的，同时也可以延长产品的使用寿命。

8.3.5　车站出地面附属建筑的绿色设计探索

车站出地面附属建筑是轨道交通车站的重要组成部分，是与城市连接和交互的重要节点。地面附属建筑主要包括出入口、风亭、无障碍电梯、消防出入口、冷却塔和多联机组等部分。这些部分有其明确的功能属性和内在联系，地面附属建筑的点位布置、组合形式、设置方式、外观形象等更是根据城市规划、交通、环境、功能、结构、经济、空间、人文等内部和外部的诸多复杂条件所决定的。

随着城市建设和轨道交通的发展进入了一个新的阶段，高效的轨道交通线网成为城市交通的骨干，线网已与城市紧密地编织在了一起，这就对地面附属建筑设计提出了更高的要求。绿色生态和可持续性已成为当今城市发展的主流，在绿色建筑发展的大背景下，需要对车站的地面附属建筑进行绿色设计方面的积极探索。

如何在车站出地面附属建筑设计中融入绿色设计？首要的是进行设计理念方面的转变。从原本的纯装饰设计层面转变为建筑设计层面，呈现出交通建筑高效的空间特色，减少装饰，节约资源。

从思考其独立形态转变到思考其城市形象，以简约规整的形态与城市空间协调共生；从塑造单纯的造型艺术转变成营造区域环境的公共艺术空间，减少强调个性和夸张的标志性形态营造，将建筑转化为承载公共艺术的空间，赋予建筑以公共艺术的灵魂，体现人与城市和自然的和谐共生；从只关注短期效果转变为关注全生命周期效果。设计中对材料、节点、施工工艺等方面进行深入研究，以工匠精神完成设计，减少建筑后期使用的维护成本。

在设计理念转变的基础上，通过有关工程的实践进行总结，初步归纳车站出地面附属的建筑绿色设计原则：回归交通建筑本质，减少装饰材料、营造纯净极简形态，融入公共艺术，坚持品质优先、使其耐久易维护。

1. 回归交通建筑本质

车站出地面附属建筑顾名思义是轨道交通建筑的地面附属部分，与主体建筑是一个有机的整体。出入口和无障碍电梯是乘客进出的通道；消防出入口是应急消防人员进出的入口；风亭是车站的呼吸通道；冷却塔和多联机是营造车站宜人环境的重要设备。虽然这些凸出地面的内容普遍体量较小，布局较分散，但其是与主体连接的重要部分，所以其交通建筑功能是其最本质的属性。

回归交通建筑本质是地面附属建筑设计的基础，对于各单体的设计和复杂问题的解决都需要以此为基础进行思考。高效、便捷、纯净、人性化等是交通建筑的特点。注重功能的梳理与思考，总结运营中遇到的各种问题，不断推敲和优化，同时需要考虑未来的发展需求，在前期做到对功能性的充分思考，是减少运营问题和改造成本的有效方法，是绿色设计理念思维的集中体现。

2. 减少装饰、营造纯净极简形态

车站出地面附属建筑设计应抛弃传统装饰思维，通过创新设计达到与周边环境的协调和突出自身线路的特色。在传统装饰思维的引导下，往往注重装饰材料的堆砌和表现，而疏忽对空间的打造和与环境协调的思考。探索更好地融合度和更持久的生命力成为设计的主旨，从此出发重新思考设计的本源，不再追求局部视觉的愉悦，而注重精神感受方面的空间品质，尽可能去除多余的装饰材料，以极简的手法营造纯净而富有想象的空间。为了呈现极简之美，反而需要更复杂集成化的设计和更高标准的技术工艺，所以，最终呈现的必然是高品质的美。其实，城市也是如此，城市发展提质降速已成为常态，从单纯追求速度和形式转为崇尚永恒和品质已经成为城市的发展新方向。

上海地铁9号线三期车站出地面附属建筑设计以还原本质、开放自由、艺术理想为设计理念，通过对出入口、无障碍电梯、风亭、消防出入口、冷却塔等内容的整合设计和在结构、功能及空间上的反复多维度设计推敲，以此来达到更高的整合度，通过整合的设计做到了节约建筑材料、集约使用土地和控制建筑体量，塑造了特色的空间形态，如图8-18所示。同时，以清水混凝土结构直接作为外立面，减少了附加的装饰材料，通过精细的节点处理整合各设备管线，达到了极简纯净的建筑形象。清雅的质感和形态很好地与周边环境进行融合。即使将来随着城市的发展，环境产生了变化，建筑也能很好地适应，这就是以绿色设计为核心的优势所在，如图8-19所示。

图 8-18　上海地铁 9 号线三期无装饰整合出入口

图 8-19　上海地铁 9 号线三期无装饰出入口细部

　　上海地铁 15 号线也是如此，整线 30 座地下车站，车站出地面附属建筑设计是一个艰巨的挑战，最终的呈现得益于设计伊始遵循的回归交通建筑本源和融入城市环境的绿色设计原则。创新营造地面附属建筑的城市空间属性，营造极简的形态、去除装饰。全线地面附属建筑尝试以结构整体性为基础，不利用外挂装饰材料进行包装粉饰，展露建筑结构之美，骨感清透的形象诠释着交通建筑的干练和渗透入城市环境的明澈，如图 8-20 所示。

　　3. 融入公共艺术

　　车站出地面附属建筑不仅是城市中的一群小建筑，因其遍布城市各个节点空间，像是夜空的星光点亮了城市的生活，从纯功能体系上升为城市公共艺术的一部分，能从另一个层面更好地与城市环境融合，艺术是永恒的，也是更能满足人们精神需求的部分，可为地面附属建筑注入灵魂，使其更能适应城市的发展和周边空间的变化。

图 8-20   上海地铁 15 号线混凝土独立出入口

上海火车站北广场车站出附属建筑，通过极简的建筑形态、建筑材质的本质表达、纯净的建筑空间来表达当代艺术的还原本质、开放自由的思想。空间同时也作为艺术的容器，承载多种艺术形式，通过穿梭的人群与空间的体验互动，形成了城市中独特的艺术微空间。其设计理念为故乡的一片云，使用 365 颗球形灯珠艺术化地组成了一片云，就像一件艺术品置于一个通透的玻璃展柜中，不论是归乡的人还是离乡来上海打拼的人，经过此处都会在心底里产生一种共鸣，这就是艺术所赋予建筑的灵魂。照明灯具是原本就需要的功能性设备，但通过艺术的处理，升华为公共空间艺术，不需要昂贵的材料和多余的装饰，这也是在绿色设计理念指导下的探索，如图 8-21 所示。

图 8-21   上海地铁火车站 5 号出入口

4. 坚持品质优先、使其耐久易维护

轨道交通为百年大计，从运营开始就需要稳定不间断地为城市服务，任何影响其运行的事件都是需要避免的。对于地面附属建筑的需求也是同样的，如果其经常需要整修维护，并且耗时费力，那么对于轨道交通运营将产生重大影响，不但会造成大量浪费，同时还有可能因交通不畅而增加安全隐患。所以设计更持久的结构体系，采用易维护的饰面，选择更新高品质的材料，采

取高度集成模块化工艺等都可以优化建筑的耐久性和易维护性。

上海地铁 9 号线三期车站出地面附属建筑在绿色设计的理念下，尝试了建筑工业化装配式的方式进行营造。装配式建筑较传统建造方式有很大的提升，是现代工业化、精细化、信息化、智能化的进阶标志，建筑工业化可以节省能源资源以及劳动力，提升劳动生产率，降低有害气体和粉尘的排放，优化工人工作环境等，如图 8-22 所示。

装配式建筑是建筑领域践行绿色发展理念的重要抓手。相较于传统建筑，装配式建筑可缩短施工周期 25% ~ 30%，节水约 50%，降低施工能耗约 20%，减少建筑垃圾 70% 以上，并显著降低施工粉尘和噪声污染。同时，绿色的建造方式在节能、节材和减排方面也具有明显优势，对助推绿色建筑发展、提高建筑品质和内涵、促进出地面附属建筑转型升级具有支撑作用。此外，相较传统建筑，装配式建筑还可以提高工程质量，降低安全隐患，提高生产效率，降低人力成本，便于模数化设计，延长建筑寿命。高

图 8-22　上海地铁 9 号线装配式出入口

品质的建筑体系及高质量的外观饰面，极大降低了使用的维护成本，让建筑更耐久更易维护。

8.4 绿色环保建材与新技术的应用

地铁车站建设从数量导向到质量导向转变，离不开新型绿色建材及新技术为绿色车站发展提供的有力支持。城市轨道交通的全寿命周期内，应最大限度地节约资源，在实现高效、安全地运载乘客的同时，减少对环境的污染，为乘客提供舒适、健康、便捷的乘车环境。

轨道交通车站实现绿色装饰装修，其中绿色环保、节能低碳材料的选用，将起到至关重要的作用。首先，装饰装修材料应尽量采用天然材料，金属、石块、石灰等无机材料要经过检验处理，确保对人体无害。其次，应营造舒适和健康的地铁车站环境，车站内部不使用对人体有害的建筑材料和装修材料。最后，绿色建筑材料要强调原料、生产及回收全过程的环保性，应选用经过国家检测机构严格检测，不释放甲醛、苯、氨及放射性等有害物质的建筑材料，而且在生产过程中不产生污染环境的废水、废气、废渣，既低碳、节能、美观又具备经济性。

地铁车站装修所使用的绿色环保新材料主要有以下几大类。

8.4.1　金属复合材料

1. 烤瓷铝板

烤瓷铝板是将烤瓷涂料喷涂在铝或铝合金等金属材料上，经烘干硬化生成的复合装饰板材。

其性能特点为高硬度、高耐磨，表面硬度达到 6H 以上，相对于传统的板面涂层硬度只有 1～3H 的板，具有更理想的抗冲击、抗划伤性能，可以获得更长的使用寿命。同时烤瓷铝板属于 A1 级不燃材料，在高温、燃烧环境中不会产生或散发有毒的气体和异味，同时具有抗菌功能。工厂加工成型，现场安装快捷，可回收再利用，属于绿色环保材料。综合性能及投资效益，烤瓷铝板已成为地铁车站公共区中最主要的墙柱面材料之一。安装示意图如图 8-23 所示。

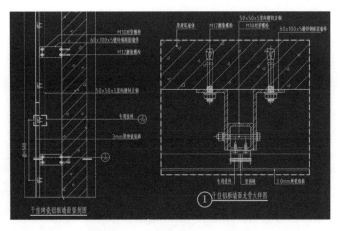

图 8-23 烤瓷铝板安装示意图

墙面烤瓷铝板的龙骨体系所有钢构件表面经热浸镀锌防锈处理，镀锌层厚度应达到 GB/T 13912 标准的要求，干挂龙骨体系采用锚栓结构固定方式。专用挂件固定在竖向镀锌方钢上，专用挂件配橡皮胶圈，防止因振动铝板产生响声。烤瓷铝板凭借其优异的性能和丰富的造型，已经成为轨道交通车站装饰的主要材料之一，实景效果如图 8-24～图 8-26 所示。

图 8-24 西安地铁奥体中心站

图 8-25 北京地铁房山线四环路站   图 8-26 北京地铁 7 号群芳站

2. 铝合金吊顶

金属吊顶主要采用铝方（圆）通、铝平（弧）板等形式，铝合金型材表面用聚酯粉末或氟碳喷涂，图层颜色可根据设计师的要求配色。吊顶铝单板采用 3000 系列的基材，铝板常规厚度为 1.5mm、2.0mm、2.5mm、3.0mm。根据需要可加工成各种形状，如长方形、梯形、扇形、圆弧形、扭曲面、双曲面圆弧等造型。安装施工方便快捷，可回收再利用。透视效果图如图 8-27 所示。

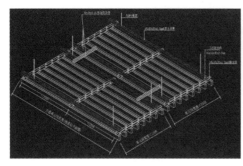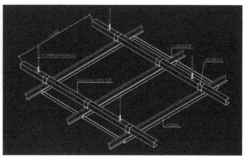

图 8-27　吊顶铝方通和吊顶铝板透视图

铝方通端头应完全封堵，封堵措施与方通必须连接牢固，封堵材料的材质和颜色应与方通协调一致。要充分考虑公共交通场所的特殊性，吊顶龙骨结构体系要求安全稳固，方通及龙骨体系均采用栓接的形式，方便施工及以后运营维护的需要，在吊顶处按运营要求设置检修口，检修口单元组合需单独开启，开启时不需要连带拆除相邻的铝方通。轨道交通车站吊顶效果如图 8-28、图 8-29 所示。

图 8-28　北京地铁 7 号线黄厂村站和高楼站

图 8-29　北京地铁新机场线草桥站和北京地铁 17 号线次渠站

3. 搪瓷钢板

搪瓷钢板是由钢板与特种功能无机非金属材料经新型静电干粉涂搪及高温烧成，使钢板与特种功能无机涂层两者间产生牢固的化学键结合而形成的复合材料。其具有更强的抗冲击等特性，又有无机搪瓷层超强耐酸碱、耐久、耐磨、不燃、易洁、美观和无辐射等特点。可实现 30 年零维修、模块化结构、装卸简便、安全性高、经久耐用和维护成本低等优点，是高人流车站公共空间的首选墙柱面材料，如图 8-30 所示。

图 8-30 搪瓷钢板墙面与柱体效果图

4. 防火金属复合板

金属复合板是一款采用不燃无机材料作为中间芯材，双面金属表皮（铝、镀锌钢板等金属材料）作为装饰面的三层结构复合装饰材料，如图 8-31 所示。

金属复合板常规厚度为 4mm，单板最大宽度可达 2m，长度可达 10m。根据不同场景，金属表面可选用纳米涂层、阳极氧化、烤瓷等特殊工艺处理，颜色多样丰富。板材表面硬度可达 6H 以上，具有强大的防火优势，燃烧性能达到 A 级。无机芯材来自天然，绿色环保。金属复合板隔声系数为 26dB，同时具有隔热、质轻、无毒无味、安全环保等优质特性。可广泛适用于轨道交通车站、机场、隧道等公

带装饰效果的金属面板
A 级防火无机芯材
起保护功能的铝背板

图 8-31 金属复合板结构示意图

共场所。绍兴轨道交通 1 号线就采用了阿路美格 A 级防火金属复合板用于墙面与吊顶的装饰，如图 8-32 所示。

图 8-32 绍兴轨道交通 1 号线

5. 装配式铝蜂窝复合板系统

装配式铝蜂窝复合板系统由单元板块和龙骨挂接系统组成，主要用于室外幕墙和室内墙面与吊顶的装饰。复合板面层可选用钢板、铜板、陶板、大理石等材料，其中金属板表面处理方式可选用氟碳、阳极氧化、烤瓷、辊涂等，如图8-33所示。

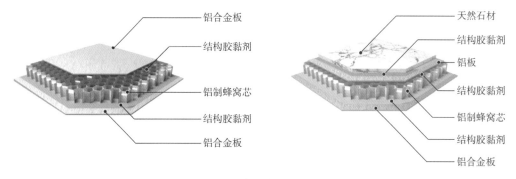

图 8-33　铝蜂窝复合板基本构造图

（1）铝蜂窝复合保温板装配式幕墙系统　该系统单元板块由面板、铝蜂窝、单元板块铝边框、保温层、密封防水胶条等组成，龙骨挂接系统由安装在现场主体结构上的龙骨及配套挂件组成。该系统集建筑外围护结构、外装饰为一体的从材料到安装技术完整的构造系统；置于建筑物外墙外侧，与基层墙体之间连接采用锚栓锚固的方式，是对建筑物起到保温、防护和装饰作用的构造系统，如图8-34所示。

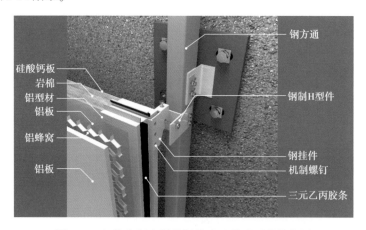

图 8-34　铝蜂窝复合保温板装配式幕墙系统结构图

该系统具有工厂化制作、模块化装配、循环拆装使用、绿色节能环保、轻质安全、装饰保温一体化等特点。系统安装板块可三向调节、防水结构闭环、A级防火阻燃性能、系统热传导阻断和独立板块可拆卸。符合建筑物装配式、绿色节能、可持续发展的要求。

（2）室内装配式铝蜂窝复合墙面板系统　该系统由复合型单元板块和龙骨挂接（或插接）系统组成。其中，单元板块是由装饰面层、过度板、夹层材料、底板层等材料组成，龙骨挂接（或插接）系统由现场安装在主体结构上的龙骨及配套挂件组成，属于建筑内集围护结构功能、内装饰效果融为一体集成化系统。该系统集防火、保温、隔声、轻质、防水、耐候、耐久、环保等功能于一身，采用工厂化生产、现场装配化施工，质量可靠、保温性能优异、安装工艺简单，是一种理想的建筑内围护结构材料，如图 8-35 所示。

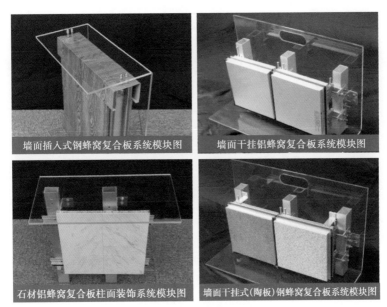

图 8-35　各系统模块图

（3）装配式铝蜂窝复合板吊顶系统

装配式吊顶系统面板为新型复合型一体板，由装饰面层、过度板、夹层材料、底板组成，龙骨插接系统由现场安装在主体楼板上的龙骨及配套挂件组成。装配式吊顶从材料到安装技术具有完整的工厂生产及制作标准，可对建筑物起到隔声、装饰作用的构造系统，如图 8-36 所示。

该系统有挂式和插入式两种安装体系，饰面层主要有铝蜂窝板、超薄石材

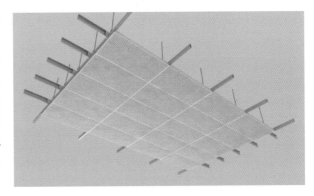

图 8-36　装配式铝蜂窝复合板吊顶系统效果图

复合板、金属瓦楞板、穿孔吸铝板等多种结构体系，如图 8-37 所示。

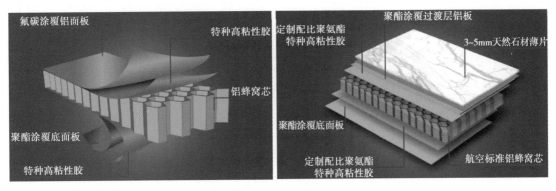

图 8-37　铝蜂窝板吊顶系统和超薄石材复合板吊顶系统结构图

8.4.2 环保无机材料

1. 高密度纤维水泥板

高密度纤维水泥板是由水泥、植物纤维、天然矿物质等为主要原料的高性能板材。该种板材通过天然矿物的结晶自然成色，表里如一，耐久性能佳，且板材表面质感及机理可塑性强，可任意切割尺寸和形状，也可根据设计效果进行穿孔、开槽、雕刻等多种方式加工。高密度纤维水泥板作为一种轻质高强的新型装饰板材，不含石棉、无放射性及其他有害物质，是一种轻质高强、绿色低碳、安全耐用的新型环保建材，通过铆钉穿透式固定在龙骨骨架上即可。全过程可进行装配式干法施工，有利于缩短施工工期、减少建筑垃圾的产生，适合于地铁车站内公共区域墙面，如图8-38所示。

图 8-38 高密度纤维水泥板

2. 陶板

采用优质的陶土作为原材料，各种黏土加工成标准颗粒级别的粉状，按照配方要求，电脑精确配料，再通过精确加水搅拌系统可配制出所需的标准泥料。在高温下，自然发色而成，不加化工色料，能保证颜色十年如新，百年不旧，且大面积使用可保证色彩一致。陶土制品可根据实际效果需要制作成陶板、陶块、陶棍及异形定制等多种规格板型。具有防火抗冻、隔热隔声，有效降低传热系数，改善车站墙面的声学性能，调节室内温度环境，节约能耗。陶土是可再生资源，能回收利用，在生产工艺上，陶土板的工艺决定了相对环保、能耗较低的特点。按照现行国家标准 GB/T 27972，干挂空心陶土板的吸水率国标控制标准为 0.5%～10%。陶板装饰效果如图 8-39 所示。

图 8-39 上海地铁 13 号线自然博物馆站和 15 号线标准站

3. 负离子健康装饰材料

负离子健康板、健康泥涂料是模拟自然界森林树叶光电效应产生负离子机理，应用仿生技术，采用多种天然无机原料合成的一种具有多孔层状结构的新型建材。该材料适用于轨道交通地下车站管理用房内吊顶及墙面部位，通过与空气中水分子作用产生空气负离子，可起到永久性释放负离子的作用，空气负离子有着重要的生物效应。负离子健康板及健康泥涂料还具有净化空气、有效减菌抑霉、释放负离子、调湿防潮、防火保温等特点，并且施工快速便捷，可代替传统吊顶或墙面块材及涂料使用，室内空气质量直接影响着车站工作人员的健康，而负离子健康产品可避免装修污染，达到改善地下车站环境空气质量的目的，并且因无有害挥发物，施工完毕即刻可投入使用，如图 8-40 所示。

图 8-40　上海 15 号线地铁站管理用房墙及顶面负离子健康材料

4. 水性仿瓷涂料

水性仿瓷涂料是以多种高分子化合物为基料，配以各种助剂、颜料、填料经加工而成的双组分无机涂料。仿瓷涂料具有环保、抗菌防霉，抗污染，持久保新，柔韧抗裂，耐化学性且不变黄的特点，耐老化及硬度高，耐擦拭、装饰效果细腻、光洁、淡雅，施工简便且造价低。是一种施涂于 A 级基材的无机涂料，可作为 A 级装修材料使用。水性仿瓷涂料可适用于设备区机房（环控电控室、泵房、变电所、综合监控室、牵降变室、通信机房、信号机房、冷冻站、配电室、设备维修室等）、管理用房（站长室、值班室、收款室、交接班室和公安保卫室、卫生间、茶水间等），同时也可作为对原车站墙面、柱体以及设备区使用水泥板、瓷砖及涂料等墙面进行防污的表面换新涂料使用，如图 8-41 所示。

图 8-41　深圳地铁 11 号线和 9 号线墙、柱面仿瓷涂料翻新

5. 无机人造石（无机水磨石）

无机人造石是以高分子聚合物、水泥或两者混合物为粘合材料，以天然石材碎（粉）料、天然石英石（砂、粉）、氢氧化铝粉等为主要原材料，加入颜料及其他辅助剂，也可添加贝壳、玻璃等点缀材料，经搅拌混合、真空高频振动、高压压制、恒温固化等工序复合而成，并经抛光、防污增光加工而成的一种高品质无机产品，也称为无机水磨石。

无机人造石具有色彩丰富、耐磨抗压、耐火耐高温、耐污抗菌、可回收利用、安全环保等诸多优点，且后期维护成本较低，属于新型绿色环保建材，可作为车站公共区天然花岗岩石材的替代环保型地面材料。

无机人造石规格多样，可根据现场需要灵活切割。其中公共区域的地面选材要求，建议厚度≥20mm；承重要求较高场所地面厚度建议≥25mm；站台/厅等主体墙面厚度≥25mm。无机人造石施工安装简单，主要采用铺贴和干挂施工方式，如图8-42所示。

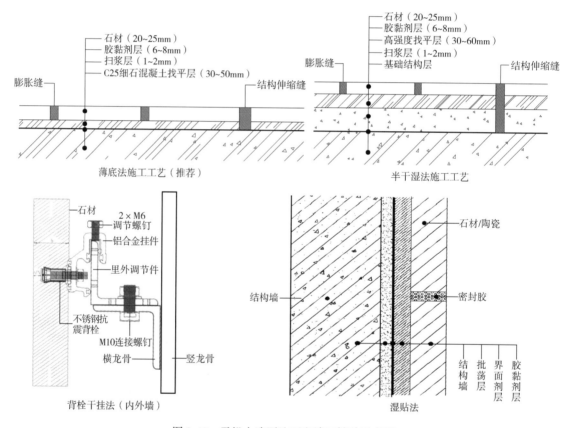

图8-42　无机人造石地面和墙面铺贴示意图

目前，无机人造石已广泛应用于轨道交通车站的地面和墙面装修，如港铁4号线、深圳地铁6号线和10号线、杭州地铁1号线、嘉兴火车站等众多车站项目中。如图8-43、图8-44所示。

8.4.3　装配式预制构件

装配式内装是建筑工业化的重要组成部分，目前，国家和各省市纷纷出台鼓励、扶持政策，

图 8-43　港铁 4 号线和深圳地铁 6 号线

图 8-44　深圳地铁 10 号线和嘉兴火车站

没有装配式内装解决方案将无法称之为工业化建筑。2016 年国务院发布《关于进一步加强城市规划建设管理工作的若干意见》中，提出了大力推广装配式建筑，力争 10 年左右时间，使装配式建筑占新建建筑的比例达 30% 以上。上海市地方政策：外环线内新建民用建筑全部采用装配式建筑、外环线以外超过 50% 采用装配式建筑。

轻质隔墙板是一种新型节能墙材料，与传统现浇工法相比，预制装配式建造技术具备加快建设速度、降低施工影响、减少人员投入等七大优点，适合于外墙体系、楼梯、三角房、管理用房、车站公共卫生间改造等。上海 17 号线东方绿舟站、朱家角站及徐泾北城站运用了外墙 PC 技术，PC 板是指在工厂预浇筑的混凝土墙板，车站建筑主体结构使用年限为 100 年，预制构件与主体结构同寿命，建筑耐火等级为一级。外墙采用预制外挂墙板的形式，东方绿舟站每块镂空板的内孔尺寸各异，站厅层实板及勒脚板均选用了肌理造型，后期再经过涂色处理，从而实现了车站室内外效果一体化，如图 8-45、图 8-46 所示。

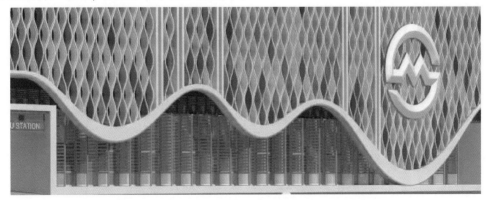

图 8-45　东方绿舟站二层预制外墙板装饰效果图

栏杆、客服中心、公共座椅等设备设施适合采用装配式，它由几大部件和配件组成，成品在施工现场可直接通过简易工具进行组装，工序简单快捷。装配式结构产品在现场安装不需要二次加工，不需要焊接，就不会产生因为二次加工而产生锈点。后期维护方便也是装配

图 8-46　徐泾北城站制外墙板装饰效果图

式栏杆产品的一种优势，其生产采用静电喷涂工艺，使得产品的表面光滑细腻，不易脱落，并可自带清洁功能，对后期维护带来极大的便利。

8.4.4　智慧节能的公共卫生间

公共卫生间是轨道交通车站设计的公共设施之一，也是体现城市形象的重要设施。公共卫生间的发展趋势除了采用节能环保、安全健康、智能智慧技术和设施，还应该重点聚焦品质生活、人文关怀，针对不同的群体，打造适宜的应用场景空间。

1. 公共卫生间节能

（1）采用节水型马桶　国家标准化委员会已将《6升水便器配套系统》列为国家强制标准。节水马桶是通过技术革新达到节水目的的一种马桶，节水一种是节约用水量，一种是通过废水再利用达到节水。产品必须兼具省水、维持洗净功能及输送排泄物的功能，使用寿命大于5万次。

（2）感应小便器　常规落地式感应小便器与地面连接处会生成尿石，可改用壁挂式小便器，无棱内壁方便清扫。易靠近设计有效防止尿液滴落。配合光触媒小便器专用瓷砖可分解尿液，实现全方位抑菌除臭，如图8-47所示。

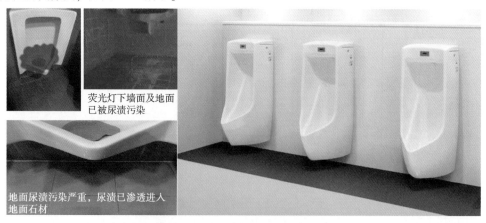

荧光灯下墙面及地面已被尿渍污染

地面尿渍污染严重，尿渍已渗透进入地面石材

图 8-47　光触媒小便器专用瓷砖

（3）感应龙头无接触设备　感应式冲洗阀在智能节水的同时能有效降低设施受损概率，营造无接触空间，有效防止细菌交叉感染，同时可避免因出现不当使用，导致设备损坏率高，增加维护成本。

（4）烘手设备　可引入高速干燥、超低噪声的高速双面烘手器，减少纸巾等纸类资源的使用。

（5）智慧卫生间系统　随着"厕所革命"的深入开展，上海轨道交通卫生间已迭代更新至"3.0"，提升车站卫生间硬件条件的同时，智慧公共厕所悄然兴起。智慧卫生间由空气质量在线监测与显示、智慧除菌除味，厕位引导与显示、智慧照明等模块组成智慧物联一体化系统，加强了对空气安全、乘客体验感与节能减排的管理。

2. 打造多场景空间的公共卫生间

公共卫生间应以使用痛点及需求为核心，将智慧、人文关怀、美学、高效置换、耐用节能等核心指标融入公共卫生间的空间及产品设计中，通过赋能产品去塑造场景，用多样化的场景，满足不同人群在出行中的差异化使用需求，以此来构建绿色智慧卫生间的建设，如图8-48所示。

图8-48　绿色智慧卫生间

以智能为核心，打造新型智慧空间。引入多功能智能坐便器、增加智慧化妆区；配备自动感应门方便轮椅进出，智能镜为旅客提供时间、天气等实用信息。深入分析人们的痛点需求，打造多样化的场景空间，为其提供舒适、便利、健康、安全的公共卫生间环境。

（1）亲子卫生间（第三卫生间）　与传统公共卫生间相比，亲子卫生间（第三卫生间）更加方便带小孩和需要陪护的旅客，解决了儿童无人看护的问题，减少儿童走失的风险，如图8-49所示。

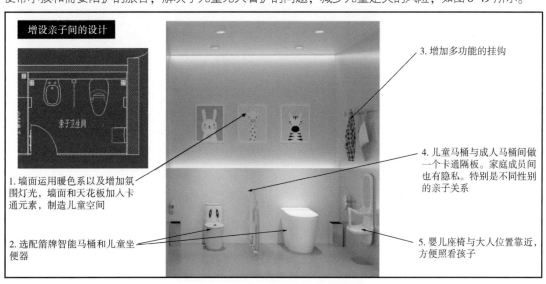

图8-49　亲子卫生间（第三卫生间）

（2）无障碍卫生间　对于无障碍卫生间，通过舒适简洁的设计色调，配备无障碍卫浴设施，自动感应门等方便轮椅的出入，为残疾人士提供舒适安全的卫生间环境。具有全自动冲洗烘干功能的智能坐便器，解决了残疾人士如厕的后顾之忧，如图 8-50 所示。

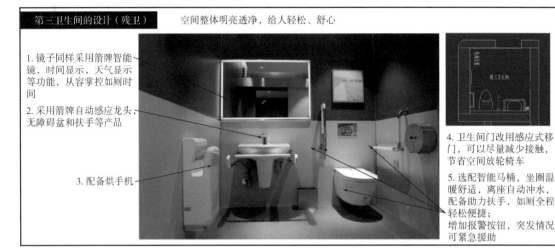

图 8-50　无障碍卫生间

（3）母婴卫生间　母婴卫生间需呈现出更温馨的视觉效果，更舒适的哺乳体验，更便捷安全的护理、清洁体验。在空间打造上面整合定制柜、洗手台、智能免触的感应器龙头、智能坐便器，将较小的空间打理得清洁、便利、舒适、温馨，如图 8-51 所示。

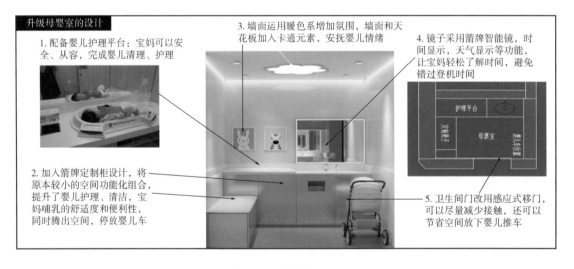

图 8-51　母婴卫生间

（4）无接触式公区设计、增设美妆区　在公共区域，全部采用自动感应龙头加自动皂液器的产品组合，可有效减少接触与病毒传播，同时贴心地为女士增设美妆区，如图 8-52 所示。

（5）关爱体弱人士　公共区建议以蹲便为主，减少和避免如厕过程中肌肤与部品的接触，做到有效阻断病菌接触式传播；对于体弱人士配备感应式智能坐便器、感应式蹲便器、感应式小便器，并配备助力扶手，如图 8-53 所示。

增设美妆区设计

洗手间的设计（女卫）

1. 镜子采用箭牌智能镜，时间显示，天气显示等功能

2. 配备箭牌自动感应给皂器和自动感应龙头，避免交叉等候取用，塑造更独立的动线，和更舒适的洗净体验

3. 台面采用高低盆，运用弧形线条设计，增强空间的律动性的同时方便儿童使用

4. 女卫增加化妆区域，配备箭牌智能化妆镜，化妆凳子，为匆忙的出行的女性，多一份精心打扮妆容的空间

5. 侧面安装全身镜和多功能挂钩，方便旅客整理衣物

图 8-52　无接触式公区设计、增设美妆区

图 8-53　针对体弱人士的设施配置

（6）更衣室空间　卫生间内增设更衣室，可满足旅客更换衣物的需求，如图 8-54 所示。

图 8-54　更衣室空间的设计

8.5 车站绿色装饰装修的评价

8.5.1 地铁车站评价体系现状

西方国家对绿色建筑关注较早，相关的评价体系也较完备。美国 LEED（能源与环境设计先锋）体系被公认为目前最完善、最具影响力的绿色建筑评价体系，在地铁车站绿色建筑设计评价方面，国外多以 LEED 认证对"绿色地铁车站"进行界定。如美国宾夕法尼亚州费城的 SEPTA Fox Chase 地铁车站（LEED 银级）和马里兰州罗克维尔市的 Twinbrook 地铁车站（LEED 认证级）在地铁车站内外空间、功能组织、景观植被等方面突出了绿色、低成本主题。

国内的公共建筑一般执行中国绿色建筑标准《绿色建筑评价标准》（GB/T 50378—2019），也有一些对标国际的项目执行美国的 LEED 评价体系。目前国内轨道交通车站并未强制执行绿色建筑标准，但是也有一些车站单体申报了绿色建筑，上海地铁 17 号线诸光路站荣获 LEED 银级认证，上海地铁 15 号线华东理工大学站获得了绿色三星认证，开启了轨道交通建设绿色认证的新篇章。

8.5.2 车站绿色装饰装修的标准

针对国内轨道交通领域绿色装饰装修尚未形成固定的评价标准这一客观情况，可以借鉴美国 LEED 认证体系和中国《公共建筑绿色设计标准》中相关要点在设计中进行控制。主要涉及以下几个方面：安全耐久、健康舒适、生活便利、资源节约、环境宜居、提高创新。

安全耐久主要涉及公众使用安全和保障人员日常使用及维护安全，包含一般工况下及特殊气候及环境工况下的使用维护安全。涉及装饰材料构造安全；防护栏杆、防跌落措施安全；安全警示和引导标识系统完善；地坪防滑、防火、防水、防潮等措施完善；使用耐久性好、易维护的装修材料；装修采用工业化、模块化、装配式产品、系统及材料等方面。

健康舒适方面主要关注装饰装修材料在室内空气中的氨、甲醛、苯、总挥发性有机物、氡等污染物浓度应符合现行国家标准的有关规定，特别是采用的天然花岗石、瓷质砖等宜为 A 类；主要功能房间的室内噪声控制，风机房、风井等有噪声的房间是否采取了有效的降噪减振措施；控制建筑室内表面装修材料的反射比，宜采用反光、导光设施将自然光线引入室内。

生活便利方面主要考虑无障碍设计是否满足相关规范的要求；公共区域满足全龄化设计要求，相关人性化设计及便民服务设施的设置。

资源节约方面建议装修选用工业化内装部品；推荐装修采用统一模数标准化设计；选择有绿色建材标识的材料；宜选可再利用及循环使用的材料。

环境宜居方面包括控制垃圾的堆放、储存等场地应满足相关规范，分类垃圾桶的设置及材料满足相关规范；关注导向标识和警示标识的合理设计；公共区域休息座椅的合理设置及人性化设计；公共卫生间的人性化设计。

提高与创新方面建议因地制宜传承地域文化；体现人文关怀；应用建筑信息模型（BIM）技术完成施工图设计。

第9章

城市轨道交通智慧车站建设技术

9.1 城市轨道交通智慧车站概述及总体要求

9.1.1 智慧车站概述

科技创新是推动新时代轨道交通高质量可持续发展的第一生产力。当今世界正处于百年未遇之大变局，5G、物联网、云计算、大数据、人工智能等新技术的快速发展，信息化和自动化两化融合的发展现实，运营生产自动化系统的云化演进，这些都为城轨行业逐步建立自主可控、安全高效的产业体系创造了条件。

2020年3月，中国城市轨道交通协会颁布《中国城市轨道交通智慧城轨发展纲要》，提出了"交通强国，城轨担当"的使命感，为智慧城轨的建设和实施指明了发展方向。以轨道交通引领城市发展格局，对接"智慧城轨"发展目标，通过互联网+、云计算、人工智能、BIM、5G通信、信息化等新技术手段，构建轨道交通智慧车站创新体系，更好地指导智慧车站建设已成为城市轨道交通发展的现实选择和趋势。

9.1.2 智慧车站总体要求

轨道交通智慧车站建设技术的编制参照《中国城市轨道交通智慧城轨发展纲要》《智慧城市轨道交通信息技术架构及网络安全规范》等，致力于乘客服务质量、运营管理水平及运营维护效率的提升。

在轨道交通工程建设经验的基础上，通过对乘客服务需求、运营管理需求、运营维护需求的定位分析，对智慧车站建设技术做出行动指南。

智慧车站的实施范围可从以下三个方面开展：对乘客服务的提升、对运营管理的提升、对运营维护的提升。

针对智慧车站各项新技术的应用，应从其技术成熟可靠性、有效提升服务质量、有效促进运营管理、有效提升运营维护效率及投资经济性等方面，综合考虑采用全线实施或部分车站实施的分步走策略。

9.2 城市轨道交通智慧车站功能需求

智慧车站是融入人的智慧，融合了先进的信息技术、通信技术、控制技术、传感技术、计算机技术等的一项综合技术，通过将涉及乘客服务、运营管理、日常维护等相关的车站设备设施有机地结合起来，从而使整座车站达到有序的高效运输、能源充分利用、环境改善和交通安全性提高的目的。

智慧车站建设的最终目标是实现无人值守的车站管理，实现车站管理由单站管理逐步发展为区域化管理，由分散管理逐步发展为集中管理，由半自动方式逐渐发展为全自动方式，从而最终实现车站无人值守的管理模式。线网形成集成化车站设备管理及移动化站务运作模式，客运组织方面实现自适应的联动功能。

9.2.1　基本功能

1. 集中共享高效化

存储集中化，资源共享化，按照需求、时间、空间更加合理地调度资源。

2. 建立云安全架构

依托于云平台提供的安全架构，建立云安全机制，做到可预警、可发现、可操作的安全业务体系架构。

3. 服务于数据业务

从"面向基础架构"转为"面向数据和业务"，建立起大数据和人工智能的底层架构。

4. 实现智能运维

从"硬件基础设施"监控升级为对"系统和应用"的监控，提高运维的自动化程度，达到智能运维的目标。

5. 实现系统融合

基础平台能为后期数据深度挖掘提供最重要的支撑，打破各软件壁垒与隔阂，让数据相关性展现得更清晰。

9.2.2　面向乘客的服务功能

为实现更安全的运营、更高效的管理、更优质的服务，建设具有自主服务、主动进化、智能诊断、自动运行、全息感知等功能的智慧乘客服务体系，逐步打造智慧车站。

1. 建立智能客服中心

建立智能客服中心，以替代人工服务为目标，通过人机界面操作，实现自助票务处理、综合资讯查询、实名注册、车控室远程人工协助等功能，实现车站乘客服务的自助化、智能化、人性化，实现乘客服务由车站分散式逐步向中心集中式的客服管理模式转变。

2. 建立乘客服务移动应用

建立乘客服务移动应用（APP或嵌入式小程序），根据乘客服务需要实现从人工到智能的服务模式创新，实现站内及周边信息查询、智能出行情景模式选择、运营咨询推送、智能客服等功能。

3. 建立智能售检票系统

建立智能售检票系统，支持全场景移动支付、语音购票、人脸识别支付、电子货币支付、现金支付等多种支付功能。可实现乘客秒级过闸体验，完善改善线上、线下自助票务处理流程与渠道。

4. 建立智能安检系统

建立智能安检系统，逐步将区域化安检设备向网络化集成模式转变，结合无感扫描、集成判图、视频监控、异常预警等前沿技术，逐步实现安检系统网络化、乘客精准化、判图智能化、安检无感化的出行模式。

5. 建立智能广播系统

建立智能广播系统，具备不同场景下自动触发广播语音的功能，提醒乘客注意各项信息。同时根据不同区域环境声音高低情况，自动调节功放音量，为乘客提供舒适的乘车感受。

6. 建立健全实时高效的客服服务功能

建立健全实时高效的客服服务功能，包括快速响应的线上客服和灵活方便的线下客服，拓宽客服召援渠道，如通过视频分析、网络爬虫、实体机器人等。

7. 建立健全精准的信息服务功能

建立健全精准的信息服务功能，包括动态标志标识主动指引、多系统平台信息联动，实现精准的信息指引服务。在车站出入口为乘客提供车站运营服务信息，在站厅收费区入口处为乘客提供站台客流密度及分布情况，在换乘通道为乘客提供车站换乘信息。

9.2.3　面向运营的管理功能

1. 建设管控系统，打造综合体系平台

建设以云计算、大数据、人工智能等技术为支撑的智慧车站管控系统，打造包含智慧乘客服务、智慧运营组织、智慧设备管控的综合体系平台。实现异常报警、决策支持、设备联动、车站运作事务移动办理等功能，最终实现智能化客运管理，提高轨道交通客运管理水平，让乘客更便捷舒适，让运营更安全更高效，让设备更稳定更可靠，让管理更科学更经济。具体如下：

（1）实现全息感知的安全管理　实现车站内部、外部"人、机、环"所有人员情况、设备设施的全方位动态感知、智能分析、预判，实现车站安全全景监控、预警、处理及策略生成。

（2）灵活适配的服务管理　通过设置适应需求的自助服务终端、信息发布与信息引导（如电子导向指引、线网客流拥堵精准诱导）等，实现服务管理由传统的固定、被动式人员服务响应转变为主动感知、适配调整的人员与设备相辅相融的服务响应模式。

（3）移动便捷的内部管理　实现区域中心化管理，可由一个车站对所辖区域各站，或由控制中心对所选线段各站进行远程监控及设备操作，节约人力投入，实现区域值守、无人值守运作模式。

（4）智能高效的设备联动　实现设备智能联控：车站实现自动开关功能，开站节点时，唤醒各类服务设备设施并检测运行状态；关站节点时，通过摄像头监控分析车站乘客逗留情况，调整站内环控、售检票、扶梯等设备设施状态。

实现车站自动化巡视：通过站内全方位的视频监控以及智能分析，实现车站视频覆盖范围内全时、全景的自动监测、报警功能。实现对站内乘客异常现象（如不文明乘梯行为、垂梯困人、乘客逃票、乘客摔倒等）、客流异常信息（如突发大客流）等智能分析、集中监控、统一报警，并实现与相关系统的信息共享及联动。

实现门禁智能化管理：通过生物特征识别，授权人员可在允许时段进入指定区域，自动记录进入、离开时间及地点，并对强制侵入和超时滞留情况进行报警。实现智能边门，通过人脸识别、刷卡等多种方式，供特殊免费人群、轨道交通人员专用通行。

2. 建立健全客流监测及智能分析功能

建立健全客流监测及智能分析功能，实现线网客流实时监控，对站点信息、客流数据、视频监控等数据进行综合分析，依据客流预测模型，对每个站点高峰、平峰、工作日、非工作日的客流进行预测，实现站点客流拥挤事件的监测预警。

3. 建立智能能源系统及智能车站节能控制系统

建立智能能源系统及智能车站节能控制系统，通过能源数据自动化采集、分析和对比，提升能源精细化管理水平。实现能耗测量、统计及分析等功能，建立运营综合场景的能耗关联模型，根据季节、客流变化等情况，采用风水联动系统自动调节车站温湿度，实现车站智能环境动态调控，达到节能降耗的目的。

4. 建立智能视频监视系统

建立智能视频监视系统，利用物联网、图像分析等技术，通过各种功能型摄像机及视频基础数据信息分析（包括但不限于入侵检测分析、扶梯异常行为分析、人物特征分析、人脸分析、人体无感测温、遗留物分析、客流密度分析、司机行为分析等），实现对车站（含区间）全景监控及站内乘客异常现象（如不文明乘梯行为、垂梯困人、乘客逃票、乘客摔倒等）、客流异常信息（如突发大客流）等集中监控、统一报警，并实现与相关系统（综合监控系统）的信息共享及联动。

5. 站台门与异物检测系统

配置高可靠性、高安全性的站台门与列车间隙异物检测系统，通过采用激光雷达探测、视频联动显示确认、多方位报警、风险解除等功能，提高全自动运行线路的行车安全及运营效率。

9.2.4 面向运营的维护功能

1. 建立设备层系统

以车站运维区域（附属用房区域、区间等）相关设备为核心，搭建面向运维核心设备的设备层系统，包含设备层区域内的广播模块、视频模块、环境探测模块、通风空调模块、给水排水模块、配电模块、服务器、工作站、变电所、区间监控等模块功能项。

2. 建立智能运维系统

建立智能运维系统，能够直观、快速、全面地获取设备运行状态数据，实现设备状态及性能的实时监测、实时预警、实时故障诊断，为设备故障处理和运行维护检修提供建议，实现维修模式升级，提升安全效率，节约运营成本。

3. 强化车站设备监控功能

强化车站的设备监控功能，实现对车站机电设备运行状态数据和车站环境参数的全息感知，能够为线路级系统提供基础的设备维护数据，配合线路级系统实现智能诊断与维护支持功能。

4. 建立车站 UPS 集中供电系统

建立车站 UPS 集中供电系统，实现车站各专业后备电源的集中配置、统一管理、远程预警，并对后备电源容量进行优化，进一步提升后备电源的品质，减少设备重复配置，降低运营维护成本。

5. 建立智能照明系统

建立智能照明系统，采用直流集中供电技术，将传统 LED 灯具内的 AC-DC 控制器统一前置在集中控制集中柜内，大幅提高系统的可靠性、稳定性和使用寿命。根据运营时段和照明需求的不同，自动调节照度。

9.3 城市轨道交通智慧车站整体架构

9.3.1 智慧车站平台的架构组成

智慧车站平台可在车站级独立设置，也可基于智慧地铁平台中心级云平台和大数据平台构建。中心级智慧地铁平台通过车站级平台获取各系统信息，实现轨道交通智慧大脑的构建，形成以"终端—数据—采集—应用—挖掘"为模式的地铁信息化平台或智慧地铁平台。

轨道交通智慧车站由综合运行管理平台、智慧车站应用系统以及相关终端设备、网络等组成。智慧车站以设备状态感知为基础，以云平台和大数据平台为技术支撑，对包括乘客服务、运营维护、运营管理、公共服务等方面的数据进行综合数据管控，以实现车站设备的智能监控、智慧运管、智慧运维等功能，促进车站高效的运营管理。

9.3.2 智慧车站应用系统硬件

1. 基础设备硬件

车站终端设备从乘客服务、客运运营、行车调度进行分类：服务于乘客服务的终端，主要是集中在公共区部分；服务于客运管理、运营管理的终端、车辆信息的终端，这部分终端一部分位于车辆上的终端、一部分位于公共区部分。

乘客服务终端：主要包括广播设备、信息发布设备、问询设备、售检票设备、召援设备、站内导航设备、安检设备等。

客运运营管理终端：主要包括客运运营组织发布终端、紧急事件发布终端、机电设备等。

行车调度、车辆信息终端：主要包括信号设备、车载设备等。

车站终端设备可分为传统生产系统（包括通信、信号、综合监控、AFC 等）终端升级以及新增智慧地铁终端设备。传统生产系统的终端设备接入综合运行管理平台有两种方案：一种是传统生产系统终端升级后可采用接入既有系统，维持系统整体架构不变；二是将各业务系统打散，统一通过车站局域网接入各终端，接至车站综合运行管理平台。新增终端设备可直接接入综合运行管理平台。

2. 基础网络层设备

基础网络设备分为有线网络和无线网络设备。

3. 车站平台层设备

车站级平台基于车站级云平台及数据采集平台构建，通过与既有运营生产系统接口，获取各系统的采集数据，并支持新增智慧终端的接入。车站平台可基于边缘计算的功能，实现车站级业务的直接联动与处置，并将车站级信息传给中心级智慧地铁平台，实现中心级业务的集中处理及大数据分析业务。

智慧车站应用系统的计算与存储资源由综合运行管理平台的基础设施（云平台）提供，智慧车站应用系统主要用来实现现场数据采集转发和应急控制管理。

9.3.3 智慧车站应用系统软件

1. 基本规定

智慧车站应用系统软件均应采用成熟稳定的产品，且必须建立在不依赖于硬件设备的分布式软件系统平台上。

平台应采用符合国家相关标准的系统软件平台，提供开放的软件开发和使用环境。

智慧车站应用系统的操作系统软件、虚拟化软件、云管软件及历史数据库软件由综合运行管理平台统一提供。平台软件应提供便捷的维护工具，维护工作不应导致系统中断运行。

智慧车站应用系统软件应操作简便，人机界面友好，符合运营操作习惯，且具有防误操作的措施。

系统软件平台应具有下列特点：

（1）高可靠性 具有完善的冗余管理机制，单个模块/部件故障甚至部分交叉故障不应引起数据的丢失和系统的瘫痪；具有异常捕获功能并提供异常处理与恢复功能；还应具有完善的操作权限管理和事件记录功能。

（2）可移植性 从软件体系架构上应支持软件部件和数据的重用，使这些成熟的软件资源可以重复使用，以减少工程施工和调试的时间；同时，软件的功能模块能再次用于其他相关联的应用。

（3）可维护性 系统软件应支持系统内的远程调试和数据库在线下载；具有面向二次开发的标准的应用程序框架，所有应用软件的软件源代码具有良好的可读性，以满足用户对软件可维护性的要求。系统平台的运行环境必须支持应用程序的远程部署。对重要应用的修改和安装需在开发环境中直接进行远程的修改和部署。对修改的应用进行重新部署并不影响现其他系统的运行。

2. 智慧车站应用软件

智慧车站应用软件应确保与综合运行管理平台提供的软件相兼容。

智慧车站应用软件应采用模块化设计，方便未来系统的扩展，采用标准版的编程语言和编译器，使应用软件容易实现与多种硬件平台的接口。

智慧车站应用软件在系统开发时，所有的系统应用软件应是已证实可用的、当前最新版本。

智慧车站应用软件在与其他系统接口时，应采用各种措施，过滤路由数据和禁止非法访问。

智慧车站应用软件应是开放的，可随意方便地修改数据库和人机界面（HMI）的图像及其背后的逻辑程序。

智慧车站应用软件应具备高可靠性，单个模块的故障不应引起数据的丢失和系统的瘫痪。

智慧车站应用软件应提供整体一致并唯一有效的权限控制与管理，系统所有用户信息应存储在车站云服务器中，便于系统统一维护。

智慧车站应用软件应提供方便的监视、管理和维护工具，应支持远程部署和管理，支持在线更新。

智慧车站应用软件应提供各种使用手册和帮助信息，根据系统当前的工作状况提供上下文帮助，并能引导用户快速检索各类有用信息。

智慧车站应用软件应能采用综合运行管理平台提供的多种开发工具进行二次开发。

3. 实时数据库软件

智慧车站应用系统应设置实时数据库系统，数据库系统能适用于地铁系统的改变、扩容以及 C/S 使用环境，应具有良好的可扩展性和适应性，满足数据规模不断扩充及应用程序的修改需要。

实时数据库软件应为开放式系统，应确保与综合运行管理平台提供的相应软件兼容，数据库管理软件可以快速访问常驻内存数据和硬盘数据，在并发操作下能满足实时响应的要求；允许不同程序对数据库内的同一数据集进行并发访问，保证在并发方式下数据库的完整性和一致性。

实时数据库软件应具备数据库管理功能、数据完整性检查及数据安全性等功能，并应具有良好的移植性。应提供大量的数据库在线监视、管理、统计、维护等工具。

4. 支撑软件

支撑软件应确保与综合运行管理平台提供的相关软件兼容。

支撑软件应实现在线不中断服务下可进行版本更新、回退或多版本共存等操作，能根据实际需求实时更新路由规则，把不同用户请求转发到所需的版本上去。

支撑软件应支持应用级动态的负载均衡。

5. 人机界面

人机界面由运行监控程序和其他辅助的模块组成。

人机界面应具有统一的数据展示风格和相应的设计规范，各子系统人机界面均采用统一的风格和操作模式。

人机界面应配置符合人体功效学且交互友好、便捷的人机界面，人机界面应支持智慧车站的全部功能。

人机界面应支持三维可视化功能，能与三维车站模型集成应用。

9.3.4　智慧车站应用系统性能

1. 系统主要技术指标

所有数据变化刷新时间应：≤2s

重要数据变化刷新时间应：≤1s

重要报警信息的响应时间：≤1s

数字量信息更新时间：≤1s

模拟及脉冲量信息更新时间：≤2s

操作终端上画面刷新时间：≤1s

2. 冗余设备切换时间

1）冗余服务器切换时间不应大于2s。

2）网络切换时间不应大于0.5s。

3）通信处理机切换时间不应大于1s。

智慧车站应用系统宜进行可靠性、可用性、可维护性、安全性管理。

智慧车站应用系统的平均无故障时间不应小于10000h。

智慧车站应用系统可用性指标应大于99.98%。

9.4 城市轨道交通智慧车站实施路径

9.4.1 业务需求分析

智慧车站应用以业务需求为导向，依靠技术创新和管理创新的双轮驱动，有序推动智慧城轨建设稳步前进。

9.4.2 业务功能规划

开展全方位的业务与管理工作，支持跨业务、跨专业的业务融合和协同。智慧应用随着智慧城轨的发展，应逐步扩充、深化。

9.4.3 统筹规划实施

规划实施可分为新线建设和既有线路智能化改造两个方面。

针对新建线路，侧重于硬件建设和软硬件功能结合开发，应充分利用新技术、新模式，做好顶层统筹设计，做好各功能模块的交互，并为后续改造预留接口，接口应考虑通用性，以便减少改造工作量。各项功能应按照模块化进行设计和建设，以便运营及后续维护。

针对既有线路智能化升级改造，侧重于软件功能升级和硬件局部改造。应做到充分利用建设时预留的接口条件进行升级扩充，尽量避免或减少土建改造，在满足智能化功能的前提下减少对轨道交通运营的影响。

智慧轨道交通车站建设可按以下步骤进行：

1）以项目建设运营为主线，进行基于大数据的智能运维管理体系顶层设计，建立轨道交通网络信息管理基础数据核心框架。

2）打破专业维护、系统维护的传统体制，将分散且相互独立的项目全生命周期的业务数据（包括：基于 BIM 的勘察设计数据，基于项目信息管理 PIM 的工程建设管理数据，基于大数据云技术的智能运维数据，基于数据的实时动态 RAMS 管理数据，基于办公自动化系统 OA、企业资产管理系统 EAM、ERP 等的企业经营管理数据）按照统一的标准进行串接积累和管控，使其成为能与基础数据核心框架对接的独立模块。

3）采用大数据、互联网和云技术将上述模块有机地组合成综合管理数据网络，整合传统的管理信息数据。

9.5 城市轨道交通智慧车站新技术及应用

9.5.1 智慧车站新技术推荐

1. 综合运行管理平台

综合运行管理平台系统（Comprehensive Operation Management Platform System，以下简称系统平台）是融合所有以"终端—数据—采集—应用—挖掘"为模式子系统的综合系统平台（图9-1）；凡是通过终端、数据、采集、挖掘达到管理和运营目的的系统均可纳入系统平台；系统平台可采用站点级一体化处理设备，该一体化处理设备是具有服务器、交换机、处理器、编辑器、软交换等功能的综合性设备。将各终端的处理单元横向虚拟化，组成基础设备云池，分布式上传数据；上层软件平台则依托于云平台搭建；数据处理采用大数据软件平台处理。

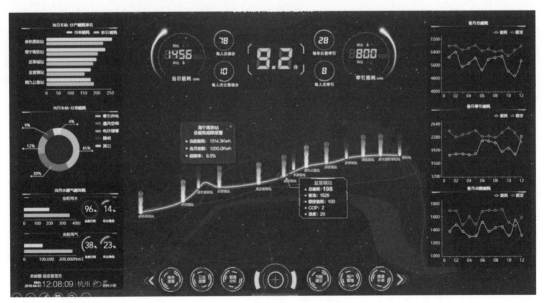

图 9-1　综合运行管理平台

2. 智能客服中心

智能客服中心（图9-2）应能实现自助应答乘客各类咨询求助，提供响应式的乘客服务模式。乘客可通过现场自助终端或 APP 或站内求助按钮发起求助，可提供智能语音沟通，智能终端能够帮助乘客处理如出口查询、洗手间查询等求助，将无法自动处理的求助信息及时向站务人员发出服务需求提醒。满足现场线下的客服设备端（如客服机器人、票务设备等自助设备）和线上服务端（如 APP、小程序、公众号等）的全面服务要求。

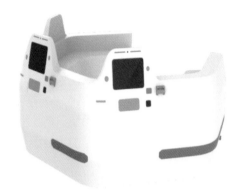

图 9-2　智能客服中心

3. 智能安检

（1）人包合一　人包合一式过检：基于人脸识别信息将问题物品和持有乘客信息对应合一，安检过程中随时调取数据，以确定责任人。完成安检后数据保存于安检信息化数据平台，刷新乘客实名制安全信息指数，可随时提供信息追溯。

（2）智能判图　安检信息化数据平台应能识别安检机输出的图像资料，对于存在的危险物品进行自动加贴识别标签，以减轻判图员的工作量，提高准确率，如图 9-3 所示。

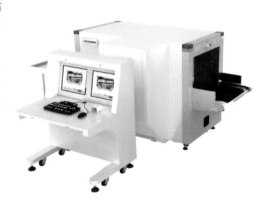

4. 智能开关站

由线路中心级或车站级节点自动识别、自动判定、自动控制。

图 9-3　智能安检

全线开始进行早间运营广播（对区间上下行隧道进行运营广播，具体内容由各线预录广播词而定）。

全线早间启动唤醒全线各站 CCTV，并将全线各车站站台层上下行摄像头的预制位对行车的车头与车尾，并在控制中心的单画面 CCTV 监视器上进行轮巡。

全线 PIS 屏显示早间运营欢迎词（对车站进站口的显示屏、进站通道内的显示屏显示运营欢迎词及进站人员要求，具体内容由各线预定义 PIS 信息而定）。

全线电扶梯自动启动，通过固定 CCTV 摄像头机位捕捉画面进行障碍物监测、若无报警内容，全自动起停电扶梯。智能开关站模式建议如表 9-1 所示。

表 9-1　智能开关站模式

序号	联动步骤	联动动作内容
1	全线开站准备广播	PA 广播指令下发
2	全线测试 PSD 广播	PA 广播指令下发
3	将车站 A 至车站 B 的摄像机画面显示在大屏幕上	CCTV 预置位控制（每站 1 路）
4	分析视频实时画面，是否存在异物、杂物、非法入侵等	画面检测
5	远程测试开关站 A-车站 B 上行屏蔽门、车站 A-车站 B 下行屏蔽门	控制命令
6	全线起动扶梯广播	PA 广播指令
7	将车站 A 至车站 B 站的自动扶梯的摄像机画面显示在大屏幕上	CCTV 预置位控制

（续）

序号	联动步骤	联动动作内容
8	分析视频实时画面，是否存在异物、杂物、非法入侵等	画面检测
9	远程启动车站 A-车站 B 的所有扶梯	控制命令
10	将车站 A-车站 B 的卷闸门的摄像机画面显示在大屏幕上	CCTV 预置位控制
11	分析视频实时画面，是否存在异物、杂物、非法入侵等	画面检测
12	远程启动车站 A-车站 B 的所有卷闸门	控制命令
13	对 PA 系统进行控制，在全线车站进行列车开始服务的广播	PA 广播指令下发

5. 人脸识别过闸系统

人脸识别过闸系统是基于深度学习的面部分析技术，具备人脸检测与分析、五官定位、人脸搜索、人脸对比、人脸验证、活体检测等多种功能，从而实现以"人脸信息"为乘车凭证的新型支付卡种，如图 9-4 所示。

人脸识别过闸应用作为面向乘客的设备系统，为车站智慧客流组织、特征识别、客流跟踪等应用模块提供了基础数据，满足了乘客交互需求。人脸识别闸机通过以太网连接至车站云节点，从而实现车站过闸相关数据的上传。

人脸识别可实现绑定实名账户和信用支付功能；与其他电子支付方式并存，共享后台唯一注册账户，实现多元化支付闭环 OD 功能；具备关联轨道交通安防系统及乘客出行行为分析的潜力。

图 9-4 人脸识别过闸系统

（1）实名账户 乘客通过轨道交通官方 APP 进行账户注册，包括个人信息、手机号码、人脸信息等，可通过公安系统对用户资料真实性进行验证审核，以建立完善可靠的对比信息。

（2）脸码互用 乘客注册人脸信息后，中心级系统生成的人脸 ID 应能关联二维码业务，使乘客能够在同一账户下完成刷脸和扫码业务，实现脸码互用功能，具备跨渠道支付的能力。

（3）常旅客通道 对于频繁通勤的注册乘客（常旅客），后台根据人脸识别数据统计，建立各车站常旅客白名单数据库；常旅客可采用信用过闸方式，实现小包不物检，乘客直接刷脸计费进站；后台应能对常旅客信用过闸参数进行设置。

（4）公共安全 人脸识别闸机可作为乘客在车站内运动过程中人脸信息采集的其中一环，应能与车站高清人脸识别摄像头联动，互通人脸信息，为站内乘客定位提供支持。可为公安系统人脸识别后台系统提供前端图像采集支持，便于站内人员位置查询，定位可疑人物。

（5）OD 分析 采集乘客进出站信息（包括进/出站点、时间、扣费等信息），经中心级系统处理并分析，可为乘客定制专属的行程提醒；根据实时客流量分析，优化乘车时间和路线，提醒乘客躲避拥堵节点。

6. 智能客服机器人

向乘客提供智能问询、信息自助查询、智能边门权限注册等服务。

智能客服机器人（图9-5）主要包括虚拟真人服务系统、智能客服机器人管理系统、智慧屏系统在内的面向乘客服务的开放平台，通过高频问题库、乘客检索热点内容学习、人工录入等方式，不断丰富、更新知识数据库，提升对乘客的便捷引导和精准互动服务能力。

7. 视频智能分析系统

视频监控系统能实现边缘计算的能力，在摄像头前端增加算法模块或在车站服务器中进行图像分析运算，对人、物体、行为等进行识别，可识别出人群客流的局部分布与流向，对站内情况、车内司机状态进行智能、实时分析，及时识别出异常情况。

图9-5　智能客服机器人

（1）客流分析　应能分析并计算关键区域横截面的通过人数（如闸机口、电梯口、出入口等），为运营部门提供微观客流仿真，可实时模拟车站内的客流情况；提供热力图；提供实时拥挤情况（排队、区域拥挤等场景）画面及模拟成像图等。

（2）乘客画像　应能够分析人脸特征（眼、鼻、耳、面部等）、人物属性（高矮、胖瘦、男女等）、人物特征（穿戴、衣帽、手提物等）。建立乘客专属画像库。可通过APP推送等方式，与每位乘客进行交互，提供专属服务。

（3）乘客OD分析　锁定每位乘客进出站信息，并结合时间（早高峰、晚高峰等）、日期（周一至周五）等信息，做每位乘客的专属OD分析，可通过APP推送等方式，与每位乘客进行交互，提供专属OD服务。

（4）行为分析　通过前端摄像头或后台分析可对乘客行为进行一定程度上的快速移动检测、遗留检测、移走检测、入侵检测、区域进入/离开区域检测、徘徊检测等。为运营提供报警检测画面及应急计划。

8. 智能PIS系统

在传统PIS系统的基础上增加新类型的PIS屏，向乘客展示站内、列车及周边环境等信息，如图9-6所示。

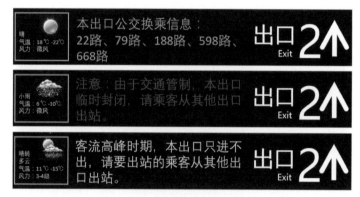

图9-6　智能PIS系统

9. 智能召援求助

召援服务是为有需要的乘客设置的支援服务，具备视频求助、语音求助音频对讲、视频采集、定位等功能，通过设置在站内的求助终端，为乘客提供便捷求助服务。召援服务可分为视频召援、电话召援、APP 召援、专设按钮召援等形式，如图 9-7 所示。

视频召援服务由主机（含系统服务器及管理软件）、交换机、操作台、求助终端等组成。根据管理需求，在车站通过网络设备将视频召援服务组网，可在车站控制室及控制中心分别设置操作台，实现车站求助及中心远程处理求救等功能，具体包括：

1）实现求助终端与客服中心/车站值班员的音频对讲，同时车站值班员可实时观看求助终端采集的视频图像。

2）实现求助排队功能，当客服中心/车站值班员全忙碌时，求助终端发起的服务可以按时间排序。

图 9-7 智能召援求助

3）实现同步录音录像功能，主机可对通话过程进行全过程同步录音、录像，并可记录呼叫、通话的时间，录音、录像文件可在主机上直接播放，事后可进行查阅和稽核。

4）实现定位功能，全部的求助终端和当前正在求助的求助终端都能通过地图展示，方便客服中心/值班室工作人员确定终端位置。

5）实现查询统计功能，可通过时间、地域范围、求助类别等多种因素对发生的求助时间进行查询和统计。

电话召援可为普通乘客及残疾人提供电话求助服务，由求助电话机或求助按钮等组成，一般设置于站内及出入口垂梯附近，可根据业主需求接入专用电话系统或其他监视系统。

召援按钮可设置在客服中心或应用于自动售检票系统中，当乘客在使用的自动售票机或自动检票机发生故障或事故时，通过按下召援按钮可向车站工作人员求助。

10. 智能洗手间

智能洗手间可实时显示车站侧位占用情况，利用红外、检测技术探测温度、烟雾对卫生间内实现异味报警、烟味报警，并侦测卫生间坑位使用情况，实现长时间占用报警提示、侦测厕所内有无人员逗留等情况。采集的数据通过智能网关汇集至综合运管平台，进行分析、处理，并可推送至手机 APP、PIS 屏或单兵设备等终端。实现乘客及时了解车站厕所使用情况，配合车控室内工作人员实现关站前远程巡视，及时呼叫保洁人员进行厕所环境维护，提高厕所使用舒适度，如图 9-8 所示。

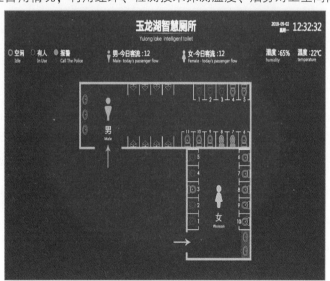

图 9-8 智能洗手间

11. 站台门异物检测系统

利用激光光幕对站台门与车

辆门之间的夹缝进行异物检测，发现异物后及时向列车司机、车站现场工作人员报警，如图 9-9 所示。

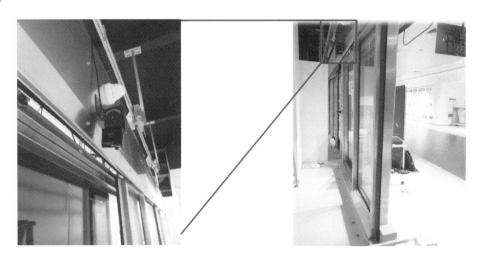

图 9-9　站台门异物检测系统

每处激光探测器装置内置高清摄像头，可以实时监控及存储每道滑动门与车门之间间隙的实际情况，当某道激光探测器检测出障碍物报警时，可通过发车端终端显示端、站台门设备室显示端、车控室显示端等显示终端查看视频，以便人工辅助判断是否属于误报。

12. 电扶梯智能安全监管

通过物联网技术对自动扶梯关键部件（包括电动机、减速器、主驱动链、梯级链张紧轮、驱动底座螺栓、梯级链异常伸长、扶手带等）进行振动、位移或温度等监测、预警，实现电扶梯状态监测、全寿命周期管理、智能诊断、检修管理与决策、安全风险预测评估、可视化信息管理。

（1）数据接入　通过电扶梯主板及部署的传感器等可采集电扶梯运行状态及故障等的具体数据，智慧车站可实现对电扶梯运行情况的宏观掌控。将现场的电扶梯信息可通过无线传输或者有线传输方式传输至车站控制室。

（2）数据存储　电扶梯数据在车站级可设置存储机制，以便于车站运营人员查看及日常运维管理。

（3）数据处理　将采集的电扶梯数据依据协议进行格式处理等，并结合运营需求将电扶梯信息展示于工作站。在车站级可实现电扶梯日常状态监测。具体包含实现对电扶梯状态信息、故障信息的实时在线采集并展示；通过电扶梯实时运行状态的远程监测和故障实时报警，实现对电扶梯故障、事故的应急处置及处置过程评价；对电梯运行数据、运行故障信息进行分类管理、存储，实现故障信息的统计、查询及报表功能；实现对电梯运行情况的评价。

（4）数据上传　电扶梯安全监管功能更多依赖于对电扶梯运行数据的分析，对故障的预判能更好地提升电扶梯的安全度，这与中心大数据平台的数据分析及挖掘密不可分，车站采集的电扶梯数据应能上传至大数据平台，实现电扶梯的状态监测、智能诊断、安全风险评估、检维修管理与决策及电扶梯全寿命周期的管理。

13. 智能边门

车站边门的可通行许可应根据每天的车站事务安排授权，对外委保安、保洁人员的授权信息需外委单位的负责人进行审核提交，如图 9-10 所示。

人脸等生物特征信息需接入地铁智慧平台中生物特征识别平台，以保障其人脸信息库的完整性和共享性。

14. 车站智能能源管理

通过综合运行管理平台与通风空调、给水排水及气灭、动力照明系统进行互联，采集车站通风空调、给水排水及气灭、动力照明系统计量数据，进行统计、分析，从而达到对能源整体管控的目标。

15. 智能安防管理

通过无线或有线网络接入安检系统，可实现各系统数据

图 9-10 智能边门

的统一监管、协同和联动，有利于智能化、自动化、整体化的日常操作和应急处置。

16. 客流感知（图 9-11）

（1）客流信息价值化 细化客流数据颗粒度，体现大客流动态"微型化"的时间特征。细化客流数据点位，体现大客流运力分流的空间特征。根据各区域功能及管理需求设定检测指标，可应用在各出入口监控客流、统计区域人员密度。通过大数据客流分析能力，向广告客户提供广告牌前驻足人数、时长及人物画像，帮助车站及企业获得更精准、可衡量、高投资的营销回报，实现广告的精准投放。通过大数据客流分析能力，根据客流人数、驻留时长和密度，以及在某个商铺驻留过的客户中有多少去了其他商铺，来评估不同区域商铺对车站的价值，还可以用于设计品牌之间的关联营销，帮助车站实现商铺价值的最大化。

（2）客流数据可视化 大数据可视化技术将计算机强大的自动化分析能力与人对可视化信息的认知能力进行了有机融合。通过客流可视化技术可实现以下功能：监视各出入口分流情况，及时做出客流引导决策；对站内滞留客流，判断后续滞留客流趋势；对特殊时期客流进行预测，通过对比同时期走势，自动计算客流增长倍数，预测当日客流；对特殊状况客流进行预测，如恶劣天气、大型活动等特殊情况下预测客流爆发趋势，提醒运维人员做好车站疏导工作，协助中心调度通过调整行车方案、合理调配运力来缓解部分车站的乘客拥挤。

（3）客流管理智慧化 客流智慧管理可实现以下功能：风险预警，定义风险类型并制定预

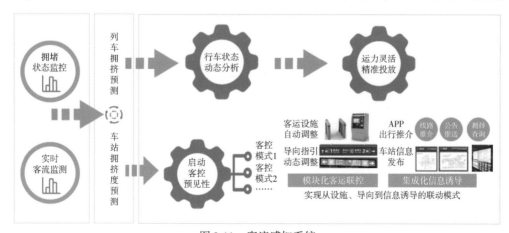

图 9-11 客流感知系统

警机制，对客流可能出现的拥堵踩踏、异常聚集风险进行预警；错峰管理，常态或特殊状态下制定错峰管理预测，根据客流的量级变化进行人力及资源的合理调配。

（4）乘客服务人性化　乘客可从地铁官网或出行 APP 进行客流分布查询，获取根据车站拥挤度分析出的最优出行线路、最佳乘车地点以及最舒适乘坐车厢编号。

（5）清分结算精准化　借助智慧客流数据可以获取从乘客出门、到达地铁车站、进入地铁、到达售票区、进入站厅、站台候车、在列车上、地铁出站这一完整过程的运行轨迹。通过还原出真实的换乘路线，可以为地铁运营公司进行线路的精准清分结算提供重要参考。

17. 车站人员定位

采用蓝牙、WIFI、基站通信、5G 等通信定位技术，对车站人员进行室内精确定位，对人员异常位置/行踪预警，位置信息可在 BIM 模型上展现，实现车站服务人员的过程行踪感知，联动智能视频监控实现车站服务人员的行为、服务过程的监管，如图 9-12 所示。

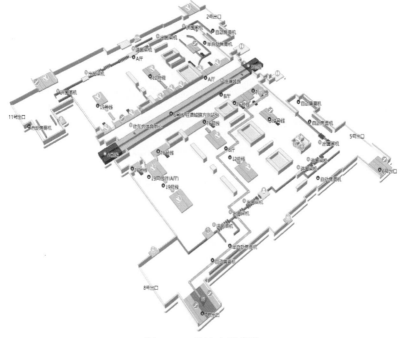

图 9-12　车站人员定位

车站服务人员的行为、服务过程信息需同步给站务管理系统以实现对站务人员的工作绩效进行评估及数据输入。

当控制中心、安全管理系统、智能客服等系统发现车站存在客服、应急、内部事件时，可调用人员定位界面，辅助人员调度。

18. 智能广播

根据客运组织需要，具备不同场景下自动触发广播语音的功能，提醒乘客注意各项信息。同时根据不同区域环境声音高低情况，自动调节功放音量，为乘客提供舒适的乘车感受。

19. 智能照明

根据运营时段和照明需求的不同，实现高峰模式、非高峰模式、停运模式等多种不同的照度模式。智能照明需满足乘客服务体验和能耗节能控制的两方面要求，支持人工与自动的照度调节模式，自动调节模式需利用客流智能监测分析等系统的车站客流监控数据进行照度调节策略分析。

20. 节能控制系统

利用智能环控技术，采用相应技术手段对风机、风阀、水泵等各环控系统设备进行预防性防护，提高系统的可靠性，实现全生命周期的固定资产的管理和成本优化，如图9-13所示。

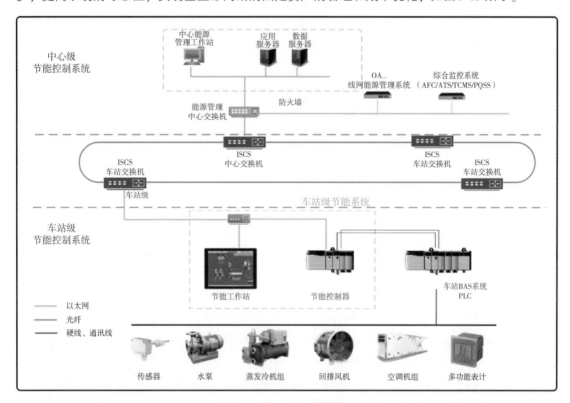

图9-13 节能控制系统图

随着系统运行年限的增加，在传统的管理和技术手段下，维护系统的高可靠性需要付出大量的人力和物力。并且需维持庞大的维护团队、聘请专家、采购大量的备品备件、提高设备备检率等。而智能环控的建立，通过定制化的分析和计算能力为系统设备全生命周期提供了改"计划修"为"状态修"的数据基础。

通过利用智能环控算法、全系统综合分析诊断，可从全系统层面发现疑难故障的根本原因。运营过程中的疑难故障往往不是在单系统层面造成的，而目前的运营模式和技术手段很难从全系统层面进行综合诊断，往往造成系统常年带病运行，甚至造成设备废弃和闲置。而通过合理的运算模型，可快速高效地找到故障的根本原因，提高设备的运用可靠性和使用寿命。并且为运维人员提供便利，达到减员增效的目的，进而形成"无人车站"，从本质上改变运维组织架构。其主要应用技术有：

1）利用经验值及既有数据创建数据模型。

2）利用本线实际数据对模型进行迭代算法。

3）利用差异创建反馈数据（ΔP），并改进模型以及保留特型数据。

4）数学分析：创造数据模型的核心函数，如对于周期性图形傅里叶变换及傅里叶级数；对于非周期性采用欧拉公式等。

5）将核心函数转化为机器语言函数的能力。

6）机器不断迭代与深度学习能力。

7）多种数据模型之间的相关性分析、经济性分析。客流曲线/时间曲线/传感器反馈曲线等与机电控制/机电功率频率曲线保持一致，颗粒化控制，按模型曲线进行设备控制。从而充分发挥模型的经济型和可靠性。

21. 乘客服务 APP

基于移动端向乘客提供智能客服、乘客咨询等服务；乘客服务需要实现从人工到智能的服务模式创新，借由智能技术及互联网技术，以车站系统与移动终端应用为核心，向乘客提供如同智能管家般的服务。主要是以乘客出入车站为边界，包括站外、站口、站厅、车内、站台、站厅、站口、站外，根据不同的乘客类型以及乘客服务需求的相关属性进行划分，包括常旅客、年龄、爱好、职业、地域等，满足不同类型乘客在各个应用场景下的服务需求。乘客出行智能化服务体验是在无人化生产和综合调度管理基础上，基于集团智慧轨道 APP（或嵌入式小程序）接入渠道以增强面向乘客的运营类移动应用服务。

22. 智能运维

智能运维旨在通过一系列的科学管理手段，以运行数据分析为基础，实现设备运行、人员管理、维修制度的全方位体系建设。智能运维系统通过利用传感器采集系统的数据信息，借助于信息技术、人工智能推理算法来监控、管理和评估系统自身的健康状态，在系统发生故障之前对其故障进行预测，并结合现有的资源信息提供一系列的维护保障建议或决策，是一种集故障检测、隔离健康预测与评估及维护、决策于一身的综合技术，如图 9-14 所示。

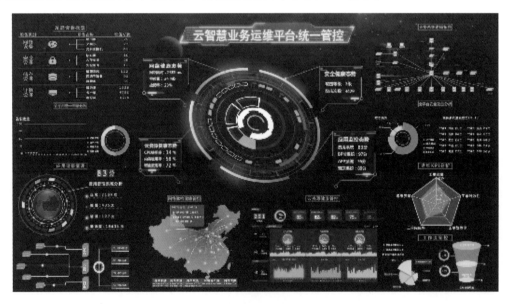

图 9-14　智能运维平台

通过建立智能运维系统，开展由计划修向状态修的革新，实现站内所有设备、系统的在线监测、诊断、分析、定位，实现站内故障智能诊断预警与协同处置，实现部件健康管理及检修维护支持，降低设备发生故障的风险。

（1）车站智能管家　通过与综合运行管理平台、信息管理系统接口，实现智能维修支持功能、综合智能分析功能。

（2）设备智能化巡检　依靠智能视频监控及智能运维等相关技术，采用智能化、信息化的手段完成人工数字化巡检，实现日常巡检工作中的如屏蔽门、电扶梯、机电等设备自检，实现设备检修的智能化。

（3）设备智能监控管理　设备状态集中远程可视，运行状态日常监控，构建设备故障知识库，基于业务现状智能化分析设备层因素，指导快速排障。运营指标实时在线，可监管、可量化，用以快速支持决策。

9.5.2　智慧车站创新技术应用实例

1. 基于视觉 AI 算法的安全检测与管控方案

（1）方案介绍　该方案是从客流管控、异常行为管控、业务流管控三方面入手，致力于打造一个高效运营管理，快速安全通行的智能地铁车站。通过智能分析，对地铁乘客实现主动管控，意外事件做到事前预警；同时，可以挖掘数据价值，提高地铁运营管理效率。目的是解决地铁运营上的三方面需求痛点：

一是安全问题，车站内部有众多关键性场所需要严格控制，区域的闯入和区域内人员的行为都需要严密的监管才可以保障运行安全；二是业务压力，车站客运业务以人工处理为主，客流分析实时提供流量数据，为站内客流拥堵、人员疏导等业务场景应用提供数据支撑；三是服务水平，在轨交车站的公共区域中，乘客的各类异常行为往往成为降低车站运行效率或者引发安全风险的重要原因，及时地发现和处置可以提高地铁运营管理服务水平。

（2）算法优势　实战精度高：数据作为人工智能技术发展的三个要素之一，直接影响算法指标。使用地铁车站场景素材进行训练，更加贴近实战效果。利用该方案中的算法引擎赋能，模型精度高，误报率低，实际使用效果体验更好。

场景覆盖全：本方案中的算法产品设计针对地铁常见场景适配优化，可部署多个地区，包括地铁出入口、换乘通道、站厅、站台、安检区、电梯、闸机口等地，满足全场景使用需求。

（3）系统架构　本方案的系统总体架构及功能如图 9-15 所示。

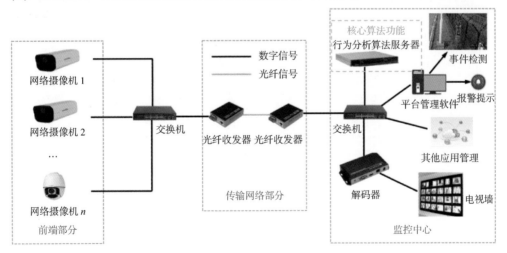

图 9-15　系统总体架构及功能图

ISV伙伴	业务层	布控预警	人像布控 行人布控	人体布控 行为布控	布控预警	人像搜图 以图搜图	轨迹还原 联合检索	人 地 事 物 组织	物 大数据
BreHPC	解析层	跌倒检测 物品搬移	特殊人群检测 物品遗留	扶梯异常 绊线检测	区域入侵 人员逗留	卷帘门站人 人数统计	烟火检测 隔栏递物	逆行检测 逃票检测	
博观视频感知引擎	算法层	人像人体		跨境追踪		行为分析		客流分析	
	异构层								

图 9-15　系统总体架构及功能图（续）

（4）地铁车站应用案例　西安智慧车站部署了隔栏传物、人员奔跑、区域入侵检测、轮椅检测、物品遗留检测、客流受阻检测、客流统计、客流密度检测、人员徘徊、人员跌倒检测、扶梯逆行检测等智能业务。该项目由博观智能提供智能算法，为全国智慧车站建设树立了良好的样板，如图9-16所示。

深圳地铁率先建设智慧车站试点（高新园站、深云站），博观为深圳智慧车站提供智能算法。在地铁站出入口、通道、站厅、站台等公共区域部署了隔栏传物、人员恐慌检测、区域入侵检测、特殊人员检测、物品遗留检测、客流受阻检测、客流统计、客流密度检测、人员跌倒检测、扶梯逆行检测、烟火检测等智能业务。

深圳地铁 1 号线高新园站以超大客流闻名，博观智能 AI 算法落地高新园站，其中基于计算机视觉的客流统计和客流分析算法，对视频

图 9-16　西安地铁智慧车站

画面进行智能分析，实时统计客流数据，并在车控室后台显示出可视化图表，能准确地研判客流情况，更高效地组织客流，从而提升了乘客的进站乘车效率，有效帮助车站进行常态化客流管控，如图9-17所示。

图9-17　深圳地铁1号线高新园站

2. 智慧 PIS 系统的布置与应用

PIS 系统即乘客信息发布系统，创建智慧 PIS 系统，以提高乘客服务的便捷化、舒适化、智能化水平。其主要功能是提供智慧出行咨询，聚合多平台出行服务内容，按乘客出行需求订制化多种出行解决方案。在传统 PIS 系统基础上，智慧 PIS 系统具有更多的融合性。

智慧 PIS 系统与智能导向系统结合，可替代传统静态灯箱导向指示，实现车站站台、站厅、出口、入口、换乘通道、付费区/非付费区的无死角覆盖，具备每块 LCD 屏播放不同画面的能力。对于车站上、下站台，可实现每组 LCD 显示屏显示相同的画面。

智慧 PIS 系统与车站广播系统结合，广播内容与显示内容一致，可实现广播与乘客信息系统的同步信息发布。同时在紧急情况下，控制中心可发送指令，触发乘客信息屏与站内广播系统进行紧急信息的同步发布。

（1）主要功能

1）集中管理并实时监控本系统的所有设备，控制显示终端设备的开关。

2）提供配置管理、性能管理、故障管理、安全管理功能。

3）定义 PIS 系统播放时间表和播放列表。

4）定义日志，并可根据时间、信息类型排序。

5）接收、处理来自电视台的节目信息，添加地铁运营信息。

6）播放旅客乘车信息、高清晰数字视频节目、必要的商务信息以及紧急疏散信息等。可实现信息的分区域发布。

7）正常情况下，向市民提供新闻、安全宣传、商业信息、出行参考、列车到发时间、列车车厢拥挤度、乘客引导等实时多媒体咨询信息。

8）紧急情况下接受预案管理服务平台的调度，发布运营信息和紧急信息。

（2）系统架构和显示屏布置　智慧 PIS 系统设备包括车站服务器、显示控制器、显示终端（LED、LCD）、电子导引屏、交换机等设备。其拓扑结构图如图9-18所示。

智慧 PIS 系统典型车站的显示终端类型及设置原则如下：

1）上行站台和下行站台各设置 8 台 43/49 英寸 LCD 显示屏。正常情况下每组屏显示相同的内容，紧急情况下每块屏可显示不同的内容。

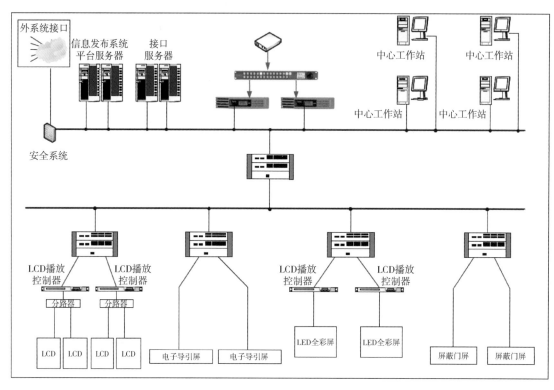

图 9-18　智慧 PIS 系统拓扑图

2）屏蔽门上方设置 LCD 条屏，显示列车车厢拥堵指数、广告视频、列车到发时间等信息，如图 9-19 所示。

3）在站厅公共/商业空间公共通道设置 55 英寸 LCD 显示屏，播放视频信息，包括商业广告等。

4）全彩 LED 显示屏：用于大屏幕视频显示。

5）乘客导引触摸屏：提供车站出入口的主要道路口、建筑、车站等的三维信息定位，乘客不但可以通过三维显示图更为直观地查找信息，还可以在电子屏上点击查找所要到达的目的地，同时"导

图 9-19　屏蔽门上方设置 LCD 条屏

引"功能还出现一个人形图标，模拟乘客走行线路，使乘客更清晰快捷地查询到所需信息；可提供商业区域的智能引导、智能地图、楼层指引；提供商业的最新活动展示、商场活动、商家活动等。

乘客引导触摸屏可以采用 55 英寸、86 英寸或 55 与 86 寸组合屏进行显示，如图 9-20 所示。

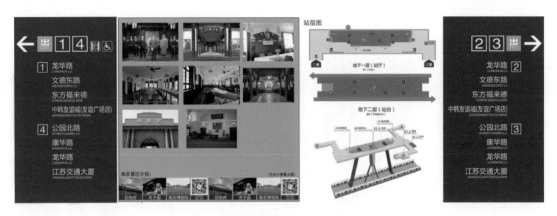

图 9-20 乘客引导触摸屏

6）电子导引屏（LCD 条屏）：显示屏播出版面在运营期间可实现自动定时切换（时间可自行定义）且无须人工干预，以避免固定显示的文字或图像对显示屏的灼伤（烧屏）现象，并能按照业主的要求进行分屏或者全屏显示。建议采用 86 寸条形屏，如图 9-21 所示。

电子导引屏采用集成化一体机（含播放控制器），从机房至电子导引屏采用光信号传输。实现每一块或每一组终端显示设备能够可靠

图 9-21 电子导引屏

自主地显示独立指定的内容，并且系统能智能地处理各种异常情况，发布紧急信息等。电子导引屏控制方式为采用独立设置、以太网控制方式。

独立设置：电子导引屏控制器每块屏配置一个，能够预存不少于 100 幅显示图片/文字以及 100 段视频。

电子导引屏通过以太网连接交换机，接受信息发布系统的实时监视和控制。包括：实时上报设备状态，更改预存信息，紧急信息显示等。

电子导引屏具体设置如下：

①入口显示屏：每个入口设置一块 LCD 条屏，壁挂安装于楼梯中部顶端的结构梁上或吊挂安装在进站盖顶钢架处，如图 9-22 所示。

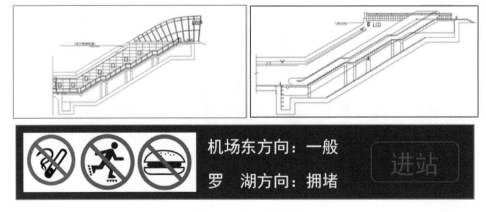

图 9-22 入口显示屏

②出口显示屏：出入口通道与站厅接驳处上方设置 LCD 条屏，每个出口设置一块 LCD 条屏，如图 9-23 所示。

③通道与站厅接驳处显示屏：出入口通道与站厅接驳墙面处设置综合咨询屏，采用壁挂安装，如图 9-24 所示。

④出入闸机处显示屏：在出入闸机上方设置 LCD 条屏，吊挂安装于结构梁或钢架处。典型站点布置位置如图 9-25 所示。

图 9-23　出口显示屏

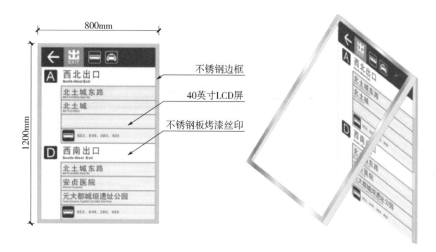

图 9-24　通道与站厅接驳处显示屏

图 9-25　出入闸机处显示屏

⑤换乘通道显示屏：在换乘站站厅、站台经常调整运营方向处设置导引标识牌（DIR），采用悬吊式，居中设置。换乘站导引标识屏可根据不同安装位置，分为不同的尺寸。300mm×300mm尺寸屏采用全彩LED屏，1200mm×300mm尺寸采用LCD条屏，如图9-26所示。

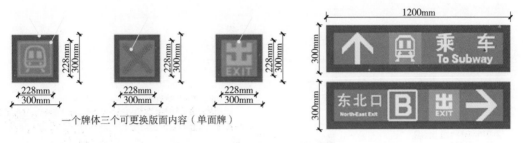

图9-26 换乘通道显示屏

⑥售票室显示屏：在售票室上方吊装售票室显示屏。售票室显示屏由灯箱+LED显示屏组成，如图9-27所示。

图9-27 售票室显示屏

（3）智慧PIS系统地铁车站应用实例 呼和浩特1号线是内蒙古自治区第一条地铁线路，于2019年开通，19个车站部署了冠华天视57套基于ARM架构的LCD播放控制器。至开通以来，运行良好，故障率低，如图9-28所示。

图9-28 呼和浩特1号线智慧PIS系统应用

深圳地铁6号线具有27座车站，部署了冠华天视164台基于ARM的LCD播放控制器，27套车站视频切换设备，实现了车站LCD播放控制器的 $N+1$ 设备部署，项目于2020年8月开通，系统运行良好，故障率低，如图 9-29 所示。

济南 R2 号线西周家庄站台门条形屏改造项目，在站台每侧屏蔽门上安装 12 套 86 英寸 LCD 条形屏，其内置冠华天视的 OPS 播放控制器，项目于 2021 年 3 月开通，其显示效果新颖，乘客满意度高，如图 9-30 所示。

图 9-29　深圳地铁 6 号线智慧 PIS 系统应用　　　　图 9-30　济南 R2 号线智慧 PIS 系统应用

3. 轨道交通车站智能集中判图系统的应用

轨道交通车站集中判图系统功能由通道式 X 射线安全检查设备、智能判图设备、开包工作站、远程判图工作站、集中判图服务器配合实现。设备分布在车站安检区、区域集中判图中心。每个集中判图室包含多台判图工作站，为一个集中判图中心，每个判图中心通过安检专用网络，远程对管理范围内车站安检点进行远程集中判图。智能集中判图系统是以"机器识图为主，人工远程判图相结合"的新型智能安检系统。

（1）系统构成及功能　集中判图系统由安检区系统、集中判图服务、判图中心三部分组成。该系统具有远程实时判图、判图任务调度、智能辅助判图、开检任务下发、判图工作管理等功能，如图 9-31 所示。

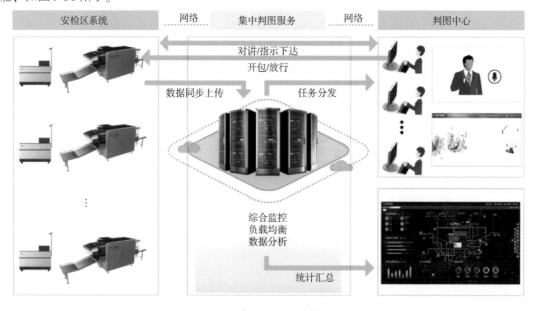

图 9-31　集中判图系统结构图

安检区系统,由通道式 X 射线安全检查设备(包括智能识别设备、音视频采集设备)、开包工作台(包括显示终端、开包台摄像机)组成,可采集过包图像和物品的可见光图像,并在本地进行 AI 识别。

集中判图服务,由集中判图服务器和服务软件构成,具备判图任务均衡转发、安检综合监控、统计分析、语音对讲等功能,可接受各安检点信息上传且对安检点进行指令下发。

判图中心在集中判图室,由多个判图工作站组成,远程判图员可通过人工识别,标注疑似物品的位置,确认 AI 判图结果,将开检指令下发到关联的安检点,开检员通过开包功能的显示界面定位问题包裹,并进行开包细检,如图 9-32 所示。

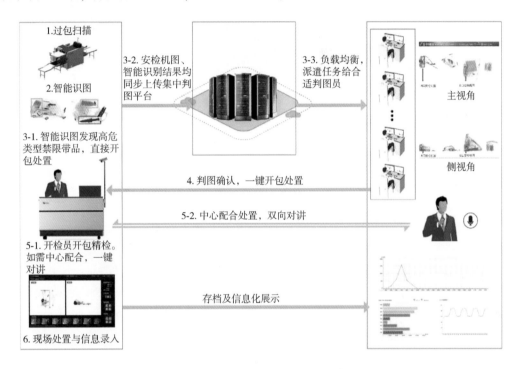

图 9-32 集中判图系统流程示意图

(2)核心技术理念 系统创造性地引入了智能判图模式,采用深度学习、神经网络技术和危险物质探测技术,实现对危险液体、管制刀具和枪支器械等禁带物品的智能识别与自动实时报警及本地智能自动开检,如图 9-33 所示。

远程判图系统采用实时传输、负载均衡以及人工智能等技术,改变了目前本地人工识图的高投入低效率的判图模式,创新性地提出了智能联网远程判图系统,打

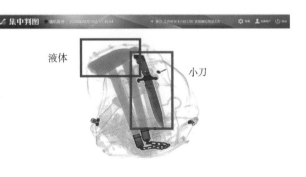

图 9-33 智能辅助判图示意

破了物理空间上对安检判图任务的限制,可动态调整系统内各个安检点的判图任务与安检判图人员的匹配关系,赋予安检判图员处置安检点判图任务的能力,实现了跨地域安检资源的共享,如图 9-34 所示。

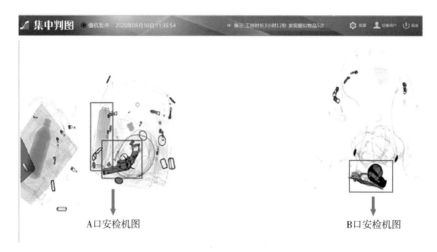

图 9-34　判图终端软件界面示意图

集中判图系统支持按照优先级进行任务调度分配，可以按车站属性、判图员的技能属性进行调度，重点车站的判图任务可以被多个判图员同时识别，并优先推送给技能高的判图员，从而有效提高检出率和效率。

（3）集中判图中心的设置　可以每 4 ~ 5 个车站设置一个区域判图中心，也可以设置线路或线网级判图中心，实现分级集中判图和安检集中管控。

判图终端比例可按照安检点数量的 70% ~ 80% 配备，预留新增安检点接入条件。前端安检设备与集中判图系统宜选择成熟可靠的产品及系统。

（4）集中判图中心在西安地铁车站的应用实例　该系统由声讯电子提供，已成功应用于西安等城市轨道交通安检领域中，并取得了较好的效果。其中，在西安地铁 5 号线一期共 21 座车站设置 5 处集中判图室，6 号线一期 19 座车站设置 4 处集中判图室，两条线共 75 个安检点，2020 年 12 月底通车试运营。

西安地铁 14 号线作为第十届全国运动会而建设的专线，全线共设 8 座车站 17 个安检点和 2 处集中判图室，于 2021 年 6 月底通车试运营。

4. 以被动式太赫兹成像人体安检设备为主体的综合智能安检系统应用

（1）系统平台的搭建　通过对各设备相关系统资源进行整合和集中管理，建立一套以人为核心的智慧安防集成平台。平台以太赫兹系统为核心，采用业务组件化技术，可满足平台在业务上的弹性扩展，实现统一部署、统一配置、统一管理和统一调度，如图 9-35 所示。平台含有以下子系统：

- 预警子系统：包括客流密度监测、智能行为分析和人脸识别等功能。
- 智能化人、物同检子系统。
- 人脸识别收费闸机。
- 智能服务大数据后台。

（2）本地安检数据库的建立　轨道交通是天然的大数据生产者，智慧安检安防系统可以采集以人为单位的安检信息、物检信息、身份数据、出行数据并进行存储，建立本地站点万人级别数据库，再结合公安重点人员名单库（在逃、涉毒、涉恐、涉稳等），从而为乘客的智能分级安检实施提供数据基础，如图 9-36 所示。

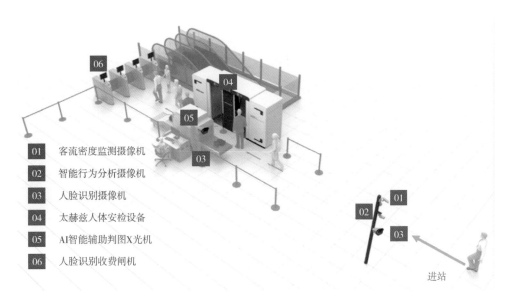

图 9-35　智能安检系统

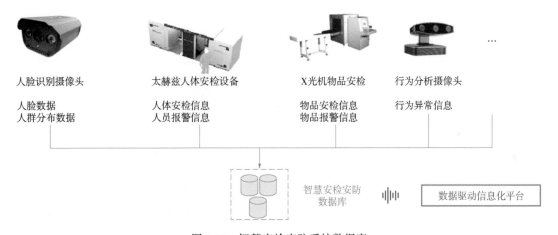

图 9-36　智慧安检安防系统数据库

（3）依托数据库的分级安检　基于太赫兹人体安检信息、物检信息、智慧安检安防数据库、是否公安重点关注人员等信息基础，对人员自动进行分级安检，自动匹配高、中、低安检等级；在客流高峰、平峰时，对不同安全级别的人群进行分级安检，如图9-37所示。

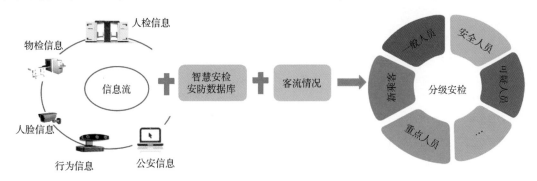

图 9-37　分级安检系统

（4）通行流程　通行流程主要包括预警和测温、安检，其流程图如图9-38所示。

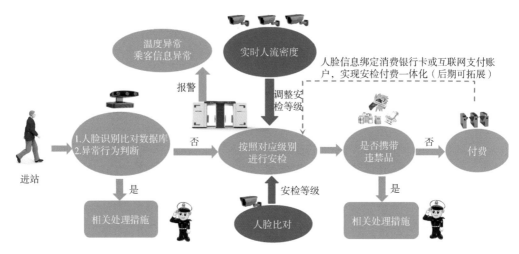

图9-38　通行流程图

（5）被动式太赫兹成像人体安检系统　该系统是采用被动式太赫兹实时成像技术，其基本工作原理是通过探测人体自身对外发射的位于太赫兹频段内的黑体辐射电磁波能量，获得人体在系统工作频段内的全身强度图像，如果被检测人携带有隐匿物体，就会在强度图像的对应位置形成对应形状的强度对比区域，再通过智能识别手段，就可以实现对隐匿物体的自动检测和报警。

该系统通常与X光机配合使用，从而构成一套智能综合安检系统，该系统承担其中的人体安检部分，如图9-39所示。

安检系统由被动式实时成像太赫兹主机（以下简称主机）、环境控制系统（以下简称环控系统）和中央控制系统（以下简称中控系统）三个分系统组成。两台主机分别安装在环控系统内部，环控系统与中控系统之间通过线缆连接，安检系统配电通过中控系统引入。中控系统主要由19寸机柜、工作站（含键鼠）、交换机、NVR、显示器、UPS等组成；环控系统主要由检测室、温控模块、辅助检测模块组成；主机主要由太赫兹探测模块、太赫兹准光模块、信号采集处理模块、机电控制模块等组成。

图9-39　智能综合安检系统效果示意图

安检系统配备3套软件，分别为太赫兹智能判图软件、辅助检测模块软件和服务端综合显控软件，三套软件均安装部署在工作站内。

（6）技术优势及功能

1）安全无辐射：太赫兹人体安检设备工作方式类似于红外摄像技术，通过被动接收人体自身发出的太赫兹频段电磁波，实现人体成像，设备本身不主动辐照人体，对被安检人员绝对安全，更容易被广大乘客接受。

2）检出违禁品范围更广泛：填补了传统金属安检门无法检出非金属违禁品的空白。该设备可以检出金属物质以及多种非金属物质，如陶瓷、粉末、液体、胶体等。能够显著提升人体携带违禁品的检出率。

3）隐私保护非接触：检测方式为非接触式检查，可以保护被检人员个人隐私，避免安检员与乘客接触，避免交叉感染，从而提升乘客对安检的认可程度。

4）快速无停留：可以实现每小时1500人以上的安检速度。通过速度是传统人工安检模式的5倍以上。

5）智能信息化：智能辅助识别可初步滤除手机、手表和皮带扣等日常安全用品，对疑似危险大件物品自动预警；结合地铁乘客实名信息，可做到安检信息存储、追溯和查询的高、精定位。

（7）被动式太赫兹成像人体安检系统在地铁车站的应用实例 该系统由博微太赫兹提供，已在全国多个地铁车站部署，如上海地铁、广州地铁、合肥地铁、深圳地铁等线路。其中，在上海地铁各站点部署设备55套，自2019年3月份已全面开通使用。尤其是在疫情暴发后，太赫兹安检测温一体机在疫情控制、减少交叉感染方面，起到了高效的保障作用，如图9-40和图9-41所示。

图9-40 上海地铁线路部署图

图9-41 广州地铁和合肥地铁线路部署图

第10章
城市轨道交通绿色智慧车站示范案例

10.1 上海地铁

上海地铁选取了 5 座车站开展了智慧车站试点。智慧车站主要体现在自主服务、主动进化、智能诊断、自动运行、全息感知五个方面。旨在实现地铁车站更安全的运营、更高效的管理、更优质的服务和更卓越的绩效。

10.1.1 上海地铁智慧车站的技术手段

智慧车站的技术手段及目的，如图 10-1 所示，主要体现在以下 5 点：

图 10-1　智慧车站技术手段及目的

1. 自主服务（Self service）

广泛应用人工智能技术，如出行问询机器人、设备巡检机器人、智能语音购票等，实现对车站乘客高品质自主服务与车站精细化的自动管理。

2. 主动进化（Mechanism evolution）

进行数据建模，采用机器学习模式，构建小数据大任务的智慧车站核心大脑，实现车站运营效果的自我评估与车站运行策略的自动完善。

3. 智能诊断（Analysis intelligent）

应用大数据智能分析与决策技术、多源异构数据融合、设备健康诊断模型等，对车站运行数据进行深度分析挖掘，辅助车站运营决策。

4. 自动运行（Running automatically）

通过应用可视交互引擎、高效人机协作、智能建模集成等技术，实现车站过程性控制与事务性处理等管理业务的自动化、高效化、可视化。

5. 全息感知（Tentacle overall）

通过应用智能传感、视频分析等智能感知技术，实现对车站的设备、环境、客流、人员等对象的群体智能主动感知与发现。

10.1.2　上海地铁智慧车站的通用功能

智慧车站的设计思路是拉通现有生产网（综合监控等自动化系统）和管理网（OA、运管、资产等信息化系统）的数据和信息，紧密结合车站级各运营班组的工作流程和实际需求，通过数据支撑与技术支撑，适当增设现场级和后台计算等各类软硬件设备，对各类数据进行梳理和综合再利用，建立起具备场景化、智能化、人性化的智慧车站综合运管平台，提供更加全面、智能的管家式一体化应用功能，提高车站运营、客服和设备维保的效率，从而整体提升线路的安全性和高效性。

上海 5 座智慧车站的功能根据车站形式和运营特征的不同而各有特点及侧重点，但其整体的设计思路是一致的。就具体功能来说，上海智慧车站的通用功能基本可归纳以下几点。

1. 场景化设计

智慧车站综合业务平台具备日常工况、紧急事件工况下的多种场景管理，如全自动车站唤醒、车站休眠、高峰/大客流等场景，车站自动化程度大大提高，有效降低了人力成本和工作强度，并提升了车站在特殊事件下的响应能力。以本次调研的汉中路站为例，汉中路站为上海 1号、12 号、13 号线三线换乘车站，具有 10 个出入口，每次人工开关站用时为 2h 左右，采用一键开关站场景联动功能后，开

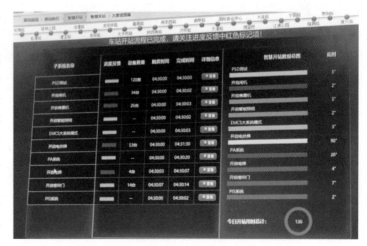

图 10-2　智慧车站综合运管平台场景化界面

关站用时仅为 30min，目前车站值班员也已减少了一个班的编制，如图 10-2 所示。

2. 视频智能分析

其中 3 座智慧车站均新增了智能视频分析技术，可以实现客流分析以及异常行为分析等功

能。客流分析功能可以通过出入口摄像头分析并提供各出入口的乘客进出量；可通过站厅、站台的摄像头分析并提供目前公共区域的客流拥挤度和相对准确的乘客数量。同时，异常分析功能包括扶梯检测、乘客逃票、摔倒、拥挤、可疑物品、人员行为异常等状况。在触发异常情况后，系统能自动将画面弹出至值班员工作站，提醒站务人员开展下一步工作，如图 10-3 所示。

3. 综合看板

地铁车站既有的机电、弱电以及信息系统未能有效组织数据，智慧车站的综合运管平台结合运营业务，将多专业的数据进行相关性分析等综合利用，并通过 GIS、BIM、SVG、数据可视化、信息组团等技术，可为用户提供更直观、清晰的信息展示。

图 10-3　视频智能分析异常报警管理界面

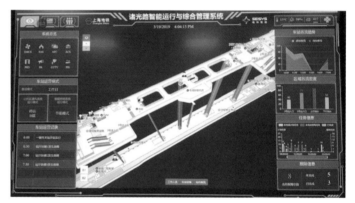

在综合看板上，可在三维车站建筑底图上实时展示智能化部分设备运行及能耗情况；视频分析、清分客流信息情况；设备运行状态模式总览；设备故障统计及各系统占比；在具备定位感知的车站，还能以设备、客流热力、人员定位路径等多源融合体现站车运营的整体情况，如图 10-4 所示。

图 10-4　综合看板人机界面（诸光路站）

4. 乘客服务

（1）乘客自助终端　汉中路、新江湾站均设置有乘客自助终端，其中汉中路站乘客自助终端面向付费区、非付费区并将其相关功能集成为一体机。未来应能实现非现金票务、咨询、查询、导航、投诉、查询等服务，可有效降低票亭运营人员的工作量，如图 10-5 所示。

（2）多功能票亭　汉中路站、诸光路站均设置有兼作客服咨询服务的票亭，将票务人员与车站服务人员合设，合并为智能客服中心，也在一定程度上实现了减员增效，如图 10-6 所示。

图 10-5　自助补票机（汉中路站）

（3）乘客自助查询机 各座智慧车站内均设置有不同形式的自助查询机或以多媒体为手段的信息发布和展示功能。如在中科路站，公共区售票机区域上方设置的线网信息展示屏，并设置有旅客服务机器人。站台层站台门玻璃中间夹层设置 PIS 信息透明屏，以及多处多媒体信息公告屏，如图10-7所示。

图 10-6 多功能票亭（汉中路站、诸光路站）

（4）语音购票机 汉中路站在公共区设置了带有语音识别功能的自动售票机，自动售票机上设置有摄像头用以触发识别功能，通过语音识别技术实现购票，同时支持模糊查询功能，乘客可说出希望达到的目的地周边关键信息，售票机自动生成相邻的目的地车站。

图 10-7 乘客自助查询机多媒体展示（中科路站）

（5）智能边门 诸光路站设置的掌静脉识别宽通道采用 3 模合 1，除了掌静脉识别功能外结合了二维码、交通卡、单程票。工作人员使用掌静脉注册机上的掌静脉后台管理程序，对于 6 大类特殊乘客（目前包括盲人、离休干部、烈士家属、革命伤残军/警、1.3m 以下儿童、大件行李携带者）进行注册管理。乘客在服务中心录入掌静脉进行绑定后方可刷手进出站。汉中路的智能边门结合了人脸识别与掌静脉 2 模合 1，如图10-8所示。

（6）导盲定位系统 该系统为诸光路站的特色功能，它通过布设在车站的蓝牙无

图 10-8 基于掌静脉及人脸识别技术的智能边门

线网络，利用个人移动终端，从而实现对特殊人群的辅助室内实时导航和人员实时定位功能，如图 10-9 所示。

（7）站台语音播报装置　诸光路站在站台层站台门上方附近，增设了独立于车站广播系统的扬声器，通过本站的蓝牙无线网络与站台站务人员的话筒连接，在紧急情况下，站台站务人员可通过此无线蓝牙广播扬声器，直接对选定的站台广播分区进行人工广播，如图 10-10 所示。

图 10-9　基于蓝牙定位技术的　　　　图 10-10　站台基于蓝牙连接的扬声器装置（诸光路站）
　　　　　导盲 APP（诸光路站）

（8）电子导向牌　电子导向牌可灵活发布各类车站信息，如首末班车信息、车站周边情况、各类公告、紧急情况下的诱导信息等。以方便乘客便捷获得地铁各类服务资讯信息，提高地铁运营效，如图 10-11 所示。

图 10-11　公共区电子导向牌（汉中路站）

上述为调研的 5 座智慧车站的通用功能，另外，上海地铁根据各试点车站的不同形式和客流特征，有针对性地开发和实施了不同的功能。

10.2　广州地铁

广州地铁在新一轮"十三五"规划线路中打造新时代广州轨道交通体系。新时代广州轨道交通体系是以"服务交通强国战略、支撑大湾区高质量发展、引领轨道交通科技进步、满足市民幸福出行"为总体目标，以"服务型、引领型、融合型、持续型"四融合为总体思路，以"数字化、智能化"为技术发展方向，以"安全、可靠、便捷、精准、融合、协同、绿色、持续"为核心特征的轨道交通体系，如图 10-12 所示。

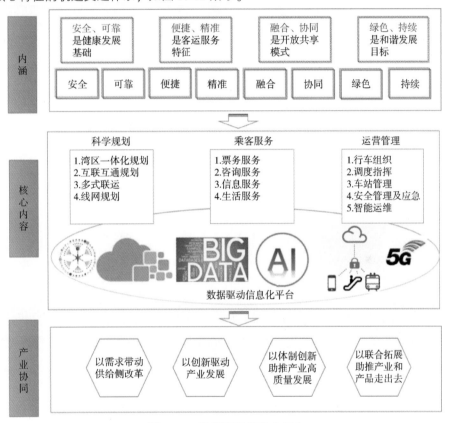

图 10-12　数据驱动信息化平台

10.2.1　新时代广州轨道交通核心特征

新时代广州轨道交通的核心特征体现在"安全、可靠、便捷、精准、融合、协同、绿色、持续"八个方面，如图 10-13 所示。

1. 安全

安全是乘客信赖的基础，也是政府放心的保障。新时代要促进轨道交通全要素更安全，需加快缓解现状满载率较高线路的平行线建设，提高走廊和线网服务能力；创新风险治理模式，构筑智慧应急体系，强化事前风险防控；利用多感知的运营环境监测技术、人工智能识别技术等，建

图 10-13　新时代轨道交通核心特征

立运营安全状态全息监测平台，即时感知、实时预警，并自适应联动控制列车，减少运营安全事故的发生；应用 BIM 技术，构建城市轨道交通隧道设施安全状态检测平台，对隧道设施安全状态进行自动检测，实现隧道表面裂缝、沉降、变形的动态感知，消除地面施工对隧道安全的影响，为城市轨道交通网络保驾护航，力争实现全年无责任安全事故发生。

2. 可靠

可靠是在线服役设备优良性的标志，更是轨道交通高效运营的保障。2017 年，广州地铁线网列车服务可靠度在国际地铁协会（CoMET）公布的全球 38 家大型地铁同行中位居前列。新时代广州轨道交通将深化设备设施运行质量的全方位保障，建立基于可靠性的设备设施全寿命周期的健康管理体系，确保线网保持 5min 以上晚点每周不高于 1 次的服务水平，打造"更可靠"的新时代轨道交通。设计阶段，聚焦可靠性分配，以行车可靠度为基准，建立系统可靠性分配方法；建设阶段，聚焦设备固有可靠性的实现，从供应商选择、设备制造与安装质量保障、可靠性验证三方面建立严格的执行标准与流程，同步建立系统可靠性的常态化评价与反馈机制，满足运营对设备服役期可靠性动态评估的要求；运营阶段，聚焦可靠性的保持与提升，结合设备设施的历史表现及其对运营服务的影响程度，建立基于四象限的设备设施分类，对应构建差异化的可靠性维修策略体系，并通过实时获取全线网设备的实时运行状态，结合历史维修数据，利用大数据挖掘技术，建立设备设施可靠性趋势预测模型，指导设备设施的维修及更新改造，逐步实现由计划修向状态预防修模式的转变。

3. 便捷

便捷涵盖出行便利与快捷，是交通运行节奏的体现，更是轨道交通为区域融合、城市提速的需要。新时代广州将以高质量发展为目标，构建一体化大湾区轨道交通网络体系，轨道交通站点集约化设置，实现 75% 以上人口居住和就业覆盖，满足广州主城区与相邻区域中心 1h，主副双核及其他组团中心到相邻市域枢纽间 30min 可达；促进公交多制式一体化，简化出行过程环节，提高市民出行品质，实现交通与城市、经济、生活的和谐共生。灵活组织运营，全程信息感知、交通有效衔接，实现轨道交通"四通八达"，利用无感支付技术、票务安检融合技术和区域票务信息关联技术，实现一站式便捷通行。

4. 精准

精准是服务品质的输出，是市民对地铁出行信赖的基础。新时代广州轨道交通将以为乘客提供高品质的出行体验为出发点，利用 WIFI、手机信令、视频分析、安检、城市规划、交通调查、线网客流、互联网等多源数据，建立全时序多场景应用的网络客流预测体系，并以此为支撑，构建网络化运营管理辅助决策平台，实现客流的精准预测、运营状态的实时感知、列车的灵活调度诱导，助力运能与运量的精准对接；建立面向需求的自适应客流控制启动与引导机制，适时通过 APP、电子导引系统等媒介，主动诱导乘客合理选择出行路径、出行方式，提高出行效率；依托智能微客服、智能机器人等应用，逐步实现车站信息咨询的智能应答、求助响应等智能服务，提高乘客出行效率；逐步构建基于轨道交通的城市轨道交通生活服务圈，为乘客提供多元化的地铁生活服务，包括建设交通脉络、站点商圈、生活驿站、文化旅游、线上服务 5 大方面，提升乘客出行体验，助力将广州轨道交通由"群体性服务"发展成为"个体化定制"的精准服务。

5. 融合

融合是一种开放共享的模式，也是大湾区一体化发展的关键。作为国家重要中心城市，新时代广州将通过建设大湾区内畅外联的轨道交通网络，促进多网合一，实现各种轨道交通制式的有效衔接；构建立体化的综合客运枢纽，实现多式联运、互联互通、轨道交通一体化；加强与各城市交通融合，满足跨区域、跨方式乘客便捷出行，以共识打破种种阻隔、壁垒，形成"一张网""一张票""一串城"的格局，实现核心城市的辐射带动，促进湾区社会经济融合。

6. 协同

协同是大湾区一体化发展的核心。新时代广州将以安全保障为支撑，以信息服务为载体，支持多制式跨业务信息感知与共享，从单制式独立运营向多制式协同运营转变，发挥共同的最大效益，共同打造资源互补、有序衔接的区域 1h 交通圈；健全突发事件下应急响应协同联动机制，提高区域交通运输秩序修复能力，形成智能信息驱动的区域轨道交通协同运输服务体系；通过土地储备、物业开发、商业经营和物业管理全价值链的有机协同，促进"地铁 + 物业"的发展。

7. 绿色

绿色是引领轨道交通健康发展的关键。新时代广州将绿色交通理念注入轨道交通网络规划优化决策中，努力解决城市的开发强度与交通容量及环境容量的关系，使土地使用与轨道交通系统两者协调发展，激活周边商业活动，减少交通拥堵所造成的出行时间浪费，促成人们内心觉醒与生活价值的共识。在轨道交通全寿命周期内，最大限度节约自然资源、人力资源及资金，在高效、安全地运载乘客的基础上，为乘客提供舒适、健康、便捷的交通运输服务；推动全自动运行、智能客服、节能及智慧安检等技术应用，降本增效，最大限度节约自然资源、人力资源及资金，降低能耗和物耗，保护生态环境。实现轨道交通与城市发展的有机融合，打造绿色轨道交通、低碳轨道交通。

8. 持续

持续是指经济、社会、环境、财务、技术等多领域的可持续发展。在经济可持续方面，通过构建都市生活平台，创新地铁服务经济，推动线上平台与线下多种生活服务之间的整合，形成多种商业形态的联动合作，将车站从城市交通枢纽转变为都市生活枢纽，将线网由城市交通走廊变为都市生活走廊；在社会与环境可持续方面，通过在城市主交通走廊中，完善大容量快速轨道交通线路，逐步建成布局合理、需求适应的多层次、多平面轨道交通网络；在财务可持续方面，将以资本为纽带、以技术创新为依托，在打造全智慧型的产业生态链的同时，携手本地企业走出去，推动广州轨道交通产业全面、可持续发展；在技术可持续方面，通过开展前瞻性技术研究与创新场景应用落地的实施，率先推动互联网、物联网、人工智能等新兴技术与轨道交通运营服务的跨界融合，创新研发匹配新时代发展的轨道交通智慧平台，确立广州在大湾区智能轨道交通建设中的先发优势，持续引领轨道交通健康可持续发展。

10.2.2　"十三五"广州新线智慧城轨实施

广州新线结合《新时代轨道交通创新与发展（广州 2019）》及《中国城市轨道交通智慧城轨发展纲要》开展智慧地铁建设，全面提升乘客服务、运输组织、车站管控、安全管理、调度管理、智能运维等业务水平，从而实现提高乘客服务质量、提高运营管理效率、降低运营管理成本的目标，如图 10-14 所示。

01	02	03	04	05	06
精准便捷乘客服务	精准灵活运输组织	全景管控车站管控	集成一体安全管理	协同高效调度管理	体系迭代智能运维

图 10-14　广州智慧城轨业务发展目标

1. 关键基础设施

（1）城轨云平台（SaaS）　根据"一云"整体战略规划需求，统筹规划，兼顾现状，分步实施。为"十三五"新线及 11 号线（共计 10 条线）线路各业务系统、线网指挥系统二期、线网视频、线网客服、线网安检、线网安防、线网乘客画像库等业务系统提供计算、存储、网络等资源的灵活分配，如图 10-15 所示。

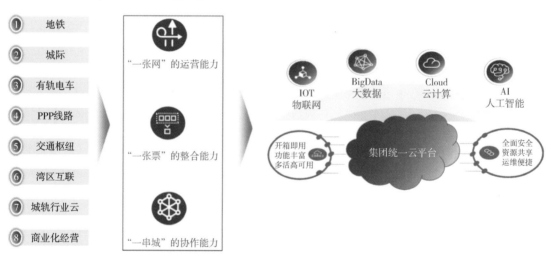

图 10-15　"一云"整体战略规划

采用云架构，线网线路融合，系统架构简化；整合服务器，更好利用资源，节约弱电用房，如图10-16所示。

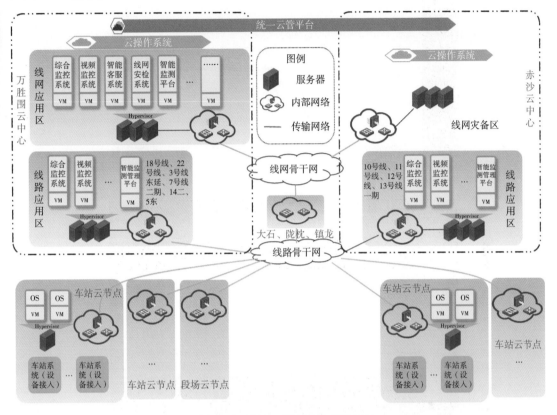

图10-16 城轨云平台整体部署规划

综合业务生产云平台为广州地铁11号线及"十三五"新线共10条线路的各业务系统提供计算、存储、网络、安全等基础设施服务。综合业务生产云平台在万胜围、赤沙设置云资源中心，在镇龙、陇枕、大石区域控制中心及各车站段场设置云节点，其规模超过1.6万核CPU，如图10-17和图10-18所示。

（2）穗腾OS平台（PaaS）
穗腾OS是基于工业互联网、物联网的新一代轨道交通操作系

图10-17 城轨云平台模块化机房

统，致力于为轨道交通行业的数字化升级提供基础平台，具备开放式、可进化、组件化、低门槛的核心特征。在广州智慧地铁示范应用中，采用穗腾OS作为动力引擎，全面支撑乘客服务、调度指挥、车站管理、安全管理、运维管理等各类轨道交通应用，如图10-19所示。

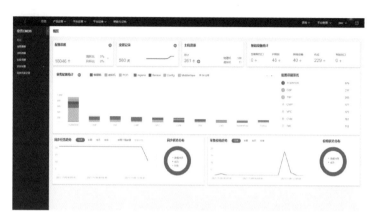

图 10-18 城轨云平台模块化机房管理界面

图 10-19 穗腾 OS 平台

穗腾 OS 是基于工业互联网、物联网的新一代轨道交通操作系统，致力于为轨道交通行业的数字化升级提供基础平台。具备组件化开发模式、设备接入与管理的标准化、低门槛开发、海量数据开放共享等特征，可提升应用开发效率、降低开发成本、提高标准化程度、提升数据共享程度，如图 10-20 所示。

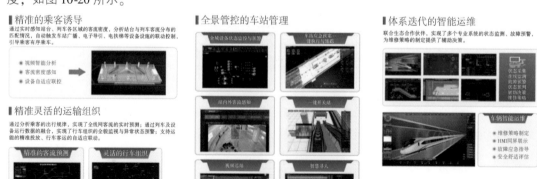

图 10-20 穗腾 OS 系统功能

穗腾 OS 2.0 率先在广州地铁 18 号、22 号线上示范应用，提升了精准便捷的乘客服务能力和安全高效的运营管理水平。

2. 乘客服务

（1）智能化票务服务　多元化支付技术的全面应用，满足了乘客多元支付的需求，方便了乘客出行；引入基于生物识别技术的"刷脸支付"票务方案，更可以实现无感出行，如图 10-21 所示。

采用双向检票机，以应对潮汐客流、突发客流等因素引起的客流组织调整；可根据车站实际情况灵活设置检票机方向，减少现场工作量，提高运营效率，如图 10-22 所示。

图 10-21　多元化支付（人脸 + 刷卡 + 二维码）闸机　　　图 10-22　双向检票闸机

（2）智慧出行咨询　采用地铁 APP，可为乘客提供各类线上便捷出行服务，实现线上 APP 无感支付票务处理、在线客服、预约服务、资讯查询、站内导航、站外导航等功能，如图 10-23 所示。

打造完备的智能客服系统，实现票务、客服、资讯服务的自助化服务。搭建线网级智能客服平台，实现多渠道客服的统一管理，如图 10-24 所示。

图 10-23　地铁 APP 咨询服务　　　图 10-24　嵌入智能客服、补票等的智能客服平台

调整设备内部模块配置，优化设备空间及外形，将设备小型化，节约车站空间、降低运营成本。打造智能服务岛（图 10-25）、智能服务区，优化公共区乘客服务功能，进一步提升车站品质，提高人性化服务水平。

在车站设置站厅闸机导视 LCD 屏（图 10-26）、嵌入墙体的 LED 屏、文化墙弧形屏、出入口电子资讯 LCD 屏，安检处设置显示屏，实现乘客信息显示。

图 10-25　智能服务岛　　　　　　　　图 10-26　导视 LCD 屏

3. 运输组织

运行交路及运行模式：18 号、22 号线具备贯通运营和独立运营两种运营交路，具备快慢线运营模式，如图 10-27 所示。

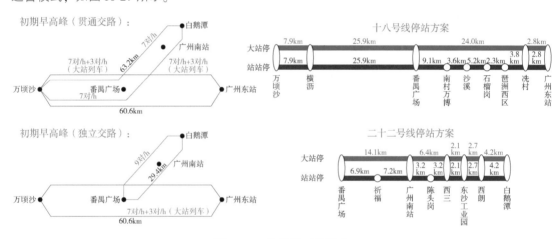

图 10-27　快慢线运营模式

正线列车自动控制系统采用基于通信移动闭塞制式的列车自动控制系统（CBTC），相关专业增加了全自动运行模式、列车跳跃、与站台门接口增加对位隔离、列车自动站间运行等功能，实现本线路简易全自动运行。并在全国率先实现 ATO 实际运行速度达 160km/h，如图 10-28 所示。

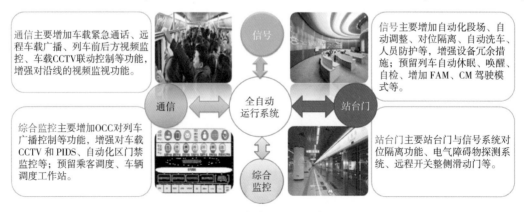

图 10-28　各专业提升示意图

4. 车站管理

（1）车控室提升 采用一体化车站控制室，IBP 盘面优化＋嵌入 42 寸触摸屏，设置 2 行 × 3 列的 46 寸液晶拼接屏，如图 10-29、图 10-30 所示。

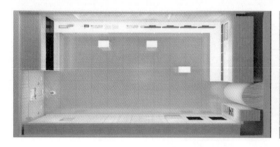

图 10-29 新型一体化车控室

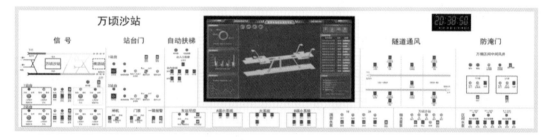

图 10-30 IBP 盘嵌入电子信息屏

（2）三维辅助 对车站建筑和设备进行 3D 建模，在三维中还原一个真实的车站，以三维模型为基础实现灵活便捷的车站管理业务。信息管理包括：车站全景、行车信息、视频监控、环境信息、客流分析、能耗统计；应急仿真包括：火灾疏散、客控引导，如图 10-31 所示。

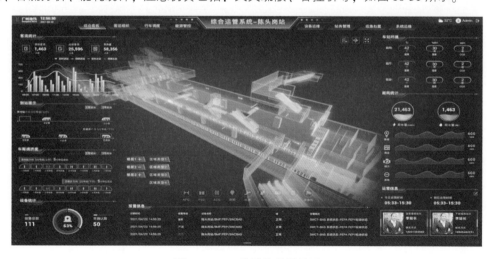

图 10-31 三维辅助监视界面

（3）设备集成化（场景化）管理 车站综合监控系统对车站设备进行集成监控；设备监控界面按场景进行设备管理；场景设计包括正常、应急故障等情况，如列车进/离站场景、日常巡站场景、客控管理场景、开/关站场景、火灾场景、电力故障场景等，如图 10-32 所示。

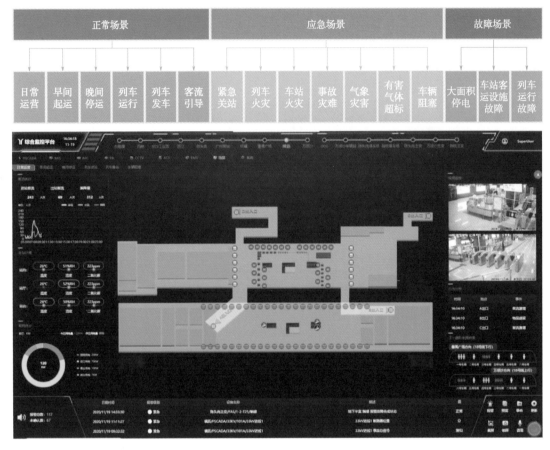

图 10-32　场景化管理界面

（4）移动化站务　每座车站约配置 8 台移动站务操作终端，实现站务移动化管理，达到移动便捷的内部管理效果，如图 10-33 所示。

图 10-33　移动站务管理界面

蓝牙定位覆盖区域主要包括站厅站台公共区、出入口通道、设备区走廊等，实现乘客及工作人员的定位，如图 10-34 所示。

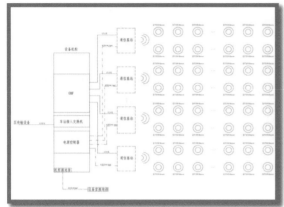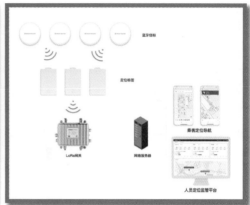

图 10-34 蓝牙辅助人员定位

5. 安全保障及应急处置

（1）环境监测 设置环境监测系统，如图 10-35 所示。

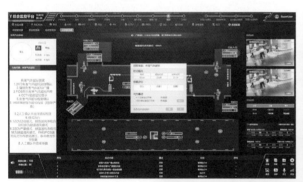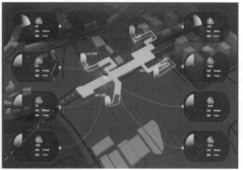

图 10-35 环境监测定位

（2）通信系统 通信技术的提升，如图 10-36 所示。

（3）地保智能巡检 通过无人机数据采集平台、巡检图像处理、无人机巡检与预警系统三大模块实现巡检过程中对打桩机、钻探机的识别、定位、报警功能，提高了巡检效率，节约了人工成本，保障了地铁安全，如图 10-37 所示。

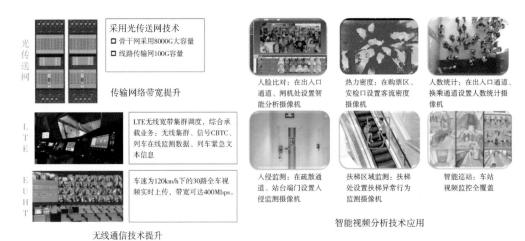

图 10-36　通信技术的提升

图 10-37　巡检无人机

（4）智能监测方案　采用自动化监测智能感知技术和 GIS + BIM 技术，实现隧道监测智能感知、多源异构时空数据融合、数据智能分析和数据可视化等功能，建立了地保监测全过程智能化系统，如图 10-38 所示。

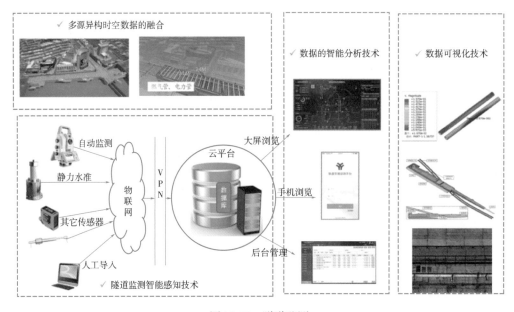

图 10-38　隧道监测

（5）智慧安检方案　基于生产云应用人工智能 AI 图像识别技术，辅助判图员精准、快速判图，提升判图准确率、降低判图员劳动强度；运用图像实时传输、任务动态调度技术，实现实时判图、远程判图、集中判图等功能，在陇枕车辆段集中判图中心，提升安检判图人工利用率，达到降低人力成本的目的，如图 10-39 所示。

图 10-39　智慧安检

（6）门禁提升方案　为了加强对进出车站设备区、轨行区以及重要房间等区域的人员管理和授权功能，在广州地铁已开通的线路中，本线路门禁系统首次使用了人脸识别读卡器设备。在设备管理区直通公共区的通道门，付费区与非付费区分隔的一体化边门、票务管理室以及智能备品间等处设置人脸识别读卡器，支持通过人脸识别通行，如图 10-40 所示。

图 10-40　人脸识别门禁一

为了加强对进出段、场的各类人群进行管理和登记，在广州地铁已开通的线路中，本线路首次段、场设置大门门禁闸机，纳入门禁系统管理。在车辆段的人员出入口处设置大门门禁闸机，用于对日常进出段、场区域人员的管理。可支持识别身份证、员工卡、人脸识别等多种模式，如图 10-41 所示。

图 10-41　人脸识别门禁二

6. 调度指挥

（1）大屏可视化　控制中心大屏幕系统利用可视化技术，实现日常、灾害、重大故障和应急情况下对行车、电力、机电设备、安全相关的多专业的信息进行综合显示和联动控制，从而达到精准调度决策和高效调度指挥的目的，如图10-42所示。

图 10-42　大屏可视化

（2）语音识别辅助调度　综合监控系统利用语音识别技术，在控制中心调度工作站、站级值班工作站和移动终端上实现了语音辅助调度进行快捷操作，通过语音口令取代鼠标键盘操作，支持语音打开指定监控界面、查询数据、下发设备控制指令、快速切换监控场景、调用视频监控画面等，取得了高效调度指挥的效果，如图10-43所示。

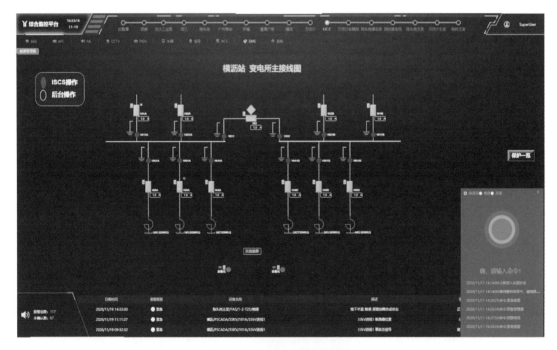

图 10-43　语音识别辅助调度

（3）决策支持辅助调度　提供辅助决策支持功能，在遇到突发事件接警后，相应预案将被执行，系统会对各突发事件处置执行状态进行实时监控，提醒调度人员判断、执行步骤或者自动判断、执行步骤，从而为调度人员提供决策支持辅助，进而达到高效调度指挥的目的，如图 10-44 所示。

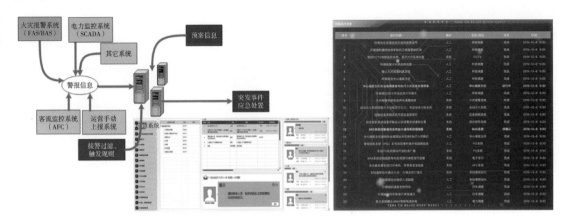

图 10-44　辅助决策支持

7. 智能运维

（1）车辆运维　车辆基地智能运维系统包括：轨旁监测系统、车载监测系统、大数据平台，通过集成检测功能、无线网络传输功能、段内检修信息上传功能，实现三大模块数据的采集、传输、汇聚、处理分析和运用。通过对列车状态进行零部件寿命及相关的安全在线监测、故障诊断、状态综合分析、趋势预测、故障隐患挖掘，并提供网络化维保和应急处置支持系统，从而实现列车全寿命周期的智能化运维管理，如图 10-45 所示。

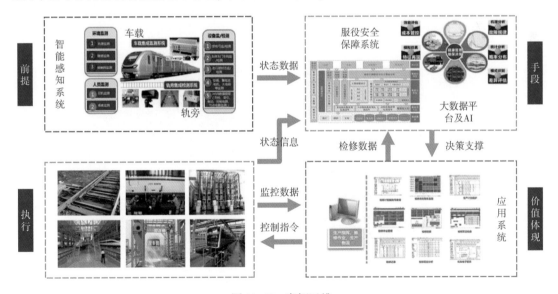

图 10-45　车辆运维

（2）轨道运维　轨道运维主要包括道岔伤损报警、环境异常报警、视频监控、设备故障实时报警。特别选取了广州东、番禺广场、万顷沙、陈头岗、白鹅潭等站段进行试点，如图 10-46 和 10-47 所示。

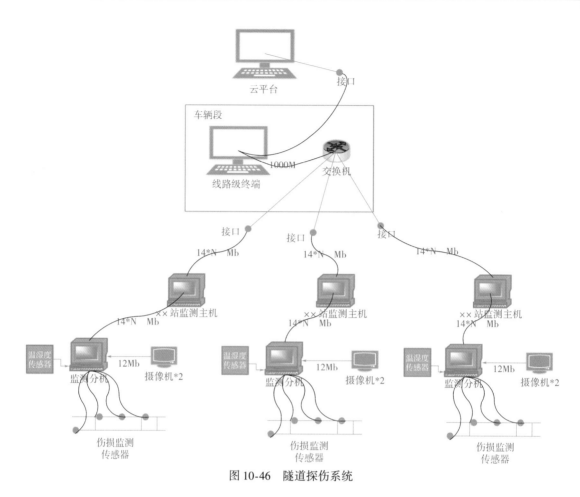

图 10-46　隧道探伤系统

图 10-47　隧道探伤设备

（3）供电运维　供电智能运维系统通过在线监测、系统接入、人工录入的方式对供电设备的关键位置监测参数、电参数、环境参数、状态参数和出厂资料、维修数据实现全面采集；采集数据实时写入软件平台，在软件分析平台上，采用人工智能算法，对供电设备状态参数进行数据清洗及训练智能预测模型，同时对相关的温度进行趋势预估。应用智能模型实现对设备关键位置的在线监测、状态评估、寿命预估、资产管理功能，并对每台设备提供相应的维保策略，如图 10-48 所示。

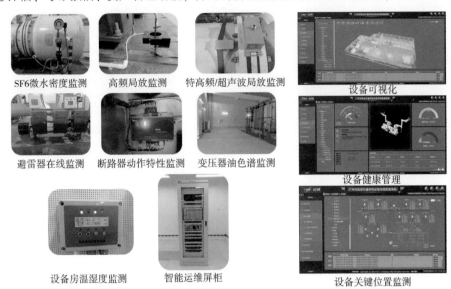

图 10-48　供电运维

（4）信号运维　信号智能运维平台分为线网级和线路级两大部分。

线路智能运维平台包括控制中心、维修中心设备、车站和车辆段/停车场计算机监测设备、各维修工作站及维修网络等，利用计算机、网络和通信技术，完成对信号系统设备的状态集中监视和报警，实时监测信号设备的使用情况，定位故障地点，分析故障原因，统计故障时间，实现信号系统全寿命周期健康管理，如图 10-49 所示。

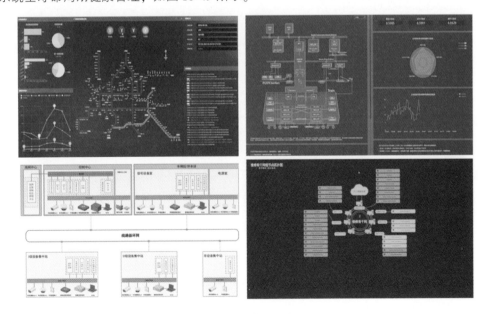

图 10-49　信号运维

（5）电扶梯运维 电扶梯智能运维系统可诊断及预警异常状态的主要部件包括：电动机、减速机、驱动主机底座、主轴轴承、主驱动链、梯级链张紧轮、梯级链、扶手带。通过部件预警系统，可实现扶梯由按时维保向按需维保转变，既保证了设备安全也利于运营效率，如图10-50所示。

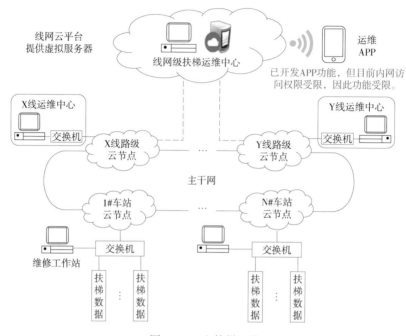

图 10-50　电扶梯运维

同时基于地铁系统云平台，采用聚类分析方法对全线网的扶梯异常信息特征和规律进行分析，以克服现有技术中无法在故障发生前及时预警、无法提前预测扶梯故障发展趋势的技术问题。有利于解决线网加密后设备数量持续增加与落后的运维管理方式之间的矛盾。建立"十三五"10条线路的智能运维平台，并具备扩展接入旧线电扶梯的能力。

10.3　成都地铁

成都地铁孵化园站在提升乘客服务体验方面进行了智慧试点，功能主要包括：智能客服中心、智能导乘屏、智慧边门。实现了乘客从进站到候车的高效引导和自助服务，给乘客带来了更便捷、舒适的乘车体验。

1. 智能客服中心

车站设置开放式智能客服中心，支持同时服务于2名付费区或非付费区的乘客，兼具传统票亭BOM的票务处理功能，在无人值守时乘客可通过自助服务设备完成人脸实名注册、行程规划、站内导航等需求处理功能，并支持远程座席与车站控制室直接通话，逐步引导乘客自助操作，减少了票亭售票员的工作量，最终实现一体化无人票亭，如图10-51所示。

智能客服中心主要包含以下功能：

1）人脸注册。

2）行程规划。

3）站内导航。

4）异常票卡处理。

5）远程座席呼叫。

6）远程控制边门。

7）临时人脸注册。

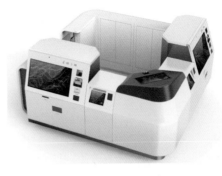

图 10-51　智能客服中心

2. 智能导乘系统

智能导乘系统通过设置智能导乘屏、多媒体站台门等来展现相关信息，相对于传统的灯箱显示导向牌，智能导乘系统新增了动态信息发布、信息切换显示、快捷导航、语音及触摸交互等功能，可实现车站信息状态的实时感知、传递及获取，为乘客出行和车站管理提供了精细化、智慧化服务，如图 10-52 所示。

智能导乘系统主要包含以下功能：

1）车站运营状态显示。

2）站务信息内容显示。

3）站内环境实时显示。

4）预设应急信息展示功能。

5）人工即时编辑信息。

6）定时发布预设的信息内容。

7）定时开关机功能。

3. 智慧边门

智慧边门是在原有边门功能基础上增加人脸识别门禁功能，同时，支持相关人员的人脸信息导入

图 10-52　智能导乘系统

和管理以及权限配置，其主要包含的功能有：面向免票乘客及车站工作人员，支持刷脸进出付费区与非付费区，支持网络控制、遥控器、客服中心按钮开关门，与智能客服中心配合使用，受票务系统管理，支持应急情况下与闸机的紧急释放。乘客在失票情况下可在智能客服中心自助完成票卡处理，凭临时人脸凭证出站，如图 10-53 所示。

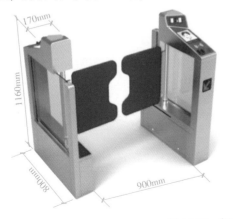

图 10-53　智慧边门

10.4 杭州地铁

杭州地铁围绕"1233"（1个平台、2个方向、3个乘客模块、3个运营模块）平台建设目标，海宁皮革城站开展了智慧车站试点，通过设置车站运营管理平台，实现了地铁车站人、车、环境、设备、智慧调度之间的信息互通和融合，将先进的智能传感、数字通信、信息融合、计算机视觉、自主协同控制等关键技术有效集成，构建全景全时空的车站管控环境，实现精准客运联控，推动城市轨道交通车站运营调度向精准化、网联化、协同化、智慧化方向发展。

智慧化的车站运营管理平台功能主要包括：自动开关站、能源管理、智能导向、智慧卫生间等。项目实施后，在方便乘客服务、提升运营管理水平等方面发挥了较好的作用，为后续项目推广应用提供了借鉴和参考。

1. 自动开关站

自动开关站是车站自主运行的重要组成部分，通过采用智能化的手段充分保证开、关站的可靠性和安全性。车站综合管理平台针对车站运营场景需求，制订具体详细的联动下发指令，由各专业系统实现控制指令下发，提示运营人员按照规程操作，并对联动关键步骤的执行状态进行跟踪反馈，如图10-54所示。自动开关站主要包含以下功能：

1）运营前检查。

2）设备自检。

3）一键开站。

4）视频监控、场景联动。

5）一键关站。

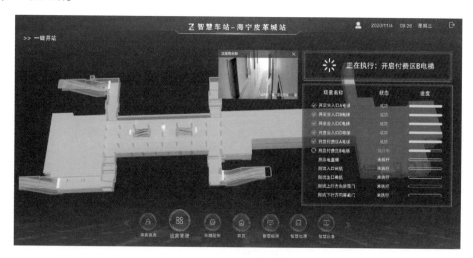

图 10-54　自动开关站

2. 能源管理

针对车站关注用能情况进行同环比、分类分项占比、定额及排名、能耗趋势分析，便于车站值班站长随时掌握本站用能指标，使管理节能有据可依，如图10-55所示。

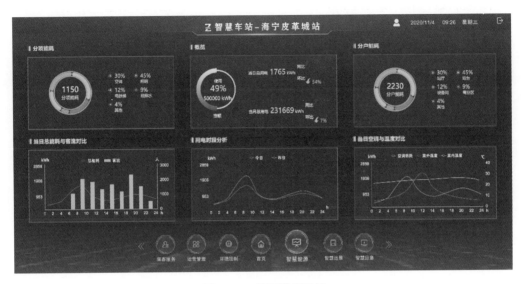

图 10-55　能源管理系统

3. 智能导向

通过设置智能导向，为乘客提供实时动态诱导（含出入口信息、首末班车时刻、车站客流信息、列车服务信息、站内设施设备信息、换乘信息、潮汐客流疏导信息、周边环境与公交接驳信息、公共信息宣传等）以及应急情况下的紧急信息，引导乘客以更高效、更便捷的方式搭乘地铁出行，如图 10-56 所示。

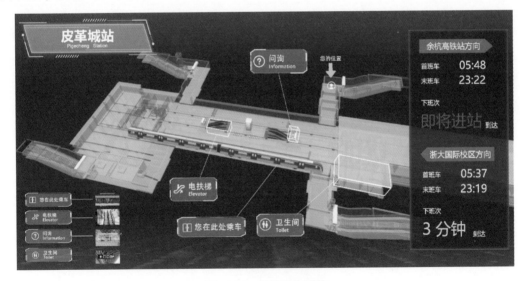

图 10-56　智能导向系统

4. 智慧卫生间

通过设置相应的传感器和 BAS 系统采集相关设备的状态信息，实现卫生间的智能化管理，如图 10-57 所示。

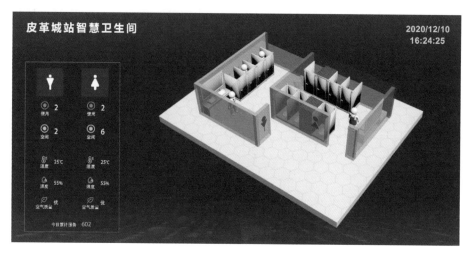

图 10-57　智慧卫生间

10.5　无锡地铁

无锡地铁以 4 号线黄巷站为智慧车站试点，依托智能化、AI 等技术，提高运营效率和管理水平，提升乘客服务质量，解决客运管理中的痛点、难点，满足乘客在不同地铁空间的信息需求。智慧车站主要功能包括：一键开关站、视频智能分析、智能信息查询、乘客引导、车控室综合看板等。

1.　一键开关站

根据运营时刻表，车站在 ISCS 系统上提前编制好时刻表，BAS 系统根据 ISCS 系统预设的时刻表，在规定的时间内按照规定的程序对车站实行自动开站作业。

车站人员通过 BAS 系统检查设备运行状态是否正常，通过视频监控巡查车站运营准备状态，检查无误后，通过 BAS 系统自动唤醒/关闭车站的相关设备，进行开/关站作业，如图 10-58 所示。

图 10-58　一键开关站

2. 视频智能分析

视频智能分析包括视频巡站、扶梯行为分析、客流统计、举手招援、逗留滞留、逃票告警等，并对车站进行 3D 建模，实现可视化管控功能。采用 3D 电子地图的方式实现系统的综合管理功能，可以精确定位事件现场，以便于对应急事件做出及时响应，如图 10-59 所示。

图 10-59 视频智能分析系统

3. 智能信息查询

在车站内通过设置智能信息查询机，实现乘客自助式查询服务。在智慧车站的站厅付费区及非付费区，各设一块智能大屏，乘客可以获取车站地理信息、车站周边信息、车站站厅 3D 结构、车站服务设施信息，进行换乘查询，高效规划出行路线等，如图 10-60 所示。

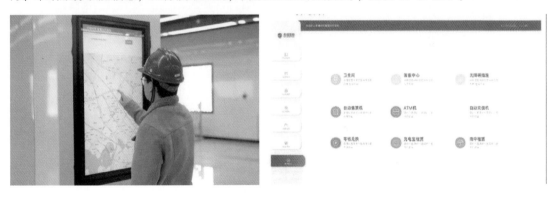

图 10-60 智能信息查询系统

4. 乘客引导

新颖的乘客引导系统，通过调整 PIS 屏的安装位置及方式，结合屏蔽门整体设计，可提高站台候车区域的通透性。通过采集分析车辆环境信息，联动乘客引导系统，结合静态标识，直观提示地铁车厢拥挤程度，有效引导乘客完成自主分流，提升乘客的乘车体验，如图 10-61 所示。

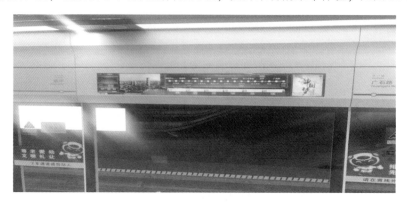

图 10-61　乘客引导系统

5. 车控室综合看板

为结合智慧车站综合管理平台以及建模后 3D 的展示效果，提供友好的车控室人机交互，采用数据统计、智能分析等技术和直观、形象、生动、数字化的展示，可全面展现车站运营管理的总体情况和发展态势，如图 10-62 所示。

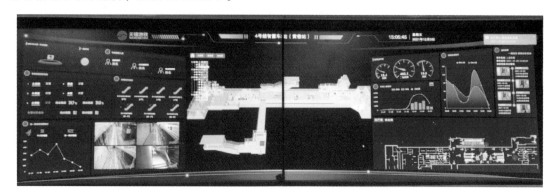

图 10-62　车控室综合看板系统

附　录

城市轨道交通绿色智慧车站建设新技术推荐目录

序号	产品/技术名称	主要技术内容	典型应用	技术依托单位
F1		车站暖通空调系统节能技术		
1	超高效智能环控系统及智慧运维云平台	该系统主要解决轨道交通车站环控系统能效低、运维管理水平差的问题。系统采用融合空调、低压、控制集成于一体的智能环控系统设计及建设模式，通过选配美的全工况高效变频直驱降膜离心机组、大温差宽片距低风阻高效空调机组、全流量高效水泵、变流量变风量高效水塔、低阻力管网阀件、高效变频低压设备及多智能体自适应节能控制系统，实现超高效智能环控系统的高效设计与建设。并利用 BIM 建模指导施工，进行管路碰撞检测、传感器、阀门精准定位以及设备参数校核，形成一套打通设计、供货、施工、调试、运维和认证的全生命周期一站式超高效智能环控系统解决方案 利用云计算、IoT 技术开发云能效智慧运维平台，构建环控系统云能效大数据分析引擎，实现系统及设备态势管理。通过在地铁车站应用超高效智能环控系统及智慧运维云平台关键技术，实现制冷机房能效大于 6.0、环控系统能效大于 4.0 的目标	广州地铁21 号线苏元站、天河公园站、顺德悦然广场等项目	广东美的暖通设备有限公司
2	CFAU 智能清洗过滤装置	CFAU 智能清洗过滤装置由过滤模组、自动清洗模组和智能控制模组组成，是一种集智能清洗、消毒灭菌和节能于一体的空气过滤装置。采用新型过滤材料和智能清洗消毒控制技术，通过智能感知对空气过滤器进行自动清洗和消毒灭菌 该装置可替代传统粗中效过滤器，作为相对独立的设备功能段与相关空调通风产品配套应用，也可以作为独立产品用于对已有的通风空调系统进行改造和完善。安装在组合式空调箱的混合段后方、表冷器前方，也可安装在新风道中 CFAU 智能清洗过滤装置无须进行人工拆卸更换和手动清洗消毒，实现智能运维，并对空调机组的表冷盘管、风机等部件以及通风管道内部保持较高的清洁度，保障室内空气质量和通风空调系统高效节能运行。适用于新建、改/扩建的风量大于 10000m³/h 的空调系统	杭州 10 号线一期工程新兴路站等项目	浙江长城净化工程技术有限公司
3	MSC-X 系列节能控制器及节能软件	MSC-X 系列节能控制器及节能软件是专用于地铁车站通风空调系统的能效优化与节能控制系统，通过通信采集通风空调控制系统的各项参数数据，经由内置的预测及节能算法与节能控制策略高效调控地铁空调通风系统 具有基于运行数据的负荷预测算法，并智能判断和匹配运行模式。以前馈控制为主，反馈控制为辅，通过 Modbus-RTU 或 OPC-UA 协议与综合监控系统进行数据交互。可实现全年综合节能 30% 以上。适用于夏热冬暖（冬寒）气候区域城市轨道交通车站封闭集中式中央空调通风系统的能效优化与节能控制	绍兴市城市轨道交通1 号线工程等项目	灵汇技术股份有限公司

（续）

序号	产品/技术名称	主要技术内容	典型应用	技术依托单位
4	CC-Ⅰ彩钢板复合风管	CC-Ⅰ双面彩钢板复合风管是以0.3~0.5mm双面彩涂钢板为表面加强层，以离心玻璃纤维、改性酚醛和阻燃型聚苯乙烯等材料作为中间夹芯层，采用机械化自动复合流水线工艺制成，板材外表面彩涂钢板面由瓦楞型加强压槽并覆保护膜，以提高风管的抗压强度。法兰连接采用整模PVC槽封闭法兰或铝合金断桥隔热法兰，卡式速装连接 CC-Ⅰ双面彩钢复合风管属于一次成型的模块化产品，风管容重大于80kg/m³，总厚度为30mm。风管在成型后不需要二次保温，产品具有漏风量小、净化空气、强度高、隔热及隔声性能好、杜绝冷桥等特点，是传统风管的理想更新换代产品	杭州地铁5号线一期工程等项目	浙江长城净化工程技术有限公司
5	ZRCCⅡ-DT30地铁空调复合风管	中瑞ZRCCⅡ-DT30复合风管是专门为地铁、高铁等地下空间空调系统研发的第四代彩钢玻纤复合风管。该风管属于新型模块化产品，工厂加工预制，现场拼装组装 风管内外层彩钢板厚度为0.5mm，做防腐耐酸碱处理，内层增加抗菌涂层，中间保温层采用30mm、80K耐高温玻璃棉，并采用双路铝合金断桥隔热法兰，厚度不低于1.2mm，C形铝合金插条连接。防火不燃，耐火极限达1.5h以上	合肥地铁4号线、杭州至绍兴城际铁路、绍兴地铁1号线、南昌地铁4号线、广州地铁8号线、深圳地铁16号线等项目	杭州中瑞瑞泰克复合材料有限公司
6	ZRCCⅡ-PY50排烟防火风管	中瑞ZRCCⅡ-PY50排烟防火风管是一种新型排烟防火复合风管，工作温度可达1260~1680℃。风管外层钢板做防腐耐酸碱处理，厚度为0.6mm。内层钢厚度参照排烟风管钢板厚度，中间保温层采用50mm，120K耐高温硅酸铝纤维，采用热镀锌钢制冷弯一体化专用法兰，钢制C形插条/螺栓连接。法兰也可以采用机制U形法兰和角钢法兰组合 该风管防火等级为不燃A级，耐火极限可达1.5~3h		
F2		车站供配电系统节能技术		
7	HXGN（H）口-12环保型全绝缘全封闭环网开关设备	该设备是用于10kV配电网络的一种模块化、标准化环网开关设备。采用干燥空气为绝缘介质，模块化设计，将电气主回路的各个元器件密封在一个不锈钢箱体里，具有体积小、环境适应性强、免维护、可靠性高、环境友好、绿色环保等优点 HXGN（H）口-12环保型环网柜的标准单元有C、V、D、M、PT等不同方案，不同的功能单元可任意组合成不可扩展单元，实现多样化的单元组合，最大限度满足各地方复杂多样的供配电设计方案。主要由功能单元气箱、操作机构、低压仪表箱、扩展模块、互感器、电缆终端等组成。该设备广泛适用于城市商业中心、工业集中区、机场、车站、高速公路等10kV配电网络系统中	南昌市新力城供配电项目	杭州之江开关股份有限公司

（续）

序号	产品/技术名称	主要技术内容	典型应用	技术依托单位
8	1U 塑料外壳式断路器	良信 NDB6A 系列塑料外壳式断路器（1U 塑料外壳式断路器）主要用于配电箱、电信机房或通信机柜、环控柜、信号机柜中，作为机柜、机房或者下游用户线路的隔离、短路及过载保护 通过模块化实现标准化，安装高度仅为 1U，为传统微型断路器的 1/3，能够提升配电密度，节省建设成本 20%；产品防呆设计，操作便捷，恢复迅速，断电时间短；插拔式接线，使用方便，改造维护方便；开关体积减小到传统的 1/3，配合机框使用占地少，增加容量时，不增加机柜数量，不增加占地面积	宁波地铁 IMTD 智能模块化终端配电系统项目	上海良信电器股份有限公司
9	中性线重叠型自动转换开关电器	该产品采用了切换过程中三相线先分后合、中性线先合后分的技术，解决了原有的 UPS 前端自动转换开关电器切换中因中性线断开引起的设备重启 采用中性线较相线先合后分设计，具有防止相线有电时中性线瞬间悬空功能，中性线与相线同等容量，配备独立灭弧室，通过中性线产品完美解决了现场中性线电压飘移问题 该功能的产品适用于 UPS 前端的电源切换，同时也适用于负载中含强感性负载的配电系统，可有效解决在切换过程中因 UPS 逆变或强感性负载的残压引起末端设备的重启或损坏	苏州地铁 5 号线黄天荡控制中心项目	贵州泰永长征技术股份有限公司
10	硅橡胶干式变压器	硅橡胶干式变压器使用高性能硅橡胶绝缘材料进行高压线圈的浇注，并对变压器高压线圈及变压器铁芯进行优化设计，从而降低变压器空载及负载损耗 作为绝缘和包封材料的硅橡胶材料具有高耐压、高强度、不开裂、不燃烧的特性，耐温可达 -60～250℃，抗击、电、热过载能力极强，确保了变压器的可靠性和稳定性，使用寿命可达 20 年以上 硅橡胶干式变压器能效 1 级（NX1），产品运行噪声小于 50dB，使用寿命结束后，回收率达 99%，属于新一代绿色节能技术。适用于公共建筑、工业厂区、市政交通类供配电项目	晋西公司冲压分厂等项目	上海正尔智能科技股份有限公司
11	非晶合金材料	非晶合金材料是一种厚度极薄的优质导磁材料，是直接从熔融的钢水采用急速冷却技术，铸成带状薄片的高新技术产品，具有优良的导磁性和高强的韧性 由于非晶合金原子排列无序，没有晶体的各向异性，且电阻率高，因此有很高的磁导率和很低的损耗，是优良的导磁材料，目前主要应于制造非晶变压器铁芯。目前国内轨道交通现有的运行场景负载率低，空载时间长，非晶合金材料能够完美契合供电系统的节能方案 通过运行测算，非晶带材单位损耗要明显低于硅钢片，节能优势较为明显；非晶合金材料更适合制作新型节能变压器 非晶干式变压器整体损耗低，稳定性强，维护成本低，报废后铁芯能够 100% 回收再利用	上海地铁 17 号线、4 号线延长线；北京地铁 17 号线、19 号线；济南地铁 R4 线、西安地铁 10 号线；成都 27 号线等	青岛云路先进材料技术股份有限公司

（续）

序号	产品/技术名称	主要技术内容	典型应用	技术依托单位
12	SIWOQ5 系列自动转换开关电器	SIWOQ5 系列产品基本上由三大部分组成：一个双投转换开关、一个智能控制系统和独立的灭弧系统 电动双投转换开关用来分合额定电流及过载电流的电力负载线路；智能控制系统用来实时监测供电电源质量并发出转换命令；开关触头系统采用具有独立的引弧装置和多通道灭弧及耐烧损的银基触头，可提高耐短时故障电流及带载转换闭合的能力 SIWOQ5 的系列自动转换开关电器，适用于交流 50Hz，额定工作电压 400V 以下，额定电流 16~2500A 的紧急供电系统中，以确保对电气负载线路连续供电	武汉地铁3号线、7号线、8号线、21号线及1号延长线等项目	沈阳斯沃电器有限公司
13	SIWOT6 系列自动转换开关电器	SIWOT6 系列自动转换开关电器产品优化了结构设计，开关本体采用了整体式结构，确保两路开关的独立、可靠运行。为避免在双电源转换过程中的并列运行，SIWOT6 采用互锁操作结构，确保产品在转换过程中的可靠、稳定 SIWOT6 系列自动转换开关电器产品采用了独立双触头结构设计，能对接通和分断过程中的电弧进行优化处理。操作机构采用蓄能机构和励磁驱动相结合的方式，可实现双电源开关本体的快速接通和分断，到位保持设计也使开关的触头压力得到提升，提高了短时耐受能力 SIWOT6 系列自动转换开关电器支持抽出检修及固定安装两种方式，适用于工业、交通基础设施、公共建筑、民用建筑、电厂、通信、数据中心等多种应用领域	武汉地铁3号线、7号线、8号线、21号线及1号延长线等项目	
14	应急备用照明电源	轨道交通应急备用照明电源由集中控制显示单元、逆变主机单元、充电单元、电池检测单元、开关量采集单元、双电源切换、蓄电池组等组成，各功能单元整合于应急电源柜之中。正常情况下，由车站内低压动力照明系统引进双电源后，市电正常供电条件下，通过应急备用电源内的旁路机构，经过配电开关直接输出，同时市电通过充电器（$n+1$）给蓄电池组充电储能，逆变器处于休眠节能状态，作为应急备用 当车站内低压动力照明系统供电发生故障时，蓄电池的直流电能，通过应急备用逆变器，变换成交流电能，供站台的应急照明使用。应急备用电源系统具有 FAS 和 BAS 功能接口，能够实现城市轨道交通综合监控系统（ISCS）对于电源系统的远程控制和管理。适用于低压动力照明系统，安装在轨道交通站厅、站台层，各照明配电室内，负责当市电失电后为车站及区间的应急照明提供电源	合肥地铁2号线二期工程等项目	合肥联信电源有限公司
15	消防应急照明与疏散指示系统	消防应急照明与疏散指示系统由应急照明控制器、应急照明集中电源、集中电源集中控制型消防应急标志灯具、集中电源集中控制型消防应急照明灯具等组成，是集中电源集中控制型系统，系统以集中控制器为核心，通过数据线互联，融合了电力电子技术、通信物联技术和智能控制技术等，实现了消防照明疏散系统与城市轨道交通综合监控系统（ISCS）的集成与互联，以及系统设备的智能化监测与管理 该系统可应用于高铁、轻轨、地铁、停车场、车辆段、物业等公共场所	郑州机场至许昌市域铁路工程(郑州段)等项目	

（续）

序号	产品/技术名称	主要技术内容	典型应用	技术依托单位
16	Smart-HG 型静止式动态无功功率补偿及谐波抑制装置（SVG）	该装置采用高压大功率开关器件构成主电路，利用现代控制理论、信息处理技术和计算机技术，实时跟踪电网无功功率及谐波的变化，并按指令要求连续迅速地进行补偿 在轨道交通中，由于车站多，使得配电系统的变压器数量庞大，消耗大量的感性无功功率。当轨道牵引机组满负荷运行时，系统总功率因数较高，而在非营运时间，功率因数大幅降低。轨道交通中的直流牵引机组、变频空调和变频风机是轨道交通供电系统的主要谐波源。在轨道交通系统中使用 SVG，能有效补偿供电系统的无功功率，消除谐波影响，降低系统损耗和运营成本，提高安全运行水平	郑州地铁 SVG 项目	海南金盘智能科技股份有限公司
17	轨道交通用变压器	金盘科技研发的轨道交通用变压器包含动力变压器、牵引整流变压器、能馈变压器、电抗器等。变压器采用优质环氧树脂，并混合适当比例的无机填充材料作为浇注材料。浇注工艺过程中采用静态混料及薄膜脱泡专利技术，为形成完好的绝缘体提供了重要保障，线圈的局部放电量小于 5pC。铁芯采用高导磁晶粒取向硅钢片、非晶合金材料，主要类型包括：SC（B）、SC（B）H、ZQSC（B）、ZQSC（B）H、BKSC 等 该变压器具有容量大、电压等级高、绝缘性能好、局放小、体积小、过载能力强、抗短路能力强、耐雷电冲击能力强、散热性能优良、噪声低、效率高、阻燃环保、无污染、免维护等优点 产品广泛用于主变电所、牵引降压混合变电所、降压变电所及跟随所等	北京地铁 16 号线、北京地铁 14 号线、深圳地铁 3 号线、广州地铁 9 号线、合肥地铁 3 号线、厦门地铁 2 号线等项目	
18	SAVE—RT/BⅠ型城市轨道交通双向变流牵引供电机组	双向变流器采用了基于全控电力电子器件 IGBT 的 PWM 整流器主电路拓扑和控制策略。可以实现高功率因数、低谐波含量以及高稳定直流电压的要求。同时，系统可实现能量的双向流动。正常情况下，PWM 整流器运行于整流状态，能量从交流侧往直流侧传递，输出稳定的直流电压；当列车再生制动时，若制动能量大，直流电压升高到设定值时，PMW 整流器运行于逆变状态，把能量回馈到交流电网，从而节约了大量能源 旧线路提升改造需要考虑机房空间和可靠性，一般建议采用双向变流器和整流机组混合供电方案。新建地铁线路，建议采用全双向变流牵引供电，系统指标更高，节能效果更好	北京地铁房山线大学城北站项目	
19	城市轨道交通牵引供电电力设备智能运维系统	该系统主要实现针对地铁供电电力设备提供健康状况在线监测及对地铁系统各个用电环节进行能耗统计与分析。系统由电力设备状态参数采集终端和各个环节电量计量装置、智能网关设备、系统平台等三层架构组成，不接入互联网，以保证供电和数据的安全性 具备电力设备故障自诊断、健康状态分析、故障提前预警，并提出检修办法。同时，对采集的能耗数据，上传到系统平台开展全环节和全要素能耗数据采集、计量和可视化监测，融合机理分析、大数据等技术，进行能源消耗量预测，实现关键装备、关键环节能源的综合平衡与优化调度	昆明市轨道交通 5 号线项目	
20	有轨电车专用牵引式变电站	有轨电车专用牵引变电站是把区域电力系统送来的电能，根据电力牵引对电流和电压的不同要求，转变为适用于电力牵引的电能，然后分别送到沿铁路线上空架设的接触网，为电力机车供电，或者送到地下铁道等城市交通所需的供电系统，为电动车辆供电的专用设备 该方案集成整流变、动力变、高压柜、整流器、直流柜、轨电位、交直流屏、通信设备等总计约 30 余台设备的安装、检测和对点调试等	广安市比亚迪跨座式单轨产业配套旅游专线（箱式变电所）项目	

（续）

序号	产品/技术名称	主要技术内容	典型应用	技术依托单位
F3		车站给水排水与水处理技术		
21	物联网消防给水成套机组	物联网消防给水成套设备由硬件和软件两部分组成，硬件部分包括消防专用水泵、物联网消防专用控制柜、进水阀组、出水阀组、自动工频巡检阀组、智能末端试水装置及物联网消防专用仪器仪表等组件，软件部分包括物联网消防给水系统软件平台及手机移动终端监控软件 机组坚持工业化成套生产和测试的原则，具有标准化、数字化、智能化的特点。采用多功能集成一体式物联网消防专用控制柜，实现消防水泵控制、机械应急启动装置（内置一体式）、自动低频（工频）巡检、自动末端试验、声光报警、故障状态信息推送、信息查询和导出等智慧运维功能 该机组可适用于轨道交通、交通枢纽、机场、商业及公共场所的消防给水系统	郑州地铁3号线；深圳地铁14号线、16号线；徐州地铁2号线；重庆五里店交通枢纽站等项目	洪恩流体科技有限公司
22	热熔对接钢丝网增强聚乙烯复合管道	钢丝网增强聚乙烯复合管材是以缠绕在管材中分布均匀的高强度钢丝为增强骨架，其内外层以高密度聚乙烯为基体，并通过热熔胶复合经连续挤压而成型的新型环保管材。这种复合管克服了钢管和塑料管各自的缺点，而又保持了钢管和塑料管各自的优点。具有耐压、抗冲击、耐腐蚀、卫生性能好、使用寿命长等优点，特别是在柔性、耐蠕变性、耐环境应力开裂、承受强度的韧性方面，其优越性更加明显，可有效解决金属管道易腐蚀的缺点，同时克服了非金属管道不耐压、力学性能差的缺陷 此类管道可适用于轨道交通生活、生产系统的给水输送	湖州市雷甸通航产业园安置三期室外工程等项目	康泰塑胶科技集团有限公司
23	埋地排水用聚乙烯共混聚氯乙烯（MPVE）双壁波纹管	MPVE双壁波纹管是通过刚性材料与柔性材料、工程塑料与通用塑料等高分子共混加工而成的新型管材，实现了各种材料的优势互补，使管材刚柔兼备，轻质高强，性能卓越，材料本身的刚度是PE和PP的2~4倍，口径可达DN1400mm MPVE双壁波纹管道采用全塑料、非缠绕一体型成型的新工艺，质量稳定，性能可靠，管材自带承口柔性连接接口，承口连接处环刚度与管材本体环刚度差距小，可避免传统PVC-U等排水管材因管材接口环刚度低，长期系统密封性差而导致的渗漏现象 MPVE可适用于轨道交通污水、废水的排放	万源市八台等6个乡镇污水处理设施建设项目	
24	飞力潜水轴流泵	飞力潜水轴流泵具有低扬程、大流量的特点，为无堵塞水泵，采用创新叶轮，不论水体有多脏，都不会发生堵塞。最高节能可达25%，如选用高效电动机和智能控制系统总体节能率可达70%。其中，飞力N泵系列，可订制水力部分以满足几乎所有应用的要求 对于典型的污水应用，可选用硬化铸铁型；对于切断长纤维或固体的应用，可选择切割型。腐蚀性介质可使用高铬铸铁型 流量：0~11800m³/h，扬程：2~108m，额定功率：1.3~680kW。飞力可通过计算机流体动力学CFD技术，对泵站进行分析模拟，为泵站设计提供最优的解决方案，并降低项目的风险并节约时间和成本	重庆轨道交通9号线一期工程等项目	赛莱默（中国）有限公司

（续）

序号	产品/技术名称	主要技术内容	典型应用	技术依托单位
25	智能缠绕式感应水处理技术	该技术是利用感应式电磁场结构，由主机输出若干高频脉冲信号群至多组电感线圈上，并在电感线圈上产生电磁场形成磁场，磁场线不断切割水中流动的钙镁离子，扰乱水分子排列次序，改变水分子结构，使晶体表面光滑无法附着在金属内壁上形成流离状态，从排垢口排出，达到防垢作用 该技术由缠绕式全频道感应水处理器和绕组线圈组成，其中，绕组线圈直接在管道外安装，不增加水流阻力，无须改选管道，无须停机。缠绕式全频道感应水处理器采用微电脑控制，具有自动报警功能，可根据管道的实际流速多档位调整，采用全物理全频道的方式对水质进行处理 该设备建议安装在需保护的设备进水端，除垢除锈、杀菌灭藻效果明显，运行成本极低，是理想的纯物理方式的水处理设备。全频道智能感应式水处理器与旁滤立式不锈钢高精度过滤器可配套使用，还可以安装管道视镜（内部可视）接头随时查看管道内部情况	广州地铁、苏州地铁等项目	广州水大陆环保科技有限公司
F4		车站分布式光伏发电技术		
26	组串式逆变器	作为光伏发电系统的核心设备，光伏逆变器负责将光伏组件输出的直流电转换为可并网的交流电。中车系列化光伏组串式逆变器（60kW、70kW、80kW、110kW、136kW），应用场景适配中小型工商业屋顶、山丘电站等380V或10KV电压并网发电系统 其中，60kW、70kW、80kW系列化组串式逆变器适应更多复杂场景光伏发电系统，380V接入用户配电网逆变器具备以下优势： 高效发电方面，采用多路MPPT设计，复杂应用场景提升发电量；单串最大直流13A，支持大功率双面组件接入；集成PID可夜间修复，提升系统发电量 节约投资方面，支持铝线接入，节省交流线缆成本；支持4G/WIFI多种通信方式，节省通信线缆及施工成本 可靠性方面，整机采用IP66防护等级，防腐等级采用C5设计，适应各种恶劣环境；IP68采用智能风扇散热，低温升，长寿命 智能化方面，组串检测及 I - V 扫描，可精确定位异常组串；有功满载时功率因数可达0.9，同时支持夜间SVG功能	长沙地铁1号线尚双塘车辆段2.1MW分布式光伏电站	株洲中车时代电气股份有限公司
F5		车站防水防渗技术		
27	现浇混凝土抗裂防渗成套技术	现浇混凝土抗裂防渗成套技术通过抗裂性设计、材料优选、施工工艺等多个环节控制，精准调控混凝土开裂风险，抑制混凝土收缩裂缝，从而提升混凝土刚性自防水性能。主要是在控制原材料质量，并辅以工艺措施的基础上，在开裂风险较高的侧墙、顶板混凝土中掺加胶凝材料用量8%～10%的HME®-V混凝土（温控、防渗）高效抗裂剂，即每 m^3 混凝土掺加抗裂剂的量为30～32kg 抗裂防渗成套技术的应用，增加的成本和单次裂缝修补费用相当，可降低混凝土最大温升5～10℃、温降阶段收缩40%以上，能够实现混凝土无贯穿裂缝。减少混凝土原生缺陷，降低有害介质传输速率，提升钢筋混凝土服役耐久性，大幅度延长构筑物的服役寿命 本技术适用于具有抗裂防渗需求的各种地下现浇混凝土结构	常州、徐州、南京、南通、无锡、苏州、青岛等轨道交通车站项目	江苏苏博特新材料股份有限公司

（续）

序号	产品/技术名称	主要技术内容	典型应用	技术依托单位
28	高分子自粘胶膜防水卷材及预铺反粘技术	地下工程预铺反粘防水技术是采用高分子自粘胶膜防水卷材（P类），空铺在基面上或机械/热熔固定于支护结构侧面，然后浇筑结构混凝土，使后浇混凝土浆料与卷材紧密结合的预铺反粘工法施工技术 该卷材是以特制的高密度聚乙烯膜为主防水层、主防水层上设置塑性凝胶层和防粘耐候层复合制成。采用预铺反粘法施工时，在卷材表面的胶粘层直接浇筑混凝土，液态混凝土与整体合成胶相互勾锁，混凝土固化后，与胶粘层形成完整连续的粘接。主防水层具抗冲击性、耐穿刺、耐腐蚀的优良性能；高分子自粘胶层可与后浇混凝土发生物理化学结合以提升高分子自粘胶与混凝土的粘结力，具有缓冲、抗变形、自愈性及破损限制和疏水功能；防粘耐候层具有耐污染、防晒、耐老化、可上人施工的特殊性能，在混凝土固化后卷材与混凝土之间形成牢固连续的粘接，从而实现对机构混凝土直接的防水保护 采用高分子自粘胶膜防水卷材预铺反粘工法施工，一二级防水工程单层使用时可达到防水要求，简化工序、降低防水工程造价 适用于矿山法开挖的公路、铁路、地铁隧道以及明挖涵洞与各种地下建筑工程	苏州地铁3号线、厦门地铁1号线、北京地铁6号线、呼和浩特地铁2号线、西安地铁3号线、重庆地铁4号线、南京地铁4号线等项目	北京东方雨虹防水技术股份有限公司
29	天然钠基膨润土防水毯	天然钠基膨润土防水毯（Geosynthetics Clay Liners，简称 GCL 或防水毯）是一种高性能土工防渗材料，常用类型为针刺加强型，是经针刺工艺把膨润土固定在两层土工织物之间而制成的毯状防水卷材 防水毯防渗主要是利用膨润土遇水膨胀的性质，膨润土遇水水化，使其主要成分蒙脱石吸水发生层间膨胀，在两层土工织物构成的受限空间内形成致密的凝胶态防水层。此外，可以通过在 GCL 的土工织物上覆土工膜、喷涂涂层，或对膨润土进行改性处理，以进一步提升 GCL 防渗性能和应用范围。防水毯中膨润土为主要防水物质，两侧的土工织物夹持膨润土并提供力学性能。防水毯施工简单方便，防渗隔离性能优异，渗透系数≤5×10^{-9}cm/s 主要适用于地铁、隧道、人工湖、垃圾填埋场、机场、水利、路桥、建筑等领域的防水、防渗工程	定远县炉桥镇非正规填场治理项目垂直防渗墙工程、霍山县生活垃圾填埋场封场项目垂直防渗工程等	天津中联格林科技发展有限公司
F6		车站支架系统		
30	预埋槽道支架系统	轨道交通应用预埋滑槽的技术替代传统后置锚栓开孔固定的安装方式，可以做到对隧道结构零损伤，能延长工程使用寿命；可以提高设备安装效率，改善安装环境，节省费用，缩短工期；运营期间设备及管线的更换、增加等更加方便。由于预埋滑槽的免维护、免更换，在隧道的全生命周期可节省大量费用，具有很好的经济性 主要适用于地下隧道各类管线和设备的固定、站厅及站外各类机电设备、护栏、建筑构件的固定	无锡地铁S1线锡澄段一期工程	广东坚朗五金制品股份有限公司

（续）

序号	产品/技术名称	主要技术内容	典型应用	技术依托单位
F7		车站站台门节能技术		
31	站台门整体模块化预组装技术	该方案将站台门以模块为单元进行划分，采用整体装配式方式。单元模块结构包含门机、滑动门、应急门、固定门、门槛和盖板等 模块单元部件均在厂内进行组装测试，站台门整体完成后，通过特殊的运输托盘和工装设备运至施工现场进行安装、调试。有效减少了现场施工量，提升了站台门系统的稳定性，节省现场施工时间，缩短整个项目建设周期，节约了人工及安装成本	宁波轨道交通 5 号线一期工程站台门项目	宁波中车时代电气设备有限公司
32	基于复合材料的站台门整体绝缘技术	该方案基于绝缘材料的整体绝缘研究理论，配合金属件与绝缘材料整体成型的生产工艺，采用模块一体化的设计方式，研制出具备绝缘技术的站台门装置。以提升站台环境安全系数为目标，并且通过采用整体绝缘技术的站台门设计，攻克轨道交通系统站台门整体绝缘与部件整体成型关键技术，以实现设计、建设和运营全生命周期内资源的合理配置 采用基于绝缘材料的整体绝缘设计方式，在解决站台门绝缘失效问题的同时，进而降低运维成本。该复合材料采用的是玻纤 + 丙烯腈纤维 + 预氧纤维作为增强纤维，是聚氨酯型材挤拉体系的改良纤维，使用寿命达 30 年以上	广州地铁 8 号线北延段工程	
33	站台门智能运维系统	该系统关键技术在于利用列车运行时产生的各类数据，经过信号处理和数据分析等运算手段，以实现对复杂系统的健康状态检测、预测和管理 智能运维系统包含数据采集单元、服务器、网络设备、客户终端等。系统为模块化、易扩展和高可靠性智能诊断系统，能实时更新数据 站台门智能运维系统可实现对站台门系统的全方位监控，获取各个站点 PSC、门机系统（含 DCU、电动机、门头锁）、电源系统、探测装置的数据，对数据进行数据接入、数据处理、数据存储等操作，基于获取的数据进行数据应用，以实现全线级设备的远程状态监视、健康管理、设备数据统计分析及故障诊断专家辅助等功能	宁波市轨道交通 5 号线等项目	
F8		车站绿色装饰装修材料		
34	墙柱面烤瓷铝板	烤瓷铝板是将烤瓷涂料喷涂在铝或铝合金等金属材料上，经烘干硬化生成的复合装饰板材。表面图层陶瓷涂料为新型无机纳米材料，长效耐候，A 级防火，火灾时不产生有害气体 烤瓷铝板质轻强度高，3.0mm 厚铝板重量约 8.13kg/m²，抗拉强度 145 ~ 195MPa。工艺性好，可加工成平面、弧形和球面等各种复杂的几何形状。烤瓷铝板表面涂层均匀、色彩多样，硬度 6 ~ 9H，耐久性好，耐热温度可达 2000℃。图层表面没有静电，空气中的灰尘不易粘附，污染物质容易清净，铝板可 100% 回收利用 烤瓷铝板适用于人员密集的公共空间、地铁站、机场候机楼等墙面和柱面的装饰	西安地铁奥体中心站、北京地铁房山线四环路站、北京地铁 7 号群芳站等项目	上海优缘建材有限公司

（续）

序号	产品/技术名称	主要技术内容	典型应用	技术依托单位
35	金属吊顶〔铝方（圆）通、铝平（弧）板〕	金属吊顶主要采用铝方（圆）通、铝平（弧）板等形式，铝合金型材表面用聚酯粉末或氟碳喷涂，图层颜色可根据设计师的要求配色。吊顶铝单板采用3000系列的基材，铝板常规厚度为1.5mm、2.0mm、2.5mm、3.0mm。根据需要可加工成各种形状，如长方形、梯形、扇形、圆弧形、扭曲面、双曲面圆弧等的造型。安装施工方便快捷，可回收再利用 铝方（圆）通及铝板吊顶适用于地铁站的站台及站厅、机场候机楼、会议厅、歌剧院、体育馆等大型的公共空间	北京地铁7号线黄厂村站、高楼站；北京新机场线草桥站；北京地铁17号线次渠站	上海新大余氟碳喷涂材料有限公司
36	阿路美格A级防火金属复合板	该金属复合板是一款采用不燃无机材料作为中间芯材，双面金属表皮（铝、镀锌钢板等金属材料）作为装饰面的三层结构复合装饰材料 该金属复合板常规厚度为4mm，单板最大宽度可达2m，长度可达10m。根据不同场景，金属表面可选用纳米涂层、阳极氧化、烤瓷等特殊工艺处理，颜色多样丰富。板材表面硬度可达6H以上，具有强大的防火优势，燃烧性能达到A级，1500℃左右高温下，2h不烧穿。无机芯材来自天然，绿色环保。金属复合板隔声系数为26dB，同时具有隔热、质轻、无毒无味、安全环保等优质特性 适用于轨道交通车站、机场、隧道等公共场所的墙面和顶面装饰	绍兴轨道交通1号线、上海江浦隧道等项目	江苏协诚科技发展有限公司
37	铝蜂窝复合保温板装配式幕墙系统	该系统单元板块由面板、铝蜂窝、单元板块铝边框、保温层、密封防水胶条等组成，龙骨挂接系统由安装在现场主体结构上的龙骨及配套挂件组成 该系统为集建筑外围护结构、外装饰为一体的从材料到安装技术的完整构造系统；置于建筑物外墙外侧，与基层墙体之间采用锚栓锚固的连接方式，是一种对建筑物起到保温、防护和装饰作用的构造系统 该系统具有工厂化制作、模块化装配、循环拆装使用、绿色节能环保、轻质安全、装饰保温一体化等特点 系统安装板块可三向调节，采用防水结构闭环，具有A级防火阻燃性能、系统热传导阻断和独立板块可拆卸功能	常州地铁2号线、南京高铁南站、重庆江北机场、常州奔牛机场、交通银行等项目	
38	室内装配式铝蜂窝复合墙面板系统	该系统由复合型单元板块和龙骨挂接（或插接）系统组成。其中，单元板块是由装饰面层、过度板、夹层、底板层等材料组成，龙骨挂接（或插接）系统由现场安装在主体结构上的龙骨及配套挂件组成，属于建筑内集围护结构功能、内装饰效果于一体的集成化系统 该系统集防火、保温、隔声、轻质、防水、耐候、耐久、环保等功能于一身，采用工厂化生产、现场装配化施工。质量可靠、保温性能优异、安装工艺简单，是一种理想的建筑内围护结构用节能、防火、装饰材料	常州地铁2号线、南京高铁南站、重庆江北机场、常州奔牛机场、国家会展中心、中国尊、华为生产基地办公区、交通银行等项目	江苏长青艾德利装饰材料有限公司
39	装配式铝蜂窝复合板吊顶系统	装配式吊顶系统面板为新型复合型一体板，由装饰面层、过度板、夹层、底板组成。龙骨插接系统由现场安装在主体楼板上的龙骨及配套挂件组成。装配式吊顶从材料到安装技术具有完整的工厂生产及制作标准，对建筑物起到隔声、装饰作用的构造系统 该系统有挂式和插入式两种安装体系，饰面层主要有铝蜂窝板、超薄石材复合板、金属瓦楞板、穿孔吸铝板等多种结构体系。产品重量轻、强度高、刚度好、耐蚀性强、隔热隔声、性能稳定，具有自洁能力		

（续）

序号	产品/技术名称	主要技术内容	典型应用	技术依托单位
40	东星无机水磨石	东星无机水磨石是一种新型环保材料，采用大理石、花岗岩、石英岩、贝壳等天然材料为骨料，通过物理高频振动与真空高压成型，内部密实，能有效避免细菌滋生 原材料采用进口 P. W525 级白水泥，白度≥90，是白度高、强度高、稳定性能高的绿色环保水泥。采用意大利进口无机液，可增强产品密度、提升产品亮度，减少孔洞，避免产品病变，保证性能稳定 东星无机水磨石产品种类丰富、花色可随意订制，也可加工出各式艺术造型。具有防火阻燃、无烟毒、耐冻融、耐腐蚀、耐磨等性能优势，施工便捷，养护轻松 常规大板规格：2400mm×1600mm、2700mm×1800mm、3200mm×1600mm；规格板加工建议：800mm×800mm、900mm×900mm、800mm×1200mm；厚度可按需切割 广泛应用于地铁/高铁车站、机场、商场、酒店、医院等公共场所的墙、地、台面装饰	嘉兴森林火车站、深圳地铁 6 号线、杭州地铁 1 号线、成都天府国际机场等项目	福建泉州南星大理石有限公司
41	环球无机人造石	无机人造石是一种高品质新型绿色环保建材，是以水泥或其他无机胶凝材料为粘合材料，以天然石材碎（粉）料和/天然石英石（砂、粉）等为主要原材料，加入颜料及其他辅助剂，经搅拌混合、凝结固化等工序复合而成的材料 主要组成成分为：水泥 + 骨料（石英砂颗粒/碳酸钙颗粒）+ 粉料（石英粉/碳酸钙粉）+ 颜料 + 其他助剂 无机人造石绿色环保、防火性能优异、大规格、耐候性好、花色工艺丰富，常规规格型号包括 600mm×600mm、800mm×800mm、3000mm×1200mm 等。主要用于建筑装饰工程内外墙面、地面、台面等部位的铺装	港铁 4 号线、深圳地铁 10 号线、西安三体会议中心、深圳南山外国语学校等项目	东莞环球经典新型材料有限公司
42	节能智慧的公共卫生间	该方案以智能配置为核心，引入箭牌多功能智能坐便器与感应式小便器。增加智慧化妆区，配备智能镜为旅客提供时间、天气等实用信息；配备自动感应门方便进出；针对不同的用户群体，深入分析他们的痛点需求，打造多样化的场景空间 亲子卫生间（第三卫生间）：更加方便带小孩和需要陪护的旅客，解决儿童无人看护的问题，减少儿童走失的风险 无障碍卫生间：通过舒适简洁的设计色调，配备无障碍卫浴设施，自动感应门方便轮椅的出入，为残疾人士提供舒适安全的卫生间环境。具有全自动冲洗烘干功能的智能坐便器，解决残疾人士如厕的后顾之忧 母婴室：呈现出更温馨的视觉效果，更舒适的哺乳体验，更便捷安全的护理、清洁体验。在空间打造上全面整合了箭牌的定制柜、洗手台、智能免触的感应器龙头、智能坐便器 公共区域：全部采用自动感应龙头加自动皂液器的产品组合，减少接触与病毒传播，同时贴心地为女士增设美妆区。公共区建议以蹲便为主，减少和避免病菌接触式传播 体弱人士：对于体弱人士配备感应式智能坐便器、感应式蹲便器、感应式小便器，并配备助力扶手	深圳北站高铁站、苏州站高铁站、景德镇高铁站、襄阳高铁站、绍兴东关高铁站等项目	广东乐华智能卫浴有限公司

（续）

序号	产品/技术名称	主要技术内容	典型应用	技术依托单位
F9		智慧车站技术		
43	轨道交通智能集中判图系统	轨道交通车站集中判图系统功能由通道式 X 射线安全检查设备、智能判图设备、开包工作站、远程判图工作站、集中判图服务器配合实现。设备分布在车站安检区、区域集中判图中心。每个集中判图室包含多台判图工作站，为一个集中判图中心，每个判图中心通过安检专用网络，远程对管理范围内车站安检点进行远程集中判图。智能集中判图系统是以"机器识图为主，人工远程判图相结合"的新型智能安检系统 集中判图系统由安检区系统、集中判图服务、判图中心三部分组成。该系统具有远程实时判图、判图任务调度、智能辅助判图、开检任务下发、判图工作管理等功能	西安地铁 5 号线一期、6 号线一期；西安地铁 14 号线等项目	北京声迅电子股份有限公司
44	以被动式太赫兹成像人体安检设备为主体的综合智能安检系统	该系统是通过对各设备相关系统资源进行整合和集中管理，建立一套以人为核心的智慧安防集成平台。以太赫兹系统为核心，采用业务组件化技术，满足平台在业务上的弹性扩展，实现统一部署、统一配置、统一管理和统一调度。平台含有以下子系统：预警子系统，包括客流密度监测、智能行为分析和人脸识别等功能；智能化人物同检子系统；人脸识别收费闸机；智能服务大数据后台 被动式太赫兹成像人体安检系统作为核心系统，该系统是采用被动式太赫兹实时成像技术，其基本工作原理是通过探测人体自身对外发射的位于太赫兹频段内的黑体辐射电磁波能量，获得人体在系统工作频段内的全身强度图像，如果被检测人携带有隐匿物体，就会在强度图像的对应位置形成对应形状的强度对比区域，再通过智能识别手段，就可以实现对隐匿物体的自动检测和报警 该系统通常与 X 光机配合使用，构成一套智能综合安检系统，该系统承担其中的人体安检部分。设备安全无辐射、检出违禁品范围更广泛、保护隐私、非接触式检查、智能识别、自动预警、快速高效，可实现每小时 1500 人以上的安检速度 广泛适用于轨道交通行业、公检司法、监所、机场、大型活动场所的安检	上海地铁、广州地铁 9 号线花都广场站、合肥地铁、深圳地铁福田站、上海进博会等项目	博微太赫兹信息科技有限公司
45	智慧 PIS 系统	创建智慧 PIS 系统，以提高乘客服务的便捷化、舒适化、智能化水平。主要功能是提供智慧出行咨询，聚合多平台出行服务内容，按乘客出行需求订制化提供多种出行解决方案。在传统 PIS 系统基础上，智慧 PIS 系统具有更多的融合性 智慧 PIS 系统与智能导向系统结合，替代传统静态灯箱导向指示，实现车站站台、站厅、出口、入口、换乘通道、付费区/非付费区的无死角覆盖，具备每块 LCD 屏播放不同画面的能力。对于车站上、下站台，可实现每组 LCD 显示屏显示相同的画面 智慧 PIS 系统与车站广播系统结合，广播内容与显示内容一致，实现广播与乘客信息系统的同步信息发布。同时在紧急情况下，控制中心可发送指令，触发乘客信息屏与站内广播系统进行紧急信息的同步发布 智慧 PIS 系统设备包括车站服务器、显示控制器、显示终端（LED、LCD）、电子导引屏、交换机等设备	呼和浩特 1 号线、深圳地铁 6 号线、济南 R2 号线等项目	北京冠华天视数码科技有限公司

（续）

序号	产品/技术名称	主要技术内容	典型应用	技术依托单位
46	基于视觉 AI 算法的安全检测与管控方案	该方案是从客流管控、异常行为管控、业务流管控三方面入手，致力于打造一个高效运营管理、快速安全通行的智能地铁车站。通过智能分析，对地铁乘客实现主动管控，意外事件做到事前预警；同时，挖掘数据价值，提高地铁运营管理效率。目的是解决地铁运营中的安全问题、业务压力、服务水平 　　利用博观自研 AdapNet 算法引擎赋能，模型精度高，误报率低，实际使用效果体验更好。重点针对车站客流统计、客流密度检测、客流受阻检测、人员徘徊、人员奔跑、人员跌倒检测、隔栏传物、区域入侵检测、轮椅检测、物品遗留检测、扶梯逆行检测、逃票检测、值岗检测、烟火检测、卷帘门下站人等智能业务提供智能算法 　　该方案全场景覆盖，可部署在多个地区，包括地铁出入口、换乘通道、站厅、站台、安检区、电梯、闸机口等地	西安地铁 5 号线、深圳地铁 1 号线等项目	济南博观智能科技有限公司

参 考 文 献

[1] 中国城市轨道交通协会. 中国城市轨道交通智慧城轨发展纲要 [R]. 2020.

[2] 住房和城乡建设部. 绿色建造技术导则（试行）[R]. 2021.

[3] 住房和城乡建设部. 城市轨道交通工程创新技术指南 [R]. 2019.

[4] 中国城市轨道交通协会，中国建筑节能协会. 绿色城市轨道交通车站评价标准：T/CAMET 02001—2019，T/CABEE 002—2019 [S]. 北京：中国建筑工业出版社，2019.

[5] 住房和城乡建设部. 地铁设计规范：GB 50157—2013 [S]. 北京：中国建筑工业出版社，2014.

[6] 广州地铁集团有限公司. 新时代城市轨道交通创新与发展 [M]. 北京：人民交通出版社股份有限公司，2019.

[7] 全球能源互联网发展合作组织. 中国碳中和之路 [M]. 北京：中国电力出版社，2021.

[8] 李玉街. 中央空调系统模糊控制节能技术及应用 [M]. 北京：中国建筑工业出版社，2009.

[9] 刘静纷. 变风量空调模糊控制技术及应用 [M]. 北京：中国建筑工业出版社，2011.

[10] 叶水泉，刘月琴，应晓儿，等. 变风量空调系统设计与应用 [M]. 北京：中国电力出版社，2016.

[11] 叶大法，杨国荣. 变风量空调系统设计 [M]. 北京：中国建筑工业出版社，2007.

[12] 罗燕萍. 地铁车站高效空调系统设计方法与能效评价 [M]. 北京：中国建筑工业出版社，2019.

[13] 中国建筑科学研究院. 变风量空调系统工程技术规程：JGJ 343—2014 [S]. 北京：中国建筑工业出版社，2014.

[14] 中国建筑节能协会，中国城市轨道交通协会. 轨道交通车站高效空调系统技术标准：T/CABEE 008—2020，T/CAMET 02003—2020 [S]. 北京：中国建筑工业出版社，2021.

[15] 席裕庚. 预测控制 [M]. 北京：国防工业出版社，2013.

[16] 唐受印，戴友芝. 工业循环冷却水处理 [M]. 北京：化学工业出版社，2003.

[17] 社团法人日本空气净化协会. 室内空气净化原理与实用技术 [M]. 杨小阳，译. 北京：机械工业出版社，2016.

[18] 许钟麟. 空气净化器——特性、评价与应用 [M]. 北京：中国建筑工业出版社，2017.

[19] 吕玉恒. 噪声与振动控制技术手册 [M]. 北京：化学工业出版社，2019.

[20] 续魁昌，王洪强，盖京方. 风机手册 [M]. 北京：机械工业出版社，2011.

[21] 车轮飞. 地铁暖通空调工程常见问题及分析 [M]. 北京：中国建筑工业出版社，2015.

[22] 珀蒂琼. 全面水力平衡暖通空调水力系统设计与应用手册 [M]. 杨国荣，等译. 北京：中国建筑工业出版社，2007.

[23] 中国建筑标准设计研究院. 全国民用建筑工程设计技术措施——建筑产品选用技术（水、暖、电）[M]. 北京：中国计划出版社，2009.

[24] 中国建筑标准设计研究院. 全国民用建筑工程设计技术措施节能专篇——暖通空调·动力 [M]. 北京：中国计划出版社，2007.

[25] 杨艳红，赵思源，熊燕妮，等. 地铁车站地下空间绿色建筑设计方法探究 [J]. 城市轨道交通研究，2021（3）.

[26] 唐雁，环保型室内设计中绿色建筑装饰材料的选择分析研究 [J]，粘接，2020（12）.

[27] 季亮，句俊玲，杨建荣，等. 城市轨道交通站点室内环境的现状及改善技术 [J]. 绿色建筑，2018（6）.

[28] 朱绪赓. 地铁设计中自然采光应用研究 [J]. 建筑工程技术与设计，2017（3）（下）.

[29] 贾科，李爱东，王新线. 城市轨道交通智能建造技术发展趋势分析 [J]. 现代城市轨道交通，2021（6）.

[30] 郭晗，邵军义，董坤涛. 绿色施工技术创新体系的构建 [J]. 绿色建筑，2011（1）.